河南省历史极端暴雨洪水模拟研究

闫家珲　赵慧军　崔亚军　编

黄 河 水 利 出 版 社
· 郑 州 ·

图书在版编目(CIP)数据

河南省历史极端暴雨洪水模拟研究/闫家珲,赵慧军,崔亚军编. —郑州:黄河水利出版社,2024.4

ISBN 978-7-5509-3828-1

Ⅰ.①河… Ⅱ.①闫… ②赵… ③崔… Ⅲ.①暴雨洪水-水文模拟-研究-河南 Ⅳ.①P333.2

中国国家版本馆 CIP 数据核字(2024)第 041477 号

组稿编辑:张倩　　电话:13837183135　　QQ:995858488

责任编辑　王　璇　　　　责任校对　郑佩佩

封面设计　张心怡　　　　责任监制　常红昕

出版发行　黄河水利出版社

地址:河南省郑州市顺河路 49 号　邮政编码:450003

网址:www.yrcp.com　E-mail:hhslcbs@126.com

发行部电话:0371-66020550

承印单位　河南瑞之光印刷股份有限公司

开　　本　787 mm×1 092 mm　1/16

印　　张　12.75

字　　数　295 千字

版次印次　2024 年 4 月第 1 版　　2024 年 4 月第 1 次印刷

定　　价　68.00 元

《河南省历史极端暴雨洪水模拟研究》

编写人员

主　编　闫家珲　赵慧军　崔亚军

副主编　常俊超　王一匡　罗晓丹　陈　磊

李四海　祝冰洁　李建贞　王秀明

王召航　韦婷婷　陈鹏飞

前　言

随着全球气候变化,极端天气发生频次呈增加趋势,进一步加剧了洪水风险威胁。河南省地处黄淮流域,降水具有季节分明、雨量集中且量大的特点,水灾发生较为频繁,特别是2021年7月,郑州、新乡、开封、周口、焦作等部分地区遭受极端暴雨灾害,引发了河南省中北部地区的严重汛情。

当前,河南省防洪体系还存在短板,监管体系尚未完全建立,水旱灾害防范应对能力与党中央、国务院和省委、省政府的要求,与人民群众对防洪和供水安全的需求还有较大差距。因此,要以习近平新时代中国特色社会主义思想为指导,深入贯彻"两个坚持、三个转变",防灾、减灾、救灾理念,认真检视水旱灾害防御体系和能力;坚持底线思维、责任意识、风险意识,早安排、早准备,周密部署,防范化解重大风险隐患,提前对重大汛情作出预判,对江河特大洪水、水库失事、严重山洪灾害等"黑天鹅"事件,未雨绸缪,研究提出切实可行的应对措施,为水旱灾害防御决策提供技术支撑,全力保障人民群众生命财产安全。

本书主要研究分析淮河、海河、黄河流域暴雨洪水,通过收集"63·8""75·8""21·7"等历史极端暴雨洪水资料,针对流域内现状工程条件,将暴雨在空间、时间上移植,进行洪水模拟分析计算。本书分析研究并采用水文学方法开展洪水预报模拟、工程调度模拟,分析计算大型水库、主要河道断面、蓄滞洪区洪水过程和特征水位,分析评价存在的问题和对策措施,为流域性大暴雨洪水防御与抢险救灾提供参考和决策依据。

本书在编写过程中,得到了相关领导、同事的帮助和支持,并借鉴了黄河水利委员会水文局的黄河流域模拟研究资料,对此表示感谢!

由于编者的技术水平及能力有限,书中缺点和错误在所难免,殷切希望得到读者的批评指正。

编　者

2023年6月

目　录

第一章　概　述

第一节　河南省流域概况

一、自然地理

河南省位于我国中东部，地处中原，古称中原、豫州、中州，简称“豫”，东接安徽省、山东省，北界河北省、山西省，西连陕西省，南临湖北省，呈望北向南、承东启西之势。整个省域的轮廓犹如一片叶柄朝东的树叶，南北纵跨 530 km，东西横亘 570 km，因大部分位于黄河以南，故名河南，是我国唯一地跨长江、淮河、黄河、海河四大流域的省份，地形地貌和水资源分布情况是我国的一个缩影。省内河流大多发源于西部、西北部和东南部山区，其形成、发育与其所处的自然地理环境有着密切的关系。

河南省地势西高东低，北、西、南三面环山，中、东部为黄淮海平原（华北平原），西南部为南阳盆地。西北部太行山区和西部山区位于我国的第二级阶梯上，其余大部分位于第三级阶梯上。

河南省跨越我国的第二、三级阶梯，其东西迥异的地貌轮廓控制着境内水系的宏观格局，发源于我国第一级阶梯源远流长的巨大江河——黄河向东流经河南，穿越省境而过，发源于我国第二级阶梯较大河流——海河自邻省发源汇流入境而过，发源于我国第三级阶梯较大河流——淮河自省内桐柏山地发源汇流出境。河南省的所有外流河流均为自西向东注入太平洋。河南地处南北气候过渡带，自南而北存在着亚热带—暖温带、湿润—半湿润—半干旱季风气候的过渡性变化，水资源自南向北逐渐递减。当河流穿越梯级交界线时，往往形成典型的高能环境，蕴含丰富的能源。

根据河南省地势特征，将其主要陆地地貌分为山地、平原两大类型（见表 1-1），山地占全省总面积的 44.3%，平原占全省总面积的 55.7%。另有根据地形定义的盆地地貌（四周高、中间低，周围是山地或高原，中间是平地或丘陵）等，还有黄土地貌、风沙地貌、岩溶地貌及冰川地貌、火山地貌等特殊地貌。

河南省较大河流多流经、发源于河南省的西北部、西部、东南部山区，分别流往东、南、东南和东北方向，由北至南分属海河、黄河、淮河、长江流域，而以黄河、淮河流域为主。

河南省的主要水系有树枝状、平行状、格状、放射状等多种形式。

表 1-1 河南省主要陆地地貌类型

名称			高程/m	相对高度/m	特殊地貌
山地	中山	中山	1 000~3 500	500~1 000	黄土山地、岩溶地貌
		低中山		100~500	
	低山	中低山	500~1 000	500~1 000	
		低山		100~500	
	丘陵		<500	<100	
平原	高平原		200~600		黄土台地、山前冲洪积扇(平原)
	平原		0~200		

(一)树枝状水系

树枝状水系指支流较多,干流与支流及支流与支流间呈锐角相交,排列如树枝状的水系。树枝状水系是分布最为广泛的一种水系,也是符合河流发育自然特征的,干流两侧的支流向中央略偏前方与干流汇合,多见于微倾斜平原或地壳较稳定、岩性比较均一的缓倾斜岩层分布地区。河南省绝大多数河流,无论是大河还是小河都属于树枝状水系。境内的黄河中游、沙颍河等均十分典型(见图 1-1)。

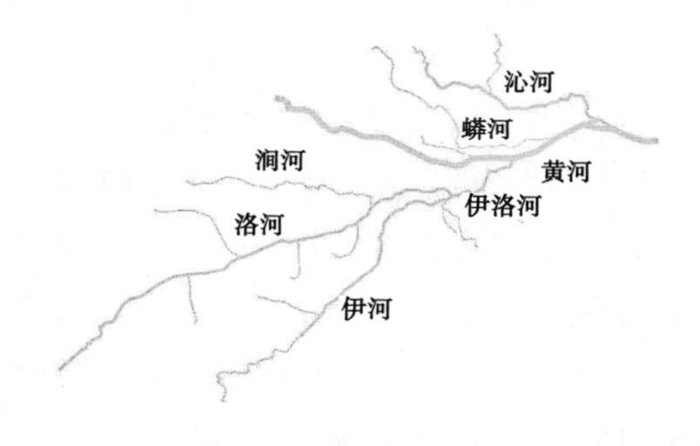

图 1-1 树枝状水系

(二)平行状水系

平行状水系指各条河流平行排列,在地貌上呈平行的岭谷。它们往往受区域大地构造或山岭走向和地面倾向的控制,具有大致平行的主流和支流,支流大多与干流呈直角相交,这种水系也称梳状水系。如淮河受桐柏-大别山山岭东西走向及北北东向断裂影响,右岸浉河、小潢河、竹竿河、寨河、潢河、白露河等支流以彼此相互平行的形式自西南向东北汇入淮河(见图 1-2)。沙颍河以北,由于黄河频频向南泛滥、改道、侵淮形成的黄淮冲洪积平原,以及沙颍河以南、淮河冲湖积形成的淮河北平原,地势均为由西北向东南缓倾斜,地表均为第四系抗冲刷能力差—极差的“土层”,形成由东北向西南依次分布的沱河、浍河、惠济河(涡河)、清水河、黑河、沙颍河、汾河、汝河(洪汝河)等淮河以北支流,以彼此相互平行的方式,由西北向东南汇入淮河,由于淮河左岸的许多支流未在河南省境内汇入淮河,仅在此列出其典型性,未计入平行状水系。

(三)格状水系

格状水系指支流与主流直角相交成格状。格状水系的形成,在很大程度上是受褶皱构造和断裂裂隙控制的。如主流发育在向斜轴部,支流顺向斜两翼发育,一般与主流皆成直角相交。在多组直角相交节理或断层发育地区,河流沿构造线发育,也可形成格状水系。河南省格状水系不是很发育,局部河道的某段属于格状水系。洛河水系洛阳上游段就属于格状水系,洛河在河南省境内自西南向东北流经洛阳,上游其支流都以90°汇入洛河(见图1-3),而其左右两岸崤山南坡、熊耳山北坡河谷呈平行状,洛河两岸的次末级支流则呈单向的平行状水系。伊河也为构造性河流,由于河道两岸山体的不对称性,其支流或沟谷在水系形式上也不具格状水系的特点。由此可见,格状水系的形成具有较多的限制。

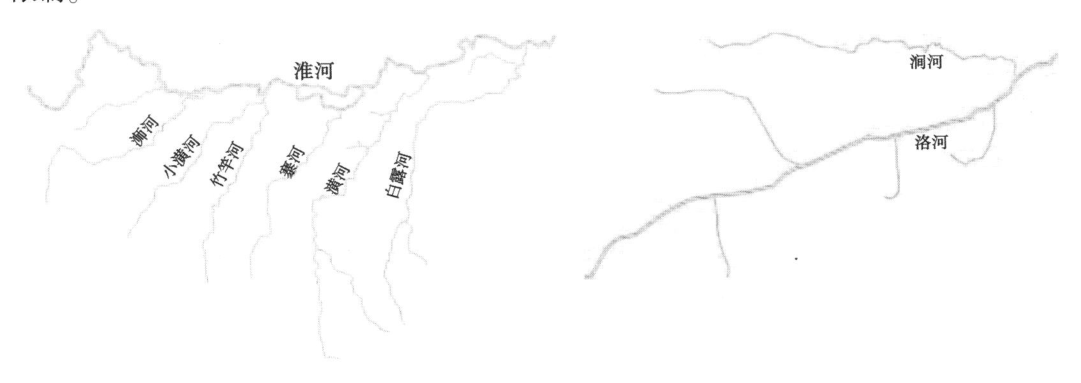

图1-2 平行状水系

图1-3 格状水系

(四)放射状水系

放射状水系指在穹隆构造上或火山锥上发育的向四周外流呈放射状的水系。它以高地为中心,河流呈放射状向四周外流,常见于穹隆和火山锥分布区。河南省嵩山的地质构造以褶皱为主,总体呈近东西走向的一系列背斜向斜穹隆构造,在经过太古界—新生界5个地质年代内、外营力地质作用下,断裂以北西—南东向为主,把嵩山一分为三,其西、北侧为黄河支流伊洛河的次级支流,其东、南侧为沙颍河的贾鲁河、颍河及其再次一级支流,形成放射状水系(见图1-4)。又如桐柏山为侵入体构造山地,燕山期、加里东期岩浆岩十分发育,低山丘陵区多为穹隆构造,四周又为地势较低区(西为南阳盆地、西北为“方城缺口”、北东为华北平原、西南为吴城盆地),形成向四周放射状水系,其中西侧为唐河及其支流泌河、三家河等及其次级支流,北—东侧为澧河、洪河、汝河等及其次级支流,南侧为呈平行状的陈留店河、固县河、毛集河等淮河上游支流的一系列小型河流。

根据河南省第一次全国水利普查,河南省流域面积50 km^2 以上的河流有1 030条,流域面积100 km^2 及以上河流有560条;流域面积1 000 km^2 及以上河流有64条,流域面积5 000 km^2 及以上河流有19条,流域面积10 000 km^2 及以上河流有11条,分别为黄河、淮河、沙颍河、洪汝河、涡河、唐白河、丹江、洛河、沁河、卫河、漳河。河南省河流数量与分布见表1-2。

图 1-4　放射状水系

表 1-2　河南省河流数量与分布

流域	数量/条				
	50 km² 以上河流	100 km² 以上河流	1 000 km² 以上河流	5 000 km² 以上河流	10 000 km² 以上河流
海河流域	108	63	6	2	2
黄河流域	213	106	11	5	3
长江流域	182	97	14	3	2
淮河流域	527	294	33	9	4
合计	1 030	560	64	19	11

按河流面积划分，流域面积 50 km² 及以上的山地河流有 985 条，占河流总数的 95. 6%；平原水网区河流有 44 条，占河流总数的 4. 3%；山地平原混合河流 1 条，为安阳河，占河流总数的 0. 1%。河南省各流域河流面积分类见表 1-3。

表 1-3　河南省各流域河流面积分类

流域	平原	山地	混合	合计
海河流域	32	75	1	108
黄河流域		213		213
长江流域		182		182
淮河流域	12	515		527
合计	44	985	1	1 030

按河流长度划分，河长在 10 km 以下河流有 13 条，10 km 及以上河流有 1 017 条，河长 20 km 及以上河流有 765 条，河长 50 km 及以上河流有 168 条，河长 100 km 及以上河流有 66 条，河长 200 km 及以上河流有 27 条，河长 500 km 及以上河流有 4 条，河长 1 000

km及以上河流有2条,即黄河和淮河。河南省各流域河流长度分级见表1-4。

表1-4　河南省各流域河流长度分级

流域	河流类型	河长/km							
		0~10	≥10	≥20	≥50	≥100	≥200	≥500	≥1 000
海河流域	山地	2	74	53	16	5	2	0	0
	平原水网区	3	29	15	4	2	2	0	0
黄河流域	山地	2	211	156	22	11	5	1	1
长江流域	山地	0	182	152	30	13	5	0	0
淮河流域	山地	4	511	383	96	35	13	3	1
	平原水网区	2	10	6	0	0	0	0	0
合计		13	1 017	765	168	66	27	4	2

主要河流是指流域面积在5 000 km^{2}及以上的河流,河南省共有19条。其中,海河流域有2条,即卫河与漳河;黄河流域有5条,分别为黄河、洛河、伊河、沁河和金堤河;淮河流域有9条,分别为淮河、颍河、贾鲁河、涡河、沙颍河、泉河、北汝河、洪汝河、史河;长江流域有3条,分别为丹江、唐白河、唐河。

1. 海河流域主要河流特征

河南省卫河流域河长411 km,流域面积1.28万km^2。卫河发源于山西省陵川县夺火乡夺火村,流经山西省的陵川县、泽州县,河南省的焦作市中站区与山阳区、博爱县、武陟县、修武县,新乡市卫滨区、红旗区、牧野区、凤泉区、辉县市、获嘉县、新乡县、卫辉市,鹤壁市浚县,安阳市滑县、汤阴县、内黄县,经濮阳市清丰县、南乐县出境。河流平均比降0.506‰,河源点高程1 257.1 m,河口点高程40.0 m,多年平均年降水量633.3 mm,多年平均年径流深107.0 mm。流域内设有修武、合河、黄土岗、淇门、刘庄、五陵、元村集等水文站。

漳河为河南省与河北省跨界河流,河长440 km,河南省境内面积639.6 km^2。漳河发源于山西省长子县石哲镇良坪村,流经山西省长子县、长治县(现为长治市上党区)、长治郊区、襄垣县、黎城县、潞城市(现为长治市潞城区)、平顺县,河北省涉县,河南省林州市、安阳县,河北省磁县、临漳县、魏县、大名县、馆陶县。河流平均比降1.92‰,河源点高程1 330.4 m,河口点高程40.0 m,多年平均年降水深563.3 mm,多年平均年径流深65.7 mm。河南省境内设有天桥断(二)水文站。

2. 黄河流域主要河流特征

黄河是我国第二大河流。河长5 687 km,流域面积81.3万km^2,河南省境内面积36 330.9 km^2。发源于青海省曲麻莱县麻多乡郭洋村,河口在山东省垦利区黄河口镇大汶流,流经青海省、四川省、甘肃省、宁夏回族自治区、内蒙古自治区、山西省、陕西省、河南省、山东省等九省(区)。河南省境内流经三门峡市、洛阳市、济源市、焦作市、郑州市、新乡市、开封市、濮阳市等市域。河流平均比降 0.596‰,多年平均年降水深 441.1 mm,多年平均年径流深 74.7 mm。河南省境内沿河设有小浪底、花园口水文站。

伊洛河是黄河右岸一级支流,河长 445 km,流域面积 1.89 万 km^2,河南省境内面积 1.58 万 km^2。伊洛河发源于陕西省华县东阳乡林场,流经陕西省华县、洛南县,河南省卢氏县、洛宁县、宜阳县、洛阳市区、偃师区、巩义市,在河南省巩义市河洛镇七里铺汇入黄河。河流平均比降 1.79‰,河源点高程 1 849.4 m,河口点高程 108.6 m,多年平均年降水深 699.5 mm,多年平均年径流深 176.7 mm。河南省境内沿河设有卢氏、长水、宜阳、白马寺、黑石关水文站。

伊河是伊洛河右岸一级支流,河长 267 km,流域面积 5 974.1 km^2。伊河发源于河南省栾川县陶湾镇三合村,流经栾川县、嵩县、伊川县、洛阳洛龙区、偃师区,在偃师区顾县镇杨村汇入伊洛河。河流平均比降 2.39‰,河源点高程 1 435.2 m,河口点高程 118.3 m,多年平均年降水深 708.7 mm,多年平均年径流深 190.9 mm。河南省境内沿河设有栾川、潭头、东湾、陆浑、龙门镇水文站。

沁河是黄河左岸一级支流,河长 495 km,流域面积 1.31 万 km^2,河南省境内面积 737.2 km^2。沁河发源于山西省沁源县王陶乡,流经山西省沁源县、安泽县、沁水县、阳城县、泽州县,河南省济源市、沁阳市、博爱县、温县、武陟县,在河南省武陟县嘉应观乡西营村汇入黄河。河流平均比降 2.03‰,河源点高程 2 321.6 m,河口点高程 94.2 m,多年平均年降水深 611.0 mm,多年平均年径流深 84.3 mm。河南省境内沿河设有五龙口、武陟水文站。

金堤河是黄河下游左岸一级支流,河长 211 km,流域面积 5 171.2 km^2,河南省境内面积 5 168.9 km^2。金堤河发源于滑县牛屯镇东杨庄,流经河南省滑县、浚县、濮阳县、范县、台前县,山东省莘县、阳谷县,在台前县吴坝乡北张庄村张庄闸汇入黄河。河流平均比降 0.08‰,河源点高程 62.5 m,河口点高程 42.1 m,多年平均年降水深 592.0 mm,多年平均年径流深 43.3 mm。河南省境内沿河设有濮阳、范县水文站。

3. 淮河流域主要河流特征

淮河古称淮水,是我国七大江河之一。河长 1 018 km,流域面积 16.72 万 km^2,河南省境内面积 8.49 万 km^2。洪泽湖出口以上河长 860 km,流域面积 16 万 km^2。淮河发源于河南省桐柏县淮源镇陈庄林场,流经桐柏县、信阳市浉河区与平桥区、确山县、正阳县、罗山县、息县、潢川县、淮滨县、固始县。河流平均比降 0.069‰,河源点高程 887.7 m,河口点高程 13.1 m,多年平均年降水深 895.1 mm,多年平均年径流深 236.9 mm。河南省境内沿河设有大坡岭、长台关、息县、淮滨等水文站和踅孜集、三河尖水位站。

沙颍河是淮河中游左岸最大一级支流,包括沙河水系、颍河水系和贾鲁河水系,沙河是其干流。河长 613 km,流域面积 3.67 万 km^2,河南省境内面积 3.28 万 km^2。沙河发源于河南省平顶山市鲁山县尧山镇西竹园,流经平顶山市鲁山县、湛河区、叶县,许昌市襄城县,漯河市舞阳县、郾城区、源汇区、召陵区,周口市西华县、商水县、川汇区、淮阳县(现为淮阳区)、项城市、沈丘县;安徽省界首市、太和县、阜阳颍泉区、阜阳颍州区、阜阳颍东区、颍上县。沙颍河在安徽省颍上县杨湖镇沫口村汇入淮河。河流平均比降 0.19‰,河源点高程 1 591.2 m,河口点高程 22.2 m,多年平均年降水深 765.8 mm,多年平均年径流深 157.6 mm。河南省境内沿河设有中汤、昭平台、白龟山水库,马湾、漯河、周口、槐店等水文站。

颍河是沙颍河左岸一级支流,河长 264 km,流域面积 7 223.4 km^2。颍河发源于河南省登封市君召乡县林场,流经郑州市登封市,许昌市禹州市、襄城县、许昌县(现为许昌市建安区)、鄢陵县,漯河市郾城区、临颍县,周口市西华县、川汇区,在周口市川汇区城南办事处后王营村汇入沙颍河干流。河流平均比降 0.67‰,河源点高程 744.4 m,河口点高程 45.4 m,多年平均年降水深 711.7 mm,多年平均年径流深 99.1 mm。河南省境内沿河设有告成、白沙水库,化行、黄桥、周口、槐店水文站。

贾鲁河是沙颍河左岸一级支流,河长 264 km,流域面积 6 137.1 km^2。贾鲁河发源于河南省新密市袁庄乡山顶村,流经郑州市新密市、二七区、中原区、惠济区、金水区、中牟县,开封市开封县(现为开封市祥符区)、尉氏县,许昌市鄢陵县,周口市扶沟县、西华县、川汇区,在周口市川汇区南郊乡汇入沙颍河干流。河流平均比降 0.30‰,河源点高程 387.7 m,河口点高程 45.0 m,多年平均年降水深 648.9 mm,多年平均年径流深 78.4 mm。河南省境内沿河设有尖岗水库,中牟(二)、扶沟水文站和周口(贾鲁河闸上)水位站。

涡河是淮河左岸一级支流,河长 411 km,流域面积 1.59 万 km^2,河南省境内面积 1.17 万 km^2。涡河发源于开封市金明区杏花营农场马寨村,流经开封市金明区、开封县、尉氏县、通许县、扶沟县、杞县、太康县、柘城县、鹿邑县,安徽省亳州市谯城区、涡阳县、蒙城县、怀远县,在安徽省怀远县城关镇汇入淮河干流。河流平均比降 0.10‰,河源点高程 76.8 m,河口点高程 18.6 m,多年平均年降水深 715.2 mm,多年平均年径流深 82.3 mm。河南省境内沿河设有邸阁、玄武、时口水文站。

泉河是沙颍河右岸一级支流,河长 223 km,流域面积 5 205.8 km^2,河南省境内面积 3 361.8 km^2。泉河发源于漯河市召陵区翟庄办事处龙塘村委会,流经漯河市召陵区,周口市商水县、项城市、沈丘县,安徽省临泉县、界首市、阜阳市颍泉区与颍州区,在安徽省阜阳市颍州区中市街道办事处三里湾汇入沙颍河干流。河流平均比降 0.07‰,河源点高程 58.2 m,河口点高程 31.4 m,多年平均年降水深 828.8 mm,多年平均年径流深 163.3 mm。河南省境内沿河设有周庄、沈丘水文站。

北汝河是沙河左岸一级支流,河长 275 km,流域面积 5 660.2 km^2。北汝河发源于洛阳市嵩县车村镇纸房村,流经嵩县、汝阳县、汝州市、宝丰县、郏县、襄城县、叶县、舞阳县,在漯河市舞阳县章化乡简城村汇入沙河。河流平均比降 1.67‰,河源点高程 1 289.1 m,河口点高程 69.8 m,多年平均年降水深 732.6 mm,多年平均年径流深 184.2 mm。河南省境内沿河设有紫罗山、汝州、大陈水文站和蔡埠口、娄子沟、郏县水位站。

洪汝河是淮河左岸一级支流,河长 315 km,流域面积 1.23 万 km^2,河南省境内面积 1.22 万 km^2。洪汝河发源于河南省泌阳县象河乡军事靶场用地,流经河南省泌阳县、驻马店市驿城区、遂平县、上蔡县、汝南县、平舆县、正阳县、新蔡县、淮滨县,安徽省的临泉县、阜南县,在淮滨县王家岗乡徐营村汇入淮河。河流平均比降 0.19‰,河源点高程 272.5 m,河口点高程 28.7 m,多年平均年降水深 921.2 mm,多年平均年径流深 246.8 mm。河南省境内沿河设有板桥、遂平、桂庄、夏屯、沙口、班台水文站。

史河是淮河中游右岸一级支流，河长250 km，流域面积6 816.4 km²，河南省境内面积4 121.3 km²。史河发源于安徽省金寨县沙河乡祝畈村，流经安徽省金寨县、霍邱县，河南省固始县，在河南省固始县三河尖镇建湾村汇入淮河。河流平均比降0.72‰，河源点高程727.3 m，河口点高程23.6 m，多年平均年降水深1 224.4 mm，多年平均年径流深528.5 mm。河南省境内沿河设有蒋家集水文站和固始、黎集水位站。

4. 长江流域主要河流特征

丹江是汉江左岸一级支流，河长391 km，流域面积1.61万km²，河南省境内面积7 248.4 km²。丹江发源于陕西省商洛市商州区腰市镇南马角村，流经陕西省商洛市商州区、丹凤县、商南县，湖北省郧县、丹江口市，河南省淅川县，汇入丹江口。河流平均比降1.39‰，河源点高程1 458.3 m，河口点高程139.5 m，多年平均年降水深788.3 mm，多年平均年径流深225.3 mm。河南省境内沿河设有荆紫关水文站。

唐白河是汉江左岸一级支流，河长363 km，流域面积2.40万km²，河南省境内面积1.94万km²。唐白河发源于河南省嵩县白河乡上庄坪村，流经河南省洛阳市嵩县，南阳市南召县、方城县、卧龙区、宛城区、新野县，湖北省襄阳市襄州区，在湖北省襄阳市襄州区张湾镇张湾村汇入汉江。河流平均比降0.81‰，河源点高程1 300.2 m，河口点高程68.9 m，多年平均年降水深827.5 mm，多年平均年径流深244.7 mm。河南省境内沿河设有白土岗、鸭河口水库，南阳、新店铺水文站。

唐河是唐白河左岸一级支流，河长260 km，流域面积8 595.7 km²，河南省境内面积7 406.3 km²。唐河发源于方城县四里店乡前坪村，流经河南省方城县、社旗县、唐河县、新野县，湖北省襄阳市襄州区，在湖北省襄阳市襄州区张湾镇武营村汇入唐白河干流。河流平均比降0.31‰，河源点高程337.9 m，河口点高程68.6 m，多年平均年降水深866.4 mm，多年平均年径流深242.4 mm。河南省境内沿河设有社旗、唐河、郭滩水文站。

二、社会经济

河南省辖17个地级市、21个县级市（含1个省直辖县级市）、82个县、54个市辖区，耕地面积为751.997万hm²，名列我国第三。总播种面积达1 207万hm²，主要是种植粮食作物，是全国粮食产量超过3 000万t的3个省（区）之一。河南省小麦种植面积大，占粮播面积的54%，产量一直占全国的20%以上，高居全国第一。玉米是仅次于小麦的河南省第二大类粮食作物，薯类作物是河南省第三大类粮食作物。水稻是河南省第四大类粮食作物，种植面积占全省粮播面积的4%，其产量占全省总产量的8%。河南省是中国大豆的主要产区之一，是中国第二产豆大省。河南省是我国主要产棉区之一，棉花总产量居全国第二，烟叶总产量一直居全国第一，是全国规模最大的烟叶生产基地。河南省油料作物的生产主要包括花生、油菜籽和芝麻，其播种面积和产量居全国各省（区）第三。

河南省粮食总产量占到中国的近1/10，小麦总产量更占全国的1/4多，花生、芝麻产量均居全国第一，蔬菜及食用菌产量居全国第三。

河南省工业经济总量稳居全国第五、中西部省份第一，新中国成立初期至21世纪前10年，河南省工业结构以冶金、化学、建材、轻纺、能源等传统行业为主。

三、水文气象

(一)气候概况

河南省属于我国三大自然地理区域的东部季风湿润区,位于季风区的中心地带,季风现象尤为突出,其主要表现为:一是风向更替明显,气温变化显著;二是降水量季节分配不均,其变化大致和夏季风的进退相吻合;三是降水的年际变率和季节变率都大。季风气候的这些变化,会因每年季风的强弱、进退时间的迟早、雨带停留时间的长短而不同。从多年平均状况来说,6 月中旬雨带跃进到江淮流域,7 月中旬雨带越过黄河而到达黄河中下游,7 月中旬华北雨季开始。

受太阳辐射、夏季风环流、地理条件的综合影响,河南省具有北亚热带向暖温带过渡的大陆性季风气候特点,同时还具有自东向西由平原向丘陵山地气候过渡的特征。亚热带气候与暖温带气候的分界大致以伏牛山及淮河为界,大体在淮滨—息县—方城—南召—栾川—卢氏一带,此线以南为亚热带气候,以北为暖温带气候。河南省季节变化显著,四季分明,体现了大陆性季风气候的最主要特色,冬季(12 月至次年 2 月)寒冷干燥,春季(3—5 月)多风干旱,夏季(6—8 月)炎热多雨,秋季(9—11 月)晴朗日照长。平原向丘陵山地气候过渡性,以温度的过渡性最为明显,西部起伏的地形削弱了气候的纬度地带性,如洛宁与尉氏纬度相近,气温年较差(定义为一年中最高月平均气温与最低月平均气温之差)相差达 0.9 ℃。另外,同一山地不同海拔也存在气候条件的垂直差异性。

(二)降水、径流和水资源

河南省多年平均降水量为 600~1 200 mm,总体趋势是自东南向西北逐渐递减,800 mm 等雨量线大致在永城—淮阳—鲁山—栾川一带。受季风影响,年降水量季节分配不均。夏季降水量可达 300~500 mm,约占全年降水量的 45%~60%,尤以 7 月和 8 月降水量最多,夏季降水量的集中程度越向北越高,淮河干流以南夏季降水量占年降水量的 50%,黄河以北一般都在 60%以上;冬季降水量最少,只有 20~100 mm,仅占年降水量的 3%~10%,而且由南向北递减;春季和秋季降水量介于冬夏之间,全省大部分地区春季降水量为 80~140 mm,占年降水量的 15%~20%,秋季降水量为 150~200 mm,占年降水量的 20%左右。河南省内降水都集中在炎热的夏季,形成明显的水热组合特征。

河南省降水的空间分布总体特点是:降水量从南到北逐渐递减,同纬度的山丘区大于平原区,山脉的迎风坡多于背风坡。降水地区分布不均,极易形成局部地区洪涝或干旱。

河南省由东到西地形急剧抬升。自东南进入省内的水汽,受到地形的影响急剧上升,极易产生局部强烈暴雨。由此形成了伏牛山东麓的鸡冢一带、大别山区北侧新县的朱冲一带和太行山东麓卫辉市的官山一带 3 个降水量高值区。其中,伏牛山东麓的鸡冢一带年均降水量为 1 200 mm,大别山区北侧新县的朱冲一带年均降水量为 1 200~1 400 mm,太行山东麓卫辉市的官山一带年均降水量超过 800 mm,多于山前平原地带的年均降水量。在广阔的豫北东部平原及黄河干流河谷、南阳盆地地带,缺少地形对气流的抬升作用,来自南方的气流在此产生下沉辐散,不利于降水形成,出现 2 个相对低值区。其中,金堤河、徒骇河、马颊河流域年均降水量不足 600 mm,是河南省平均降水量最少的区域;南阳盆地年均降水量不足 800 mm,相对于周边降水量明显偏少。

降水量年内分配特点与水汽输送的季节变化有关，一般表现为：降水主要集中在汛期（6—9 月），春、秋、冬三季常常干旱少雨。根据分析，河南省汛期多年平均降水量为 482.8 mm，占全年降水量的 62.8%，且汛期降水集中程度自北往南递减：淮河以南山丘区集中程度在 50%～60%，黄河以北地区集中程度在 70%～80%。春季 3—5 月降水量为 160.2 mm，占全年降水量的 20.9%，降水集中程度自北往南递增，秋冬季 10 月至次年 2 月降水量为 125.5 mm，占全年降水量的 16.3%，集中程度黄河以北地区稍小于黄河以南地区。全省降水量年内各月降水量差异较大，多年平均 7 月降水量最大，1 月或 12 月降水量最小。

径流由降水产生，目前常用径流深来表述径流在地域上的分布规律。所谓径流深是指评价时段内流域降水量形成的净雨深，以 mm 计。河南省境内径流深自东南向西北逐渐递减（600～100～25 mm）。

河川径流时空分布与降水大小、降水强度及地形变化影响密切相关。根据河南省 1956—2016 年系列多年平均资料分析，从年内分配来看，河川径流主要集中在汛期，汛期 4 个月的径流量往往占到全年的 60%以上。从年际变化来看，丰枯相交，最大年与最小年河川径流量相差悬殊，丰枯比大多在 10～30 倍。从区域分布来看，豫南、豫西等山区河川径流较为丰沛，豫北、豫东等平原区河川径流则较为匮乏，呈现径流深山区大于平原、河流上游大于下游，自南向北、自西向东径流深递减的自然特点。全省有 3 个径流深高值区及 2 个径流深相对低值区，即豫南大别山和桐柏山、豫西伏牛山、豫北太行山高值区，以及豫北金堤河和徒骇河、马颊河，豫西南南阳盆地低值区。

豫南大别山和桐柏山高值区大部属淮河流域，多年平均径流深在 300～600 mm。竹竿河竹竿铺水文站多年平均径流深 529.6 mm；潢河上游新县水文站径流深 594.1 mm，其中潢河支流泼陂河上游泼河水库径流深 598.2 mm；灌河上游区域径流深超过 600 mm，其中鲇鱼山水库以上流域径流深高达 634.9 mm，属全省河川径流深最大的地域，是豫北徒骇河、马颊河低值区径流深的 25 倍多。

豫西伏牛山高值区主要是指淮河流域沙颍河上游、长江流域白河上游、黄河流域伊河上游分水岭一带的高山区，多年平均径流深在 250～400 mm，其中沙河上游区域径流深超过 400 mm，中汤水文站多年平均径流深为 422.3 mm；白河上游白土岗水文站径流深 382.3 mm，李青店水文站径流深 354.0 mm。

豫北太行山高值区主要是相对于河南北部区域而言的，豫北太行山东麓多年平均径流深在 100～200 mm。峪河宝泉水库以上流域多年平均径流深 184.0 mm，淇河新村水文站径流深 138.6 mm，安阳河安阳水文站径流深 145.5 mm。

豫北金堤河和徒骇河、马颊河低值区包括金堤河、徒骇河、马颊河、卫河下游区域，其多年平均径流深不足 75 mm，徒骇河、马颊河、卫河下游部分区域甚至低于 25 mm。黄河流域金堤河濮阳水文站多年平均径流深 60.2 mm；海河流域卫河下游淇门—安阳—元村集水文站区间径流深 39.9 mm；马颊河南乐水文站径流深 28.8 mm，也是全省河川径流最小地区。

南阳盆地位于秦岭、大巴山以东，桐柏山、大别山以西，其北是秦岭山脉的东端，其南是大巴山脉的东端。秦岭挡住了北方的沙尘与冷空气，而大巴山隔离了南方的炎热与潮湿,形成盆地的天气气候与周围地区的差异,天气系统在这里的移动性差,降水比周边地区偏少,多年平均径流深不足 150 mm,与周边区域 200~400 mm 的径流深相比,为豫西南地区的相对低值区。

河川径流主要集中在汛期(6—9 月),淮河干流以南区域连续 4 个月最大径流多出现在 5—8 月;海河、黄河和淮河流域的涡河、沱河、浍河、沙颍河平原区流域等连续 4 个月最大径流多出现在 7—10 月。全省多年平均连续最大 4 个月径流量占全年径流量的比例介于 45%~95%,径流的年内集中度分布态势表现为:平原区大于山区,河流下游大于上游。

多年平均最大月径流量一般发生在 7 月或 8 月,海河、黄河、淮河流域东部、北部最大月径流量以 8 月居多,长江、淮河流域西部、南部多发生在 7 月。多年平均最小月径流量普遍发生在 1 月、2 月,海河、黄河、长江、淮河流域东部、北部最小月径流量一般以 2 月居多,淮河流域西部、南部多发生在 1 月。

水资源总量是指评价区域内,由当地降水形成的地表和地下的产水量。根据评价,河南省多年平均(1956—2016 年)水资源总量为 389.2 亿 m^3。从总体上看,水资源总量呈减少趋势。其中,20 世纪 50 年代至 60 年代中期是水资源最丰时期;从 2011 年起,全省遭遇了持续的枯水期,水资源总量年均值大幅减少;其他时段水资源量相对较为平稳。

1. 地表水

根据河南省第三次水资源调查评价,全省多年平均(1956—2016 年)地表水资源量为 289.3 亿 m^3,折合径流深 174.8 mm,年最大地表水资源量为 1964 年的 725.6 亿 m^3,最小为 1966 年的 95.88 亿 m^3,最大值与最小值倍比为 7.57。

海河流域多年平均(1956—2016 年)地表水资源量为 13.46 亿 m^3,折合径流深 87.8 mm;黄河流域多年平均地表水资源量为 42.01 亿 m^3,折合径流深 116.2 mm;淮河流域多年平均地表水资源量为 170.6 亿 m^3,折合径流深 197.4 mm;长江流域多年平均地表水资源量为 63.22 亿 m^3,折合径流深 229.0 mm。

省辖市中,信阳市多年平均地表水资源量为 78.57 亿 m^3,径流深 415.6 mm,为全省地表水资源最丰富的区域。径流深在 200~300 mm 的有南阳市、驻马店市;径流深在 100~200 mm 的有洛阳市、平顶山市、焦作市、漯河市、三门峡市、周口市、济源市;其他市径流深均在 100 mm 以下,其中开封市、商丘市平均径流深分别为 63.7 mm、67.3 mm,是全省地表水资源最匮乏的区域。从全省范围来看,处于京广线以西、淮河流域沙河以南各市,地表径流深均在 100 mm 以上,信阳市、驻马店市、南阳市分列前三位;豫东、豫北大部分市均小于 100 mm,尤以豫东平原最小。

2. 地下水

河南省山丘区多年平均(2001—2016 年)地下水资源量模数为 9.8 万 m^3/km^2,受岩溶发育程度及降水等因素的影响,海河流域模数最大,为 15.3 万 m^3/km^2;黄河流域最小,为 7.9 万 m^3/km^2,淮河及长江流域分别为 11.0 万 m^3/km^2 和 8.6 万 m^3/km^2,各省辖市山丘区地下水资源量模数为 7 万~20 万 m^3/km^2。

河南省平原区地下水资源量模数为 16.1 万 m^3/km^2,其分布特征总体呈南部大、北部小的趋势,与降水自南向北减少的分布趋势基本一致,局部地区受岩溶水、河道渗漏、引黄灌溉等因素影响显著。如洛阳市以东伊洛河河谷及沁阳以上沁河两岸,因河道渗漏补给量大,地下水资源量模数高达 25 万~60 万 m^3/km^2,属全省地下水资源最丰富的地带;濮阳市濮清南区域因大量引黄灌溉,地下水资源量模数在 15 万~20 万 m^3/km^2,比邻近平原区模数 10 万~15 万 m^3/km^2 大一些。

根据分区地下水资源量评价,河南省 2001—2016 年平均地下水资源量为 189.5 亿 m^3,其中平原区地下水资源量为 118.5 亿 m^3,山丘区地下水资源量为 79.62 亿 m^3,山丘区与平原区之间地下水资源量的重复计算量为 8.628 亿 m^3。按矿化度划分,淡水区($M \leq 2$ g/L)地下水资源量为 185.4 亿 m^3,微咸水区($M>2$ g/L)地下水资源量为 4.094 亿 m^3。

(三)暴雨与洪水

影响河南省的主要天气系统包括太平洋副热带高压、冷锋、切变线、西南低槽等。

河南省汛期易出现灾害性暴雨。造成河南省暴雨的天气系统主要有两种,一是切变线或切变线低涡暴雨,二是台风暴雨。

1. 切变线或切变线低涡暴雨

切变线一般是指低空 850 hPa 或 700 hPa 等压面上具有气旋性切变风场的不连续线,它是由于低槽北段移速快、南段移速慢而形成的。切变线一年四季均可出现,以春末夏初最为频繁。春季活动多在我国华南地区,称为华南切变线;春夏之交多位于江淮流域,称为江淮切变线;7 月中旬至 8 月主要出现在华北地区,称为华北切变线。切变线上的气流呈气旋环流,水平辐合明显,有利于上升运动。切变线北侧为西风高压带,南侧为太平洋副热带高压北缘,大气中既存在充沛的水汽,又有位势不稳定的能量,故容易形成切变线暴雨天气。切变线低涡暴雨,是指切变线与从青藏高原运移过来的气旋性气涡结合在一起而形成的暴雨。

切变线是影响河南省降水的主要天气系统。夏季,江淮切变线经常徘徊在河南省的上空,停留的时间越长,东移的气旋越多,降水影响就越大。这种类型的暴雨,强度虽然不一定最大,但持续时间长、笼罩范围大、降水总量多,因而容易造成大范围的洪涝灾害。

如 1954 年 7 月,江淮切变线长期在北纬 30°左右徘徊,受其影响,降水天数持续 20 d 左右,最多的达到 31 d,共发生 5 次大的降水过程。

2016 年 7 月 18 日至 21 日,受低槽东移与低层低涡、切变线共同影响,河南省新乡市、鹤壁市、安阳市至河北省的邯郸市、邢台市、石家庄市的太行山东麓,发生特大暴雨洪水,暴雨中心位于辉县、林州市、安阳县及河北磁县、临城、赞皇一带。累计最大点雨量林州的百石湾站 738 mm、东岗站 708 mm、磁县陶泉乡站 783 mm,其中林州百石湾站 24 h 降水量重现期属超 1 000 年一遇,东岗、砚花水等站 24 h 降水量重现期超过 500 年一遇。受降水影响,安阳河、漳河等发生不同程度洪水。

2. 台风暴雨

台风是一种强大而深厚的热带天气系统,生成在太平洋赤道附近,属于热带或副热带洋面上的低压涡旋。按世界气象组织定义,热带气旋中心持续风速达到 12 级(每小时 118 km 或以上),称为飓风或者台风。飓风与台风都是热带气旋,只因发生地点不同,叫法不同而已。我国把南海与西北太平洋的热带气旋按其底层中心附近最大平均风力(风速)为 12 级或以上的,统称为台风。台风按等级可分为一般台风(最大风速 12~13 级)、强台风(最大风速 14~15 级)、超强台风(最大风速≥16 级)。台风带有充沛的水汽和巨大的不稳定能量,因此其所经之地往往造成大暴雨。台风暴雨造成的洪涝灾害,来势凶猛,破坏性极大,是最具危险性的灾害。

第二节　暴雨洪水模拟

一、研究背景及意义

随着全球气候变化,极端天气发生频次呈增加趋势,进一步加剧了洪水风险威胁。河南省地处黄淮流域,降水具有季节分明、雨量集中且量大的特点,水灾发生较为频繁,特别是 2021 年"21 · 7"洪水,郑州、新乡、开封、周口、焦作等部分地区遭受极端暴雨灾害,引发了河南省中北部地区严重汛情,12 条主要河流发生超警戒水位以上洪水。据核查评估,该场暴雨洪水灾害致使河南省共有 150 个县(市、区)1 478.6 万人受灾,直接经济损失 1 200 亿元,其中郑州 409 亿元,占全省经济损失的 34.1%。2022 年 1 月,国务院批复了《河南郑州等地特大暴雨洪涝灾害灾后恢复重建总体规划》(国函〔2022〕11 号)(以下简称《总体规划》),《总体规划》以习近平新时代中国特色社会主义思想为指导,全面贯彻党的十九大和十九届历次全会精神,深入贯彻落实习近平总书记关于防灾减灾救灾工作的重要指示批示精神,完整、准确、全面贯彻新发展理念,加快构建新发展格局,大力弘扬伟大建党精神,坚持人民至上、生命至上,坚持自力更生、艰苦奋斗,统筹发展和安全,统筹恢复重建和能力提升,以保障安全和改善民生为核心,遵循尊重自然、系统谋划、立足当前、着眼长远的基本要求,高标准高质量完成各项重建任务,全面恢复灾区生产生活秩序,提高灾区自我发展能力,促进灾区经济社会高质量发展,使灾区人民在恢复重建中赢得新的发展机遇,与全国人民一道向着第二个百年奋斗目标迈进。

2019 年 1 月,水利部下发《水利部关于加强 2019 年水旱灾害防御工作的通知》(水防〔2019〕34 号)。通知中要求:"根据批准的流域防御洪水方案和洪水调度方案,结合流域防洪工程能力和经济社会现状,细化完善七大江河洪水调度方案,编制完成 2019 年七大江河洪水调度实施方案,同时研究提出流域典型年洪水、不同量级洪水和不利组合洪水的安排意见和调度方案,以及防御流域超标准洪水的调度方案或口袋方案。"

对于暴雨洪水灾害对河南省造成的巨大破坏和影响,暴露出了防洪减灾体系仍存在突出短板和薄弱环节,防洪安全风险依然突出,面对新时期严峻的洪涝灾害形势和要求,开展了洪水预报调度研究工作。选定淮河、海河、黄河流域,通过收集"63 · 8""75 · 8""21 · 7"等历史极端暴雨洪水资料,针对流域内现状工程条件,将暴雨在空间、时间上移植,进行洪水模拟分析计算。分析研究采用水文学方法开展洪水预报模拟、工程调度模拟,分析计算大型水库、主要河道断面、蓄滞洪区洪水过程和特征水位,分析评价存在的问题和对策措施,为流域性大暴雨洪水防御与抢险救灾提供参考和决策依据。

二、研究方法

对于同流域不同时间的暴雨,如"75 · 8""63 · 8"暴雨洪水,我们进行时间上的移植,考虑现状工程条件，将历史暴雨重现，进而进行洪水模拟；对于不同流域不同时间的暴雨，如郑州“7 · 20”特大暴雨洪水，我们同时进行时间、空间上的移植，将暴雨区平移至研究区域，考虑现状工程条件，将历史暴雨重现，进而进行洪水模拟。

流域各单元产汇流计算采用降水径流相关图及谢尔曼单位线、三水源新安江模型、半图解法水库调洪演算、马斯京根河道汇流分段连续演算等。水库调洪演算起调水位均为汛限水位，下泄流量按汛期调度计划控泄。

（一）降水径流相关图及谢尔曼单位线

降水径流相关图是在成因分析的基础上，建立次雨量、相应产生的径流总量及影响它们的主要因素的一种定量相关图。

在降水径流相关图中，考虑的主要因素有前期影响雨量 P_a、降水历时 T、暴雨中心位置、雨型等，可根据流域实际产汇流特征的具体情况加以选择。

1. $R=f(P,P_a)$ 相关图

这种以 P_a 为参数的相关图，从理论上符合水量平衡方程：

$$R = P - E - (W_M - W_0) \tag{1-1}$$

式中 R——次降水形成的径流深，包括地面径流、表层径流和浅层地下径流；

P——次降水总量；

E——雨期蒸发量；

W_M——流域平均最大的蓄水量；

W_0——降水开始时流域平均的蓄水量。

参数 P_a 的计算公式：

$$P_{a,t} = kP_{t-1} + k^2P_{t-2} + \cdots + k^nP_{t-n} \tag{1-2}$$

式中 $P_{a,t}$——t 日上午 8 时的前期影响雨量。

2. $R=f(P,P_a,T)$ 相关图

干旱半干旱地区，如果流域产流特性明显受到雨强影响，需考虑主要降水历时 T。

3. 谢尔曼单位线

流域上分布均匀的 1 单位净雨直接径流产流量，所形成的直接径流过程线称为单位线。单位线法假定净雨在面上分布均匀，将流域作为整体，不考虑内部的不均匀性；又假定净雨与其形成的流量过程之间的关系满足倍比、叠加原理，将汇流视为线性时不变系统。单位线方法属于一种“黑箱子”方法，是由输入、输出的实测资料反演的。对于每一次降水径流过程，均可推求出一条单位线，推求的唯一原则是输入通过单位线转换得到的系统响应误差最小（过程线合理）。常用的推求方法有分析法、图解法、试错法或最小二乘法。流域综合单位线一般用流域多次洪水分别求出的单位线的综合平均值。

推求出单位线后，流域的汇流计算则用卷积式

$$Q_{d,t} = \sum_{1}^{m} I_{d,i}q_{t-i+1} \quad (1 \leqslant t - i + 1 \leqslant m) \tag{1-3}$$

式中 Q——出流量，m^3/s；

m——净雨时段数；

I——时段平均净雨量，mm；

q——时段单位线时段出流量，m^3/s。

(二)三水源新安江模型

1.三水源蓄满产流模型

三水源蓄满产流模型包括蒸散发量计算、产流量计算和分水源计算三个部分。

1)蒸散发量计算

流域蒸散发量采用三层蒸发模式计算，计算公式如下

$$E_p = KE_0 \tag{1-4}$$

式中 E_p——蒸散发能力；

K——蒸发折算系数；

E_0——实测蒸发量。

$$E = \begin{cases} E_p & (\text{当 } P + \text{WU} \geq E_p \text{ 时}) \\ (E_p - \text{WU} - P)\dfrac{\text{WL}}{\text{WLM}} & (\text{当 } P + \text{WU} < E_p \text{ 且} \dfrac{\text{WL}}{\text{WLM}} > C \text{ 时}) \\ C(E_p - \text{WU} - P) & (\text{当 } P + \text{WU} < E_p \text{ 且} \dfrac{\text{WL}}{\text{WLM}} \leq C \text{ 时}) \end{cases} \tag{1-5}$$

式中 E——计算蒸发量，mm；

WU、WL——上、下层土壤含水量，mm；

WLM——下层张力水容量，mm；

C——深层蒸发折算系数；

P——降水量，mm。

2)产流量计算

用流域蓄水容量曲线来考虑流域面上土壤缺水量与蓄水容量相等。设点蓄水容量为WM，其最大值为WMM，又设流域蓄水容量曲线是一条b次抛物线，则该曲线可以用下式表示

$$\frac{f}{F} = 1 - \left(1 - \frac{\text{WM}}{\text{WMM}}\right)^b \tag{1-6}$$

据此可求得流域平均蓄水容量WM为

$$\text{WM} = \frac{\text{WMM}}{1 + b} \tag{1-7}$$

与某个土壤含水量W相应的纵坐标值a为

$$a = \text{WMM}\left[1 - \left(1 - \frac{W}{\text{WM}}\right)^{\frac{1}{1+b}}\right] \tag{1-8}$$

当扣去蒸发后的降水PE<0时，不产流；PE>0时，则产流。

产流又分局部产流和全流域产流两种情况。

当PE+a<Wmm时，局部产流量为

$$R = \text{PE} - \text{WM} + W + \text{WM}\left(1 - \frac{\text{PE} + a}{\text{Wmm}}\right)^{1+b} \tag{1-9}$$

当PE+a≥WMM时，全流域产流量为

$$R = \mathrm{PE} - (\mathrm{WM} - W) \tag{1-10}$$

如流域不透水面积比 IMP 不等于 0 时，$\mathrm{WM}=\dfrac{\mathrm{WMM}(1-\mathrm{IMP})}{1+b}$,这时,各式也会有相应的变化。

3)分水源计算

对湿润地区及半湿润地区汛期的流量过程线分析,径流成分一般包括地表、壤中和地下三种成分。由于各种成分的径流的汇流速度有明显的差别,所以水源划分是很重要的一环。在本模型中,水源划分是通过自由水蓄水库进行的。

由产流得到的产流量 R 进入自由水蓄水库,连同水库原有的尚未出流完的水,组成实时蓄水量 S。自由水蓄水库的底宽就是当时的产流面积比 F_{R},它是时变的。KI、KG 分别为壤中流和地下水的出流系数。各种水源的径流量的计算公式如下

$$\begin{cases} \mathrm{RS} = 0(S + R \leqslant \mathrm{SM}) \\ \mathrm{RI} = (S + R) \times \mathrm{KI} \times F_{\mathrm{R}} \qquad (S + R \leqslant \mathrm{SM}) \\ \mathrm{RG} = (S + R) \times \mathrm{KG} \times F_{\mathrm{R}} \end{cases} \tag{1-11}$$

$$\begin{cases} \mathrm{RS} = (S + R - \mathrm{SM}) \times F_{\mathrm{R}} \\ \mathrm{RI} = \mathrm{SM} \times \mathrm{KI} \times F_{\mathrm{R}} \qquad (S + R > \mathrm{SM}) \\ \mathrm{RG} = \mathrm{SM} \times \mathrm{KG} \times F_{\mathrm{R}} \end{cases} \tag{1-12}$$

由于在产流面积 F_{R} 上的自由水的蓄水容量不是均匀分布的,将 SM 取为常数是不合适的,也要用类似流域蓄水容量曲线的方式来考虑它的面积分布。为此,采用抛物线,并引入 EX 为其幂次,则有

$$\frac{f}{F} = 1 - \left(1 - \frac{\mathrm{SM}}{\mathrm{SMM}}\right)^{\mathrm{EX}} \tag{1-13}$$

$$\mathrm{SSM} = (1 + \mathrm{EX})\mathrm{SM} \tag{1-14}$$

$$\mathrm{AU} = \mathrm{SSM}\left[1 - \left(1 - \frac{S}{\mathrm{SM}}\right)^{\frac{1}{1+\mathrm{EX}}}\right] \tag{1-15}$$

$$\mathrm{RS} = \begin{cases} \left[\mathrm{PE} - \mathrm{SM} + S + \mathrm{SM}\left(1 - \dfrac{\mathrm{PE} + \mathrm{AU}}{\mathrm{SMM}}\right)^{1+\mathrm{EX}}\right] F_{\mathrm{R}} \quad (\mathrm{PE} + \mathrm{AU} \leqslant \mathrm{SSM}) \\ (\mathrm{PE} + S - \mathrm{SM})F_{\mathrm{R}} \quad (\mathrm{PE} + \mathrm{AU} > \mathrm{SSM}) \end{cases} \tag{1-16}$$

2. 三水源滞后演算汇流模型

流域对净雨过程的作用表现为推移和坦化。净雨过程经过推移和坦化后变成洪水过程线。滞后演算法就是把洪水波运动中的平移与坦化两种作用分开且一次处理。水流经一连串线性渠道滞后一段时间以代表平移,同时经一连串线性水库调蓄演算以代表坦化。滞后演算法的基本原理如图 1-5 所示。

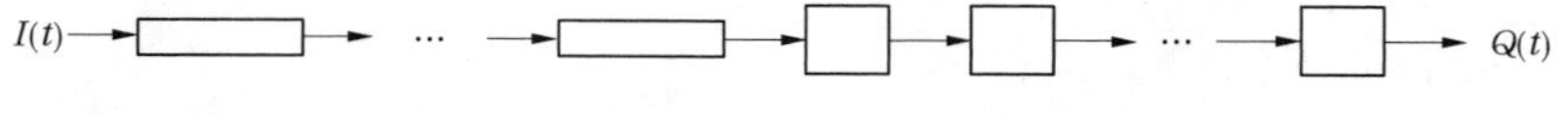

图 1-5　滞后演算法的基本原理

用水流运动连续方程和动力方程联解,并应用拉普拉斯变换,推求出滞后演算法瞬时

单位线计算公式

$$u(t)=\begin{cases}0 & (0\leqslant t\leqslant n\tau)\\ \dfrac{1}{\kappa\Gamma(n)}\left(\dfrac{t-n\tau}{\kappa}\right)^{n-1}\exp\left(-\dfrac{t-n\tau}{\kappa}\right) & (n\tau<t\leqslant\infty)\end{cases} \tag{1-17}$$

滞后演算法瞬时单位线中的三个参数，τ 为每个线性渠道滞时，n 为线性渠道个数（$n\tau$ 为系统滞时），κ 为调蓄系数，既可由水文学方法根据水文资料分析出，也可由矩法推求得到。

与三水源新安江产流模型相匹配，三水源滞后演算模型用于汇流演算，包括单元流域汇流和河道汇流。

单元流域汇流包括坡地汇流和河网汇流。

坡地汇流是指水体在坡面上的汇集过程。在该汇流阶段，三水源产流模型中经过水源划分得到的地面径流的调蓄作用不大，直接进入河网，成为地面径流对河网的总入流；壤中流进入壤中流水库，经过壤中流水库的消退，成为壤中流对河网的总入流；地下径流进入地下水蓄水库，经过地下水蓄水库的消退，成为地下水对河网的总入流。

河网汇流是指水流由坡面进入河槽处，沿河网的汇集过程。在该汇流阶段，汇流特性受制于河槽水力学条件，各种水源一致。三者之和为河网总入流，经过滞后演算汇至单元出口。

河道汇流是指根据各单元出口至流域出口和河槽的水力特性，先用分段马斯京根连续演算把各单元出口流量演算至流域出口，再作线性叠加。

（三）河道汇流模型

河道汇流计算采用马斯京根多河段连续流量演算模型。计算式为

$$Q(t)=\begin{cases}C_0^n & (t=0)\\ \sum_{i=1}^{n}B_iC_0^{n-i}C_2^{t-i}A^i & (t>0\text{ 且 }t-i\geqslant 0)\end{cases} \tag{1-18}$$

其中

$$\left.\begin{aligned}C_0&=\frac{0.5\Delta t-KX}{K-KX+0.5\Delta t}\\ C_1&=\frac{KX+0.5\Delta t}{K-KX+0.5\Delta t}\\ C_2&=\frac{K-KX-0.5\Delta t}{K-KX+0.5\Delta t}\end{aligned}\right\} \tag{1-19}$$

$$B_i=\frac{n!\,(t-1)!}{i!\,(i-1)!\,(n-i)!\,(t-i)!} \tag{1-20}$$

$$A=C_1+C_0C_2 \tag{1-21}$$

$$n=\frac{S}{3.6v\cdot\Delta t} \tag{1-22}$$

式中　$Q(t)$——出口断面流量，m^3/s；

t——时段数，取 0，1，2，3，…，30；

n——河段数；

K、X——分段马斯京根法参数；

Δt ——计算时段长，h；

S——计算河段长（单元流域出口到子流域出口距离），m；

v——相应于 Q_m 的河段平均流速，m/s。

由于相应于 Q_m 的河段平均流速 v 无法直接测得，可通过建立 Q_m 与 v 的经验关系间接得到，关系式为

$$v = \begin{cases} v_1\left(\dfrac{Q_m}{100}\right)^{v_2} & (Q_m \leqslant Q_v) \\ v_3\left(\dfrac{Q_m}{100}\right)^{v_4} & (Q_m > Q_v) \end{cases} \tag{1-23}$$

式中　v_1、v_3——相关线在双对数坐标上的截距；

v_2、v_4——相关线在双对数坐标上的斜率；

Q_m——洪峰流量，m^3/s；

Q_V——相关线转折点处的流量，m^3/s。

马斯京根法有 2 个参数即稳定流汇流时间 K 和流量比重因子 X。由于 X 随流量大小而变化，应用时须进行非线性处理。X 与 Q_m 的经验关系式为：

$$X = \begin{cases} X_1\left(\dfrac{Q_m}{100}\right)^{-X_2} & (Q_m \leqslant Q_X) \\ X_3\left(\dfrac{Q_m}{100}\right)^{-X_4} & (Q_m > Q_X) \end{cases} \tag{1-24}$$

式中　X_1、X_3——相关线在双对数坐标上的截距；

X_2、X_4——相关线在双对数坐标上的斜率；

Q_X ——相关线转折点处的流量，m^3/s。

（四）水库调洪演算方法

水库调洪演算的依据是水量平衡方程和动力方程（圣维南方程组的连续方程和运动方程）。水量平衡方程用水库水量平衡方程表示，动力方程用水库蓄泄方程（或蓄泄曲线）来表示。水库调洪演算从第一个时段初开始，逐时段连续求解这两个方程。

在某一时段内，入库水量减去出库水量，应等于该时段内水库蓄水量的变化。水库的水量平衡方程为

$$\frac{Q_1 + Q_2}{2}\Delta t - \frac{q_1 + q_2}{2}\Delta t = V_2 - V_1 \tag{1-25}$$

式中　Q_1、Q_2——时段始末入库流量，m^3/s；

q_1、q_2——时段始末出库流量，m^3/s；

V_1、V_2——时段始末水库蓄水量，m^3；

Δt ——时间步长，s。

如果水库的蓄水量与出流关系单一，并假定入流和出流在计算时段内呈线性变化，上

式可改写为

$$\left(\frac{V_2}{\Delta t}+\frac{q_2}{2}\right)=\left(\frac{V_1}{\Delta t}-\frac{q_1}{2}\right)+\overline{Q} \tag{1-26}$$

式中 $\overline{Q}$——时段平均入库流量。

水库蓄泄方程(或蓄泄曲线)可用水库泄流曲线表示,即

$$O=f(H) \tag{1-27}$$

或

$$O=f(V) \tag{1-28}$$

联立求解水库水量平衡方程式(1-26)和蓄泄方程式(1-27)、式(1-28),可得每一时段的 q_2 与 V_2,最终可得整个出库流量过程。

水库调洪演算一般采用蓄率中线法。

三、主要结论

(一)淮河流域

1."75·8"暴雨洪水移植模拟

在"75·8"暴雨及现状工程条件下,洪汝河将全线超保证水位,大部分河段出现漫溢,部分险工段可能出现决口情况,沿河蓄滞洪区须全部启用,洪汝河防洪预案中预设的分洪口全部启用。流域内4座大型水库全部敞开泄洪,最高库水位接近校核水位。

洪汝河分洪路线及沿河洼地(遂平县、西平县、汝南县、平舆县、新蔡县大部区域,驿城区、正阳县、上蔡县、泌阳县的部分区域)的道路、桥涵将被全部淹没,抢险队伍、车辆、物料难以准时到达现场,公用通信可能会中断,水情防汛信息也可能会出现中断现象,水文情报、预警及抢险救灾将经受重大考验。

1)水库

按照现有水利工程条件,若遭遇"75·8"洪水,采用科学合理的调度方式,大型水库和蓄滞洪区均能保障工程安全。4座大型水库均需敞开泄洪,最高库水位超过设计水位,但低于校核水位。

流域内共建有7座中型水库,暴雨量级均超过水库的设计标准,达到或超过水库的校核标准,因此洪水可能漫坝,水库可能出现溃坝等险情,应采取全力抢险、分洪等措施,并组织下游群众避险。

流域内共建有103座小型水库,暴雨量级均超过水库的校核标准,因此洪水会漫坝,部分水库可能会出现垮坝等险情,应提前采取扩大溢洪道泄流能力、分洪等措施,并组织下游群众避险。

2)滞洪区

根据模拟预报调度成果,3个蓄滞洪区均超过设计水位,须采取相应的分洪措施,可确保蓄滞洪区工程安全。同时,保证了遂平、西平、汝南、平舆、新蔡等县城安全,能最大限度地减少灾害损失。

3)河道工程

汝河应加强左堤防守,最大限度地保证遂平县城安全。多余洪水主要从汝河右堤外

行洪,届时遂平县部分乡(镇)处于洪水淹没范围内。

洪河大部分河段出现漫溢,漫溢洪水沿两岸洼地行洪,届时新蔡县大部分乡(镇)处于洪水淹没范围内。

当小洪河不考虑在杨庄以下小洪河翟庄东、周庄西扒开左堤向老王坡滞洪区分洪的方案时,应在小洪河杨庄乡政府东扒开右堤向小洪河以南分洪。小洪河杨庄至五沟营段应加强右堤防守,最大限度地保证西平县县城安全。

4)风险点防护

"75·8"暴雨洪水如果重现,将造成洪汝河流域所有水库、蓄滞洪区、河道等水利工程均出现较高风险点,其中水库及滞洪区大坝、河道分洪口门及堤防险工段是防范的重点。大型水库要防止大坝出现意外险情;中型水库除防止险情外,还要防止洪水漫坝垮坝;小型水库应做好下游群众避险工作。洪汝河道险工段有147处,可防止重要防洪河段堤防决口,做好影响范围内人员转移工作。

"75·8"特大暴雨频率达到1 000年一遇,量级之高为世所罕见,若再次发生,其造成的灾害损失也将十分严重,就水利部门而言,科学调度,确保大型水利工程安全,最大可能地减少人民生命财产损失是重中之重。

2."68·7"暴雨洪水移植模拟

1)水库

根据模拟结果,按照现有水利工程条件,若遭遇"68·7"洪水,采用科学合理的调度方式,大型水库能保障工程安全。

流域内共建有16座中型水库,"68·7"洪水暴雨级别达到或超过水库的设计标准,入库洪水较大,应采取提前预泄、错峰泄流等措施,减轻水库大坝和下游河道防洪风险。

流域内共建有1 061座小型水库,"68·7"洪水暴雨级别达到或超过水库的设计标准,入库洪水较大,应采取削洪泄流等措施,减轻水库大坝风险。

2)河道工程

淮河干流及淮南支流潢河、竹竿河均超保证水位,淮河干流息县段上游河段漫决。石山口、泼河、五岳水库均按照100年一遇设计,如遇"68·7"洪水,水库调蓄能力有限。南湾、出山店水库有一定的安全拦蓄能力,可以适时延迟泄洪,错开洪峰,减轻下游淮河干流河道防洪压力。

3."21·7"暴雨洪水移植模拟

1)沙颍河

本次模拟洪水为漯河水文站以上流域总产水量34.98亿m^3。昭平台水库最大入库流量超过100年一遇设计洪水,白龟山水库最大入库流量低于100年一遇设计洪水,孤石滩水库最大入库流量约等于5年一遇设计洪水,燕山水库最大入库流量不足20年一遇设计洪水;北汝河大陈水文站、沙河马湾水文站洪峰流量超过20年一遇设计洪水洪峰流量,沙河漯河水文站、颍河周口水文站洪峰流量超过50年一遇设计洪水洪峰流量。

通过模拟分析计算,在"21·7"暴雨情势下,流域内昭平台水库、白龟山水库处于暴雨中心,昭平台水库最高水位超设计水位,白龟山水库最高水位接近设计水位,前坪水库、孤石滩水库、燕山水库最高库水位均远低于设计水位。水库自身安全能够得到保证。

沙河白龟山水库以下全线超保证水位，须启用泥河洼滞洪区分滞洪水。通过向泥河洼分洪后，沙河洪水和澧河洪水遭遇，漯河市流量、周口市流量仍超保证流量，根据超标准洪水防御预案，须相机在北汝河西河沿分洪入湛河洼、沙河左堤襄城县霍堰处扒口分洪入沙颍河夹河套。

南水北调中线工程由南至北横穿甘江河、澧河、澎河、沙河、北汝河等较大河流21条，主要河道穿越位置在中下游河段。经水库调蓄后，交叉河道洪水量级均在20～50年一遇，低于交叉河渠工程设计标准，南水北调中线工程与河渠交叉的建筑物是安全的，但应注意巡查。

2）洪汝河

通过分析计算，洪汝河班台水文站以上产水量25.7亿m^3。洪汝河全线超保证水位或保证流量，部分河道发生漫溢，杨庄、老王坡、蛟停湖3个滞洪区启用。汝河来水量较大，洪水沿汝河左堤外洼地行洪。板桥水库最大入库流量超过50年一遇设计洪水，薄山水库最大入库流量低于20年一遇设计洪水，石漫滩水库最大入库流量超过20年一遇设计洪水，宿鸭湖水库最大入库流量接近百年一遇设计洪水，4座大型水库均超移民高程，接近设计水位，田岗水库超设计水位。班台水文站洪峰流量低于50年一遇设计洪水流量。

板桥—遂平部分河段水位超保证水位，洪水漫溢行洪；汝河遂平河段多余洪水需在遂平附近的孙沟分洪；汝河宿鸭湖水库下游沙口段超保证流量，故需在沙口处左岸分洪。

3）淮河干流及淮南支流

（1）息县为暴雨中心。通过洪水模拟，淮滨以上流域总产水量41.70亿m^3。出山店水库、南湾水库入库洪峰流量接近10年一遇，石山口水库入库洪峰超100年一遇，五岳水库入库洪峰流量超5年一遇，泼河水库入库洪峰流量超1 000年一遇。

息县站、淮滨站、潢川站洪峰流量超100年一遇，北庙集水文站洪峰流量超10年一遇，平桥水文站洪峰流量接近10年一遇，新县水文站洪峰流量接近5年一遇。

通过模拟分析计算，淮河干流淮滨至息县河段全线超保证水位，河段出现漫溢，淮南支流除史灌河外，竹竿河、潢河、白露河全线超保证水位。淮南支流大型水库除五岳水库超设计外，其他大型水库均不超设计水位。安徽省王家坝滞洪区需要分洪，河南省需要及时提出建议。

（2）新县为暴雨中心。通过洪水模拟，淮滨以上流域总产水量36.01亿m^3。石山口水库入库洪峰流量接近5年一遇；五岳水库入库洪峰流量10～20年一遇，泼河水库入库洪峰流量超20～25年一遇，鲇鱼山水库入库洪峰流量接近5年一遇。

新县站洪峰流量超100年一遇，潢川、北庙集、蒋家集水文站洪峰流量超20年一遇，淮滨水文站洪峰流量接近20年一遇，息县水文站洪峰流量接近10年一遇。

通过模拟分析计算，淮南支流竹竿河、潢河、白露河、史灌河全线超保证水位，淮河干流淮滨至息县河段全线超保证水位，部分河段出现漫溢。淮南支流大型水库除五岳水库超设计水位外，其他大型水库均不超设计水位。安徽省王家坝滞洪区需要分洪，河南省需要及时提出建议。

（3）南湾水库为暴雨中心。通过洪水模拟，淮滨以上流域总产水量35.7亿m^3。南湾水库入库洪峰流量接近 100 年一遇,出山店水库入库洪峰流量接近 100 年一遇。

竹竿铺水文站洪峰流量超 10~20 年一遇,潢川水文站洪峰流量接近 10 年一遇,息县水文站洪峰流量超 20~50 年一遇,淮滨水文站洪峰流量超 20 年一遇。

通过模拟分析计算,淮南支流竹竿河、潢河全线超保证水位,淮河干流淮滨至息县河段全线超保证水位,部分河段出现漫溢。大型水库均不超设计水位。安徽省王家坝滞洪区需要分洪,河南省需要及时提出建议。

(二)海河流域

根据模拟结果分析,在“63 · 8”暴雨条件下,卫河淇门至五陵段将全线超保证水位,五陵至元村段全线超警,沿河部分滞洪区须启用。由于盘石头水库的调蓄作用,淇门、刘庄总流量达到峰值的时间将大幅延后,但盘石头水库至新村区间仍有较大来水,淇门、刘庄流量仍会超保证水位,良相坡、共渠西、长虹渠、白寺坡、小滩坡、广润坡滞洪区分洪不可避免,在确保安全的前提下,任固坡滞洪区可不启用。

共产主义渠新乡、卫辉段左岸低洼区将被淹没;卫辉城区附近共产主义渠洪水将会通过京广铁路桥涵越过铁路,淹没卫辉火车站附近区域;卫河道口附近村镇很有可能遭到洪水威胁;黄泛区道路、桥涵淹没不可避免,抢险队伍、车辆、设施、物料难以到达现场;公用通信中断,防汛信息不能上传下达的情况仍然不可避免,水文情报、预报、预警将经受重大考验。

(三)黄河流域

通过“21 · 7”暴雨洪水移植模拟分析,移植后三花间暴雨接近或达到可能最大降水量级。按照产流最多、汇流最快、洪水风险最大的原则,以尖岗水库站为基准,将暴雨中心移植到三花间宜阳(方案一)、伊川(方案二)、垣曲(方案三)、洛宁(方案四),降水量移植采用 1:1平移。移植后 4 个方案三花间最大 1 d、5 d 面雨量分别为 123~143 mm、295~375 mm,均显著大于 1761 年、1958 年、1982 年暴雨。

移植暴雨形成的三花间洪水最大 5 d 洪量超过 1 000 年一遇。采用三花间降水径流模型,不考虑水库及堤防决口影响,4 个方案三花间天然洪峰流量为 31 000~36 400 m³/s、最大 5 d 洪量为 68.2 亿~79.5 亿 m³,花园口洪峰流量为 31 800~37 300 m³/s。不同暴雨移植方案,小浪底入库洪水最大约 200 年一遇;伊洛河陆浑、故县水库入库洪水最大约 1 000 年一遇、500 年一遇,黑石关洪峰流量最大约 100 年一遇;沁河河口村入库洪水方案一、方案三为 23 700 m³/s、22 400 m³/s,约为水库校核洪水设计值(2 000 年一遇,流量 11 500 m³/s)的 2 倍,武陟洪峰流量最大约 500 年一遇。

水库调节后(不考虑水库溃坝),暴雨移植方案二是对黄河下游防洪最不利的方案。

根据沁河超标洪水预案、武陟站水位流量关系分析等,沁河入黄流量分别考虑 6 000 m³/s、4 000 m³/s 两种情况。

在沁河入黄流量为 6 000 m³/s 的情况下,按照国家防总批复的《黄河洪水调度方案》(国汛〔2015〕19 号),经黄河中下游水库调度(常规调度)后,北金堤滞洪区、东平湖滞洪区需要运用滞洪。若考虑应急调度、压减小浪底出库流量,经黄河中下游水库调度后,通过河道强排可以不使用北金堤滞洪区,需要启用东平湖分洪。

在沁河入黄流量为 4 000 m³/s 的情况下,常规调度,花园口洪峰流量 20 000 m³/s、超万洪量 17.98 亿 m^3，东平湖滞洪区最大分洪流量 7 500 m^3/s，分洪量 15.52 亿 m^3；应急调度，花园口洪峰流量 19 100 m^3/s、超万洪量 15.78 亿 m^3，东平湖滞洪区最大分洪流量 7 000 m^3/s，分洪量 11.48 亿 m^3。两种调度方式均不需要使用北金堤。

暴雨移植方案一、方案三河口村水库入库洪水超过校核标准，水库溃坝风险高。河口村水库为面板堆石坝，一旦溃坝，叠加黄河干流和伊洛河相应来水后，沁河下游大堤可能失守，左岸堤防决口后洪水影响河南省济源市、焦作市、新乡市等地，涉及人口 199.83 万人；右岸堤防决口后洪水影响河南省济源市、焦作市，涉及人口 126.43 万人。

第二章 淮河流域暴雨洪水模拟研究

第一节 淮河流域概况

一、自然地理

(一)地理位置

淮河流域介于长江、黄河两大流域之间,位于东经111°55′~120°45′、北纬30°55′~36°20′。西起桐柏山、伏牛山,东至黄海,南以大别山和皖山余脉、通扬运河、如泰运河的东段与长江流域毗邻,北以黄河南堤和沂蒙山脉与黄河流域分界。流域东西长700 km,南北平均宽约400 km,跨河南、安徽、山东、江苏及湖北5省36个市(地)180个县(市、区),河道全程1 000 km,流域面积约27万 km^2。淮河按行政区划,称河南省境内为上游,安徽省境内为中游,江苏省境内为下游。

沙颍河是淮河最大的支流,地处河南省腹地,西起河南省鲁山县伏牛山东麓,东流经平顶山市、许昌市、漯河市、周口市至安徽省阜阳市颍上县正阳关沫河口入淮河,流域面积3.99万 km^2,干流长626 km。河南省境内流域面积3.44万 km^2,其中山区0.91万 km^2,丘陵0.54万 km^2,平原2万 km^2,干流长418 km,流域内总耕地2 766万亩(1亩=1/15 hm^2,下同),人口1 987万人。较大支流有北汝河、澧河、颍河、贾鲁河、新运河、新蔡河、汾泉河和黑茨河等8条(其中汾泉河和黑茨河在省界以下入沙颍河)。上中游主要支流北汝河流域面积0.61万 km^2,澧河流域面积0.28万 km^2,均在漯河以上汇入沙河,漯河站控制流域面积1.26万 km^2,其中山丘区占74%,是沙颍河洪水的主要发源地。颍河(河南省境内沙河支流)是沙河最大的支流,流域面积0.73万 km^2,于周口市西约2 km孙嘴村汇入沙河。

淮河支流洪河流域位于河南省东南部,东经113°40′~115°52′、北纬32°40′~33°45′,发源于舞钢市杨庄乡长岭头村灯台架峰,流经河南省舞钢市、西平县、上蔡县、平舆县、新蔡县、淮滨县,安徽省临泉县、阜南县2个省8个县(市),至信阳市淮滨县王家岗乡刘寨村汇入淮河。流域东、北方向被淮河流域沙颍河水系包围,西邻长江流域唐白河水系,南面淮河,东西长约200 km、南北宽约128 km,流域呈葫芦形状分布,流域面积1.24万 km^2,河流全长326 km。上游段杨庄以上为山丘区,下游段进入平原区,河道平均纵比降0.193‰。流域内交通便利,四通八达,有京广铁路、京广高铁,G4、S38、S81等高速公路,G107、G106等国道,S333、S241等省道。

(二)地形、地貌

淮河流域东临黄海,西部、南部及东北部分别被伏牛山、桐柏山、大别山和沂蒙山等环绕,山海之间为广阔的平原。山丘区面积约占流域面积的1/3,平原面积约占流域面积的

2/3。西北部高，东南部低，海拔在 600～1 000 m，豫西石人山最高海拔为 2 153 m，干流平缓，平均比降为 0.02‰。淮河流域上游两岸山丘起伏，水系发育，支流众多；中游地势平缓，多湖泊洼地；下游地势低洼，大小湖泊星罗棋布，水网交错，渠道纵横。

淮河在河南省境内河段西、南、西北三面环山。京广铁路以西为桐柏山，海拔 500～1 000 m，是淮河与汉江的分水岭；南面为大别山，海拔 800～1 500 m，主峰金刚台海拔 1 584 m，为淮河、长江分水岭；西北面为桐柏山脉的分支，海拔 500～800 m，是淮河干流与其支流洪汝河的分水岭。大别山脉的地貌特征是河流横切山脊，形成条条近南北向的山岭和山间谷地，同纵向的河流一致，形成山水相间的破碎地貌；区域地貌分东西两段：潢河谷地以西，山体主脊宽阔低缓，以 1 000 m 以下的低山为主，间有丘陵分布；东段山体完整，山脊高峻雄伟，山岭呈锯齿状狭窄陡峭，海拔多在 1 000 m 以上瘠境内淮河位于秦岭纬向构造带与新华夏系第二沉降带的复合地区，区内断裂构造以北西—西向或东—西向为主，被后期的北—东向的构造切割。区域地震基本烈度为Ⅵ级。

沙颍河上中游属伏牛山山丘区，西部以外方山分水岭与黄河流域为界，西南部以伏牛山分水岭与长江流域为界，地势由西向东倾斜，最高峰为石人山，海拔 2 153 m。沙河昭平台水库坝址以上、北汝河紫罗山站以上及澧河孤石滩水库坝址以上、颍河白沙水库坝址以上均为山区，河流穿行于两山之间，比降为 1/100～1/350，支流密集，源短流急，土壤瘠薄，植被不良，水土流失严重。沙河昭平台水库至白龟山水库区间、北汝河紫罗山至襄城县城区间及澧河孤石滩水库至干江河入澧河口区间、颍河白沙水库至颍桥区间均为浅山丘陵区，地势逐渐开阔，海拔 200～500 m，地势较缓，平均坡降 1/1 200～1/800，树木稀少，植被更差。沙河白龟山水库以下、北汝河襄城县城以下及千江河入澧河口以下、颍河颍桥以下均为山前平原区，东临豫东平原。地貌类型主要有河间微倾斜平地、低平地和浅平洼地、坡地及局部岗地。地势由西北向东南微倾斜，平均坡降 1/8 000～1/4 000。地表组成物质主要为冲积和淤积黏土及亚砂土，植被为小麦、杂粮，一年两熟栽培植被片。

淮河支流洪河流域整体地势西高东低，微向东南倾斜，上游干流发育在桐柏山与伏牛山系余脉之间，属山丘区；中部属山前倾斜平原的地貌单元，下游属冲积湖积平原区，海拔 26～872 m。总的地形是山区坡降陡峻，平原地区突然变缓，中间过渡带较短。地震设防烈度为Ⅵ级。洪河素有“铜头、铁屁股、豆腐腰”之称，“铜头”是合水以上的山区河段，水势下泄速度快，来势凶猛，在合水交汇后，就会出现奇观：北边的洪溪河水大，南边的滚河就倒灌，南边的滚河水大，北边的洪溪河就倒灌。合水扼守两河交汇处，很少发洪水，故称为“铜头”。“铁屁股”是指洪河下游水势浩大，河道较宽，堤防坚固。“豆腐腰”就是中游河道窄，地势平缓，水流缓慢，时常出现水患。

（三）土壤、植被

淮河流域土壤的分布和种类比较复杂。西部的伏牛山区主要为棕壤和褐土，丘陵区主要为褐土，土层厚，质地疏松，易受侵蚀冲刷。南部的山区主要为黄棕壤，其次为棕壤和水稻土；丘陵区主要为水稻土，其次为黄棕壤。淮北平原的北部主要为黄潮土，质地疏松。淮北平原的中、南部主要为砂姜黑土，其次为黄潮土、棕潮土等。淮河下游平原水网区为水稻土。东部的滨海平原为滨海盐土。在以上各类土壤中，以潮土分布最广，约占全流域面积的 1/3，其次为砂姜黑土、水稻土。由于受气候、地形、土壤等因素的影响，淮河流域的植被具有明显的过渡性特点。流域北部的植被属暖温带落叶阔叶林与针叶松林混交；中部低山丘陵区属亚热带落叶阔叶林与常绿阔叶林混交；南部山区主要为常绿阔叶林、落叶阔叶林与针叶松林混交，并夹有竹林。据统计，桐柏山、大别山区的森林覆盖率为30%，伏牛山区为21%，沂蒙山区为12%。

（四）河流水系

淮河按行政区划，称河南省境内为上游，安徽省境内为中游，江苏省境内为下游。河南省境内淮河三河尖以上上游河长417 km，流域面积3.78万km^2。

淮河上游沿途支流18条。右岸支流发源于大别山脉，呈西南—东北向汇入淮河，为山区河道，特点是坡降大、流程短、集流快、水流湍急，较大支流有游河、洋河、浉河、竹竿河、寨河、潢河、白露河、史灌河；左岸支流多为坡水河道，河身狭窄，河道弯曲，流经之处为平原洼地，较大支流有毛集河、柳河、十字江、明河、清水河、澺河、泥河、闾河、乌龙港、洪河。

淮河干流自西向东横贯信阳市全境。淮河南岸支流发源于大别山脉，呈西南—东北向汇入淮河，为山区河道。其特点是坡降大、流程短、集流快、水流湍急。由于淮河干流排水出路小，在淮河干支流交汇处的低洼地区，洪涝灾害频繁。较大支流有游河、洋河、浉河、竹竿河、寨河、潢河、白露河、史灌河等。淮河北岸支流多为坡水河道，河身狭窄，河道弯曲，流经之处为平原洼地。由于排水不畅，常常酿成内涝灾害。较大支流有明河、清水河、澺河、泥河、闾河、乌龙港和洪河。

淮河左岸支流，元明以后班台以上称小洪河，班台以下称汝河或洪汝河，民国时期改称洪河或大洪河。洪河在舞钢市境内称滚河，在驻马店市境内班台村汝河汇入口以上称小洪河，汇入口以下至入淮口又称大洪河。洪河发源于舞钢市杨庄乡长岭头村灯台架峰，至信阳市淮滨县王家岗乡刘寨村汇入淮河。洪河干流石漫滩以上为山区河流，洪水陡涨陡落；石漫滩至杨庄为丘陵区河流，小水走主槽，大水漫坡行洪，对洪水有一定的滞蓄能力；杨庄以下为平原河道，开始有堤防，河道异常弯曲，素有"九里十八弯"之称。流域内河网密度较大，直接入洪河干流的大小支流共163条，其中流域面积大于50 km^2的有卷河、玉皇庙河、三里河等20条，其余支流流域面积均小于50 km^2。流域面积最大的一条支流是汝河，总面积7 376 km^2，占洪河水系总面积的60%，在新蔡县顿岗乡班台村洪河右岸汇入；洪汝河汇合口下游约400 m处洪河左岸有洪河分洪道入口，汇合口下游约600 m处有2006年复建的班台分洪闸。

二、社会经济

淮河干流主要在信阳市境内，东西长约363.5 km，南北宽约142 km，南和西南以大别山、桐柏山为界与湖北省接壤，东和东北与安徽省为邻，北和西北接驻马店市洪汝河和南阳市唐白河。信阳市总面积1.89万km^2，2017年底全市总人口880.53万人，其中常住人口645.36万人。在常住人口中，城镇人口297.19万人，乡村人口348.17万人，城镇化率46.05%。耕地83.99万hm^2（2014年数据），全市生产总值达到2 226.55亿元，比上一年增长6.7%，人均生产总值超过34 528元；城镇居民人均可支配收入26 061元，增长8.8%；农村居民人均可支配收入11 663元，增长9.5%。2016年底，信阳市辖8县2区：

罗山县、息县、淮滨县、潢川县、光山县、固始县、商城县、新县、平桥区、浉河区,有209个乡镇(街道办事处)、551个居委会、2868个村委会。

沙颍河流域地处中原腹地,流域内有河南省主要防洪区平顶山、漯河、周口、许昌及鲁山、宝丰、叶县、汝州、郏县、襄城、禹州、许昌、鄢陵、舞阳、临颍、郾城区、源汇区、召陵区、川汇区、西华、商水、项城、沈丘等20余县(市、区)。本区农业历史悠久,是河南省主要商品粮基地之一,工业已建成煤炭、电力、卷烟、造纸、纺织等门类齐全的工业体系,2018年区内国民生产总值约15 688亿元;京广铁路、漯宝铁路、京广高速铁路、京港澳高速公路、107国道等重要交通干线均从本流域通过;同时,沙颍河属跨省河道,为下游河南省和安徽省境内阜阳市的防洪屏障,又是淮河干流正阳关以上洪水的重要组成部分。漯河以下沙河右堤的防洪安全直接涉及豫皖两省耕地1 000万亩、人口800万人。

洪河流经河南省舞钢市、西平县、上蔡县、平舆县、新蔡县和淮滨县6个县(市)的49个乡(镇、街道办事处),截至2019年底,流域内总人口243.94万人,耕地面积206 940 hm^2,地区生产总值1 395.2亿元,流域经济以农业为主,农作物主要有小麦、大豆、花生、棉花、芝麻、水稻、油菜等。

三、水文气象

(一)气候概况

淮河是我国亚热带与暖温带的自然地理分界线之一,淮河干流处于北亚热带和暖温带的过渡地带,在气候上具有过渡特征。以淮河为界,淮南是亚热带的北缘,属湿润区;淮北是暖温带的南端,属半湿润区。本流域属典型的季风气候,其特点是四季分明,冷暖和旱涝转变急剧。春季因受冬季风交替影响,气候时冷时热变化大;夏季西南气流与东南季风活跃,受其控制,气温高(年极端最高气温出现在1959年8月23日,新县达42.5 ℃),降水多;秋季降水明显减少,秋高气爽,多晴天;冬季受干冷的西北气流控制,多偏北风,常有冷空气侵入,气温低(年极端最低气温出现在1969年1月31日,淮滨县低达-21.4 ℃),降水少。年平均气温为11~16 ℃。

沙颍河流域呈大陆性季风气候,气象变化受季风影响,为南北气候的过渡地带。在汛期(6—9月),由于东南暖湿气团内移,加上西部地形影响,极易造成暴雨,为河南省暴雨中心地区之一。年平均降水量西部山丘区为800~1 000 mm,东部平原区为700~900 mm,降水量一般集中在汛期,占年降水量的60%以上。降水量年际变化很大,最大值与最小值可达5倍。因此,本流域主要是雨洪径流,在多雨年份,汛期雨量集中,洪水暴涨暴落,极易造成灾害。

(二)降水、径流和水资源

淮河流域大气系统复杂多变,降水时空分布不均,年平均降水量911 mm,总的趋势是南部大、北部小,山区大、平原小,沿海大、内陆小。

河南省境内淮河流域年降水量在季节分配上,主要集中于夏季6—9月(占全年降水量的54.6%);在地区分布上,由南向北递减。多年(1951—2016年)平均降水量1 098 mm,南部1 308 mm(新县),北部944 mm(息县)。最大年水量1954年1 731 mm,最小年水量2001年626 mm,大小比值2.76。流域多年平均水面蒸发量1 100~1 250 mm。

河南省境内淮河流域(上游)多年平均径流深 411 mm,径流量为 75.25 亿 m^3。其分布与降水相似,由南向北递减,西南山区较大,淮北平原较小。年际变幅较大,1949 年后径流量的最大值为 156 亿 m^3(1956 年),最小值为 17.3 亿 m^3(1966 年),大小比值为 9.0。径流量年内分配也不均匀,汛期多年平均径流量为 45.7 亿 m^3,占年径流量的 60.7%。由于暴雨集中,往往一场暴雨的洪水量占年径流总量很大比例,淮河干流上游实测最大洪水发生于 1968 年 7 月 16 日,最大流量 16 600 m^3/s,洪水历时 21 d,洪水总量高达 57.1 亿 m^3(淮滨水文站),天数仅占全年的 5.8%,而径流量却占了全年的 70.5%。

淮河干流在河南省境内共有 11 个水功能区,其中一级水功能区 4 个,分别为淮河桐柏源头水保护区,规划水质目标Ⅱ类;淮河桐柏开发利用区,规划水质目标Ⅲ类;淮河河南信阳、湖北随州保留区,规划水质目标Ⅲ类;淮河息县淮滨开发利用区,规划水质目标Ⅲ类。二级水功能区 7 个,分别为淮河桐柏饮用水源区、淮河桐柏排污控制区、淮河桐柏过渡区、淮河息县农业用水区、淮河息县排污控制区、淮河息县淮滨农业用水区、淮河淮滨县排污控制区。

(三)暴雨与洪水

淮河上游由于所处地理位置的原因,季风环流一年之中变换较大,进入 6 月,季风雨带多停滞在江淮一带,冷暖湿气团交汇,由于季风、气压强弱的影响,而造成干旱、洪涝灾害,形成大雨大灾、小雨小灾、无雨旱灾的高频灾害地区。自宋太祖建隆元年(公元 960 年)到 1949 年的 989 年间,淮河上游豫南地区共发生洪水灾害 270 次。在 270 次的洪水灾害中,连年或连续数年遭洪水灾害 43 次。1194—1855 年黄河夺淮时期的 661 年中,发生洪水灾害 268 次(其中黄河决溢水灾 149 次);特别是 1855 年黄河北徙至新中国成立前的 94 年中,因水系混乱、出海无路、入江不畅,洪涝灾害频繁,发生洪涝灾害 85 次,平均 1.1 年发生 1 次。新中国成立后主要洪灾年有 1954 年、1957 年、1975 年、1991 年、2003 年、2007 年等,其中“75 · 8”大水造成的人员伤亡和财产损失最大。据河南省水利厅统计,“75 · 8”大水造成驻马店、许昌、周口、漯河、平顶山、南阳等地有 118.7 万 hm^2 耕地被淹,1 015 万人受灾,2.6 万人丧生,冲毁京广铁路 102 km,影响南北正常行车 46 d。失事水库 62 座,其中大型水库 2 座。

洪河流域属半湿润到半干旱过渡地带,由于受多种天气系统及地形的综合影响,汛期降水多集中在 6—8 月,且强度大、范围广,易发生洪涝灾害,是全国有名的暴雨中心之一。

据记载,公元前 184 年至 1949 年的 2 133 年间,较大水灾有 223 次,严重旱灾有 105 次。新中国成立后,1950—2005 年,洪河流域遭受洪涝灾害 37 年。1975 年 8 月受“7503 号”台风影响,导致石漫滩水库、板桥水库大型水库 2 座,中型水库 2 座,小(一)型水库 4 座及小(二)型水库 20 座相继垮坝,河道决口 842 处(长 184.55 km),漫决堤段 796 km,损坏河堤 1 118 km,给人民生命财产造成巨大伤害。2000 年小洪河流域遭受超 10 年一遇洪水,杨庄和老王坡滞洪区同时蓄洪,滞洪水量 2.71 亿 m^3,受灾面积 11.27 万 hm^2,直接损失 5 亿元。2007 年大洪水导致全市农作物受灾面积 40.61 万 hm^2,直接经济损失达 11.34 亿元。

第二节　淮河流域工程现状

淮河上游历史上水旱灾害频繁，经过几十年治理，洪涝灾害的严重局面得到一定的改善，干支流河道除涝标准达到3年一遇，防洪标准达到10年一遇，初步建立了防洪除涝工程体系。河南省境内流域已建成出山店、南湾、鲇鱼山、泼河、石山口、五岳、宿鸭湖、板桥、薄山、昭平台、孤石滩、燕山、白龟山、石漫滩、白沙15座大型水库，总库容100.87亿m^3；中型水库55座，总库容15.39亿m^3；小型水库1 580座。另外，信阳市境内还修建了大型水闸5座、中型水闸20座、橡胶坝10座。

河南省境内淮河干流堤防长167.76 km。其中，左堤长48.49 km，右堤长119.27 km。

一、淮河干流及淮南支流

沿淮四县现有干支流防洪保护区50个，堤防长872.26 km，面积1 353.4 km^2，耕地122.4万亩，人口112.35万人。出山店水库库区保庄圩14个(其中淮河干流7个)，圩堤长56.7 km，保护面积27.2 km^2，耕地2.76万亩，人口1.97万人。除闾河、泉河曾按20年一遇防洪标准治理，淮河干流按7 000 m^3/s约16年一遇标准治理，潢河潢川县城按20年一遇标准加固，潢河、白露河、史灌河的部分圩区堤防按10年一遇标准加固外，其他堤防标准为5年或不足5年一遇，防洪标准低；库区保庄圩防洪标准均为20年一遇。淮河干流重点防护17个圩区，除出山店水库库区7个圩区外，其余10个圩区当遭遇超标准洪水时，要确保淮滨城关的安全。

淮河干流上游南岸支流及史灌河流域内已建成南酒、出山店、石山口、没河、五岳、鲇鱼山、梅山(统)、花山(鄂)8座大型水库，22座(其中河南省16座、湖北省6座)中型水库(不含洪汝河)，大中型水库总库容72.5亿m^3，控制山丘区面积9 073 km^2(其中信阳市境内控制山丘区面积7 054 km^2，总库容46.15亿m^3)，小型水库1 061座。这些工程的修建对拦蓄山丘区洪水起到了很大的作用，同时也发挥了城镇工业居民用水、灌溉、发电、水产等综合效益。在修建大量蓄水工程的同时，在淮河干流修筑堤防，进行圩区、庄台建设，清除行洪障碍。加固培修干支流堤防872.26 km，其中淮河干流堤防167.76 km，并修建了部分提排站，疏浚治理了淮北6条平原支流河道，新修和加高了一些庄台。目前，出山店水库库区防护工程共计修建圩堤14处，总长度56.7 km。

(一)淮河干流

淮河干流三河尖以上河道长417 km，控制流域面积3.78万km^2。沿淮河干流10个圩区，堤防总长248.44 km，其中淮河干流堤防长167.76 km(左堤48.49 km、右堤119.27 km)。保护面积520.88 km^2，耕地47.74万亩，人口50.14万人。防洪标准7 000 m^3/s约16年一遇。水利部淮河水利委员会2002年批复淮河干流主要断面设计流量及相应水位：设计流量7 000 m^3/s，1985国家高程基准，各断面水位：淮凤集37.14 m、华店(淮干和故道汇流处)37.62 m、临河38.25 m、单台40.64 m、关店41.07 m、澺河口41.96 m、息县43.54 m、竹华河口44.16 m。

(二)史灌河

史灌河河道主干全长 210.5 km,流域面积 6 895 km^2。目前,史灌河治理工程正在建设,按照批复的设计,治理标准为 20 年一遇,史河县城段设计流量 3 590 m^3/s,七一大桥(上)处水位 37.17 m;史灌河蒋集水文站处设计流量 3 590 m^3/s,水位 34.13 m。建成后,防洪保护区面积 506.31 km^2,耕地 53.75 万亩,人口 58.55 万人。工程共新筑堤防 6.5 km,加固堤防 102.24 km。由于史灌河治理工程尚未完工,本预案按工程开工前情况为:沿河 7 个圩区堤防长 114.21 km,保护耕地面积 25.89 万亩,人口 23.83 万人。主要圩区特集(包括原大桥、徐集、蒋集、七一、殷庙圩区)、洪埠(包括老李集)、陈圩、徐嘴(又名城关圩区,包括农场)、大察、汤岗、王楼、蚌山堤防已按 10 年一遇防洪标准进行治理。尚有翁棚圩区防洪标准低。蒋集圩区堤防中竹楼河两岸堤防 23.6 km(第二防线)。

(三)潢河

潢河河道全长 144 km,流域面积 2 400 km^2。沿河有来龙圩区潢河段 25 km、上油岗圩区潢河段 3.62 km;南城圩区堤防长 1.96 km,郝楼圩区堤防长 16.6 km,谈店圩区堤防长 16.1 km,共 63.28 km。保护人口 7.34 万人,固定资产 10.4 亿元,工农业产值 2.89 亿元。

(四)白露河

白露河河道全长 145 km,流域面积 2 238 km^2。治河 8 个圩区,分别为潢川县白露河(包括黄湖农场)、尤庙(又名丁楼圩区),淮滨县李香铺、期思(又名祁营圩区,包括姜圩孜圩区),固始县春河、黄岗、万家沟、小河湾(包括徐营圩区)。堤防长 148.39 km,耕地 16.6 万亩,人口 12.26 万人,防洪标准 10 年一遇。但李香铺圩区堤防未闭合,截岗沟未开挖,除涝工程未配套,已建工程没能充分发挥效益;另有谷堆圩区白露河段堤防长 7.52 km。

(五)洪河

洪河河道全长 350 km,流域面积 12 380 km^2。沿河境内有 11 个小圩区,分别为麻里、朱岗、王岗、华楼、西简湾、东简湾、牛旦湾、马庄、赵湾、坎湾、河湾。堤防长 43 km,保护耕地 2.93 万亩,人口 3.11 万人;另有王家岗圩区洪河段堤防长 23.44 km。

(六)泉河

泉河河道全长 90 km,流域面积 850 km^2,1973—1975 年按 20 年一遇防洪标准治理,2001—2006 年临淮岗淹没影响处理工程对堪河口以下、2013 年中小河流治理工程对陈集南至堪河口段进行了治理。现建有朱集、泉河、鲍店、堰沟、贾庙 5 个圩区(徐集圩区作为蒋集圩区的一部分,其泉河左堤、堪河左堤纳入史灌河蒋集圩区统计),堤防长 90.2 km,保护耕地 7.09 万亩,人口 5.55 万人;另有蒋集圩区泉河段堤防长 14.66 km。

(七)闾河

闾河河道全长 103 km,流域面积 898 km^2,1974—1977 年按 20 年一遇防洪标准治理,圩区 3 处,在息县境内左右岸各 1 处,左岸淮滨县 1 处,修筑堤防 93.49 km,保护耕地 11.14 万亩,人口 5.99 万人。

沿淮地区地势低洼,因受洪水威胁,历来居住于河道两岸洼地的居民都筑有庄台,只是从前洪水位较低,受洪水威胁面积较小,因而庄台矮小,数量也较少。新中国成立后,筑堤围垦,洪水位被抬高,威胁范围随之扩大。同时,人口增多,庄台数量越来越多,但对可能出现的洪水位估计偏低。1968 年淮河干流出现 100 年一遇、1969 年史灌河出现 50 年一遇的特大洪水,圩区、滩地的房屋大部分被淹倒,人民财产损失严重。1969 年冬至 1975 年开始有较大规模的庄台建设,1985 年以来,国家又投入资金修建庄台。截至 1997 年,已有庄台 3 513 个,庄台顶面积 1 495 万 m^2,安置人口 49.41 万人。其中,平超 1968 年洪水位的庄台 713 个,台顶面积 370.73 万 m^2,安置人口 13.91 万人。低于 1968 年洪水位的庄台 2 800 个,台顶面积 1 123.93 万 m^2,安置人口 35.5 万人。

淮河干流息县至三河尖河段,10 年一遇行洪滩地面积约 602 km^2,耕地 56 万亩。当遭遇 20 年一遇洪水时,人口约 7.53 万人。当遭遇新中国成立以来最大洪水时,人口还将增加约 10.4 万人。2003 年,洪水使信阳市的沿淮滩区群众财产损失严重,为解决淮河干流滩区群众防洪安全问题,国家在 2003 年、2007 年、2008 年、2010 年、2011 年、2012 年、2013 年、2015 年共 8 个年度安排建房补助资金,迁建安置 10 年一遇水位以下无庄台居民 44 157 户、157 740 人,共涉及浉河区、平桥区、罗山县、息县、潢川县、淮滨县、固始县。

二、洪河流域

洪河流域上游建有大中小水库共 146 座,其中大型水库 4 座,包括石漫滩水库、板桥水库、薄山水库、宿鸭湖水库,总库容 30.53 亿 m^3;中型水库 7 座,包括康山水库、田岗水库、火石山水库、霍庄水库、下宋水库、老河水库、竹沟水库,总库容 1.28 亿 m^3;小型水库 135 座。滞洪区工程 3 处,包括老王坡滞洪区、杨庄滞洪区、蛟停湖滞洪区。流域内有排涝闸 20 座、大中型拦河水闸(坝)11 座。有西平县城洪河与引洪河(桂李分洪道)水系治理工程和新蔡县汝河与洪河水系连通工程各 1 处。有新蔡洪河橡胶坝 1 座,在新蔡县顿岗乡班台村。西平县杨庄至淮滨县王家岗乡徐营村洪河入淮河口干流河道两岸均有堤防,长约 255 km,已经形成了“上蓄、中滞、下排”的工程体系。20 世纪 50—70 年代建设且现仍存在的水文站有 15 个。1949 年后,对洪河进行数次较大规模的治理,采取“上游兴建水库,中游培修加固堤防,下游设置蓄洪区”等综合治理措施,把河道洪水流量限制在安全泄洪量以内。

石漫滩水库始建于 1951 年,是新中国成立后在淮河流域上游兴建的第一座大型水库,被誉为“淮河明珠”。1975 年 8 月 8 日 0 时 30 分溃坝,1993 年 9 月 15 日动工复建,1998 年 1 月 9 日建成,总库容 1.20 亿 m^3。

田岗水库坝址坐落在舞钢市武功乡田岗村,属中型水库。它始建于 1956 年冬,1958 年春完工,在“75·8”洪水时水库垮坝,2000 年 12 月开工复建,至 2002 年 12 月 30 日完成。

老王坡滞洪区于 1950 年 11 月开工,1951 年 6 月完成。主要工程项目有:修建东大堤长 848 m,干河堤培修加固 1 560 m,修建桂李引洪堤长 3.6 km,村庄围堤 73 处,滞洪区内排水沟疏浚 11 km;新建和整修排水涵 5 座。老王坡滞洪区进退洪设施有桂李进洪闸、引洪道、丁桥南泄洪闸(老闸)、丁桥北泄洪闸(新闸)。2018 年 8 月开始实施老王坡滞洪区建设工程,项目批复总投资 1.93 亿元。

1953—1954 年对洪河下游和大洪河全线系统治理,对新蔡李桥至淮滨洪河口河道,进行裁弯取直、裁弯分洪、河道疏浚、两岸培堤等治理。此次治理规模宏大,共完成土方

1 813 万 m^3,国家支出经费 1 416. 96 亿元(旧币)。治理后新蔡李桥至班台三岔口河道泄洪量可达 470 m^3/s,大洪河可下泄流量 1 050 m^3/s。洪河曹湾至班台三岔口河道河长由 62. 5 km 缩短至 42. 1 km,大洪河三岔口至黑龙潭原河长由 70 km 缩短至 56 km。

1954 年 10 月至 1955 年 7 月,由西平县组织 5 万人整修加固洪河合水镇至五沟营堤防,全长 45 km。1958 年实施洪河分洪道工程,以解决在洪汝河交汇后大洪河承泄能力不足问题。分洪道工程于 1958 年 2 月 25 日开工,4 月 20 日全部竣工。班台分洪闸于 1958 年 4 月 30 日开工,7 月 31 日完工,“75 · 8”洪水时奉命炸毁泄洪。2002 年 7 月复建,2004 年 10 月建成,工程总投资 5 500 万元。

1965 年对小洪河大规模进行系统治理,按防洪 20 年一遇、除涝 3 年一遇标准,向下游逐段增大,至班台为 1 050 m^3/s。工程于 1965 年 11 月 5 日开工,1967 年 6 月 4 日完成,两期工程共治理河道 146. 87 km。

1969 年 10—12 月,西平县组织 3. 2 万人对洪河陈坡寨至五沟营裁弯取直,国家投资 69 万元。治理后洪河河长由 14 km 缩短至 6. 5 km。

新蔡县于 1970 年完成大洪河顿岗取直工程,1985 年完成桂弯取直工程。工程实施后,大洪河在新蔡境内较大弯道全部裁除。

1986 年后,水利部淮河水利委员会加大了对本区域治淮工程的投入,相继完成了水库复建、除险加固、河道治理、灌区恢复等一大批防洪、除涝和兴利工程。

杨庄滞洪区于 1992 年开工,1998 年 12 月建成,是在杨庄水库基础上复建的,工程由枢纽主体工程、滞洪区迁安工程组成。

洪河班台以下至入淮河口段近期治理工程,于 2002 年 9 月开工,2005 年 12 月底主体工程竣工,全长 71. 32 km,总投资 9. 32 亿元。大规模治理后,洪河除涝标准达 3 年一遇,相应除涝流量 1 400 m^3/s,防洪标准达 10 年一遇,防洪流量 2 120 m^3/s。移民就地后靠安置,移民人均庄台面积 30 m^2。

西平县杨庄至桂李段洪河河道治理工程于 2001 年 3 月 15 日开工,同年 6 月 20 日完工,总投资 3 000 万元。

小洪河近期治理工程作为进入 21 世纪后驻马店市水利建设的第一个亿元以上大项目,于 2002 年 12 月 20 日开工,2014 年 8 月 6 日完工,分 11 期实施,总投资 3. 85 亿元,治理西平县、上蔡县、平舆县、新蔡县境内总长 167. 3 km。河道标准按 3 年一遇除涝、10 年一遇防洪标准治理;退堤和裁弯取直段按 3 年一遇除涝、10 年一遇防洪标准设计,按 5 年一遇除涝、20 年一遇防洪标准条件预留。经过多年运行,状况良好,发挥了巨大的防洪减灾作用。

新蔡县顿岗乡祖师庙村河口大桥下游约 400 m 处新建橡胶坝工程,于 2011 年 2 月开工建设,同年 7 月建成。工程总投资 1 561 万元。工程建成后经济效益十分显著,为打造新蔡生态水城提供了充足的水源条件。

新蔡县水系连通项目一期工程位于新蔡县城区,东部及北部均临小洪河,西至西外环,南到汝河,涉及 5 个乡镇(街道办事处)。工程内容由水利工程和景观工程两部分组成,于 2017 年 2 月 3 日开工,2019 年 4 月 29 日开园试运行,总投资 26. 9 亿元。

第三节　淮河流域“68·7”暴雨洪水模拟移植

一、“68·7”暴雨洪水概述

(一)暴雨

1968 年 7 月中旬,副热带高压稳定在江淮一带与西北南下冷空气交锋,形成低槽,稳定少变,自 12 日至 17 日在淮河干流上游连降暴雨,淮河干流淮南各站 6 d 累计雨量均在 400 mm 以上,暴雨的走向也比较稳定,前 3 d 雨区在淮河干流及竹竿河流域,特别是上游;后 3 d 主要在淮干以南地区,息县以上 6 d 面均雨量 560 mm,雨区走向与洪水流向一致,分别见表 2-1 和图 2-1。

表 2-1　淮河干支流“68·7”洪水降水径流分析成果

站名	起涨流量/(m^3/s)	实测洪峰流量/(m^3/s)	降水起止时间						主要降雨历时/h	降水分布	流域平均雨量/mm	前期影响雨量/mm
			起			止						
			月	日	时	月	日	时				
长台关	25.1	7 570	7	12	10	7	15	8	38	中下游	455.5	27.9
息县	91.0	15 000	7	12	10	7	15	10	54	均匀	435.8	26.9
潢川	20.0	3330	7	12	10	7	15	8	36	均匀	372.5	36.1
淮滨	70.0	16 600									460.0	
泼陂河	18.7	1 020	7	12	10	7	15	8	34	均匀	357.4	22.1
石山口			7	12	8	7	15	14	34	均匀	439.0	44.1
五岳			7	13	0	7	15	10	32	均匀	336.0	23.0

(二)洪水

1968 年,淮河干支流淮滨以上流域内除南湾水库建成运行外,没有其他大型水利工程对“68·7”暴雨洪水进行防洪调节。本次暴雨对防洪极为不利。由于前期土壤含水量已近饱和,加上前 3 d 暴雨一直稳定在淮河干流上游,后期暴雨东移,与淮河洪水流向一致,集中加大洪量,洪峰接踵而来,形成底水很高、洪水叠加的复式洪峰。7 月 15 日,长台关最大流量 7 570 m^3/s,最高水位 75.38 m;7 月 15 日,息县最大流量 15 000 m^3/s,最高水位 45.29 m;7 月 16 日,淮滨最大流量 16 600 m^3/s,最高水位 33.29 m;7 月 16 日,王家坝最大流量 17 600 m^3/s,最高水位 30.35 m;7 月 18 日,三河尖最高水位 29.84 m,高出附近地面 5.3~5.8 m。同时支流洪水也很大,潢川站最大流量 3 330 m^3/s,最高水位 40.63 m;蒋集站最大流量 3 820 m^3/s,最高水位 32.87 m。王家坝于 16 日 1 时开闸分洪,7 时闸门全开,最大分洪流量 1 620 m^3/s,王家坝最高水位超过淮河大堤堤顶高程 0.35~1.35 m,分洪闸公路桥面水深 0.85 m,濛洼进洪已无法控制,全面漫溢。

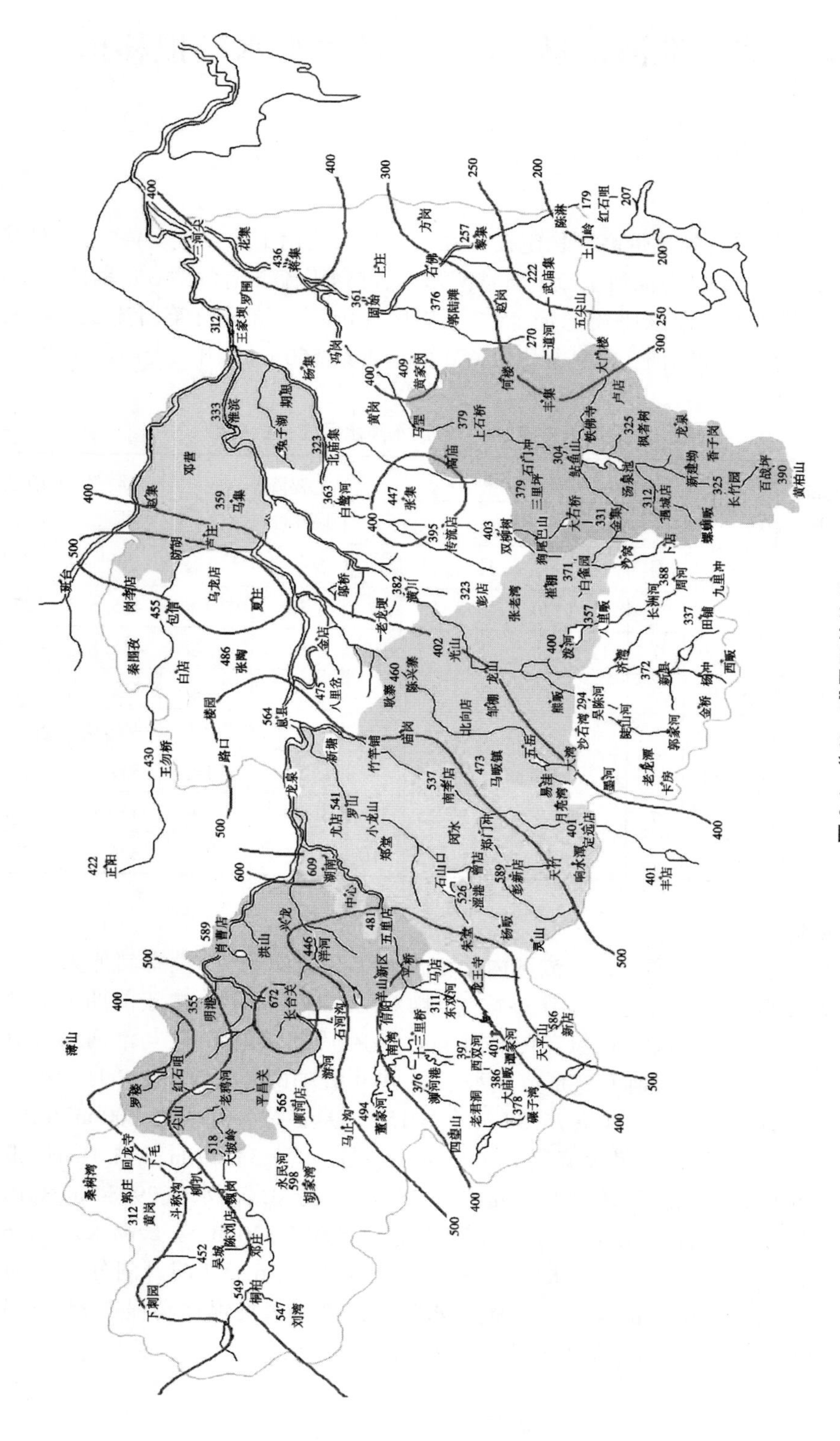

图 2-1 “68 · 7”暴雨等值线

本次洪水的另一个特点是淮河淮滨以下水位消退很慢,淮滨水位在 30 m 以上持续 6.5 d;王家坝超过堤顶高程 30 m 的洪水位达 4 d 之久。其原因:一方面上游连续降水,洪峰接连不断;另一方面是洪河水较大及三河尖以下淮河干流宣泄不畅。当年,信阳地区淮河干流支流洪水普遍超过堤顶,淮滨县城进水,淮滨县城至三河尖之间沿淮圩区积水时间达 20~30 d,最大淹没深度 3~5 m,全地区水淹面积 192.1 万亩。

1. 长台关站

长台关站为淮河上游重要控制站,设立于 1950 年 6 月,位于信阳市平桥区长台关乡。上游 73 km 处有大坡岭水文站(控制面积 1 640 km^2),距长台关站基本水尺断面上游 500 m 处,有京广铁路桥 2 座。流域面积 3 100 km^2,流域形状为扇形,流域内以山区和丘陵区为主。本流域处于亚热带和暖温带的过渡地带,流域年平均降水量为 1 125 mm,60%左右集中在汛期。流域内有尖山和老鸦河 2 座中型水库,小型水库和塘堰较多。

1968 年 7 月 12 日 16 时,长台关站断面洪水开始起涨;7 月 14 日 10 时,主河道流量达到 2 240 m^3/s,出现决口;7 月 13 日 20 时,主河道和决口洪水叠加达到第一个洪峰 2 920 m^3/s,后洪水回落,至 7 月 14 日 10 时,又重新上涨;7 月 15 日 4 时,长台关主河道达到洪峰流量 7 570 m^3/s(决口出流 1 370 m^3/s),之后洪水回落(见图 2-2)。

2. 竹竿铺站

竹竿铺水文站位于淮河支流竹竿河上,1952 年设立有南李店水文站,集水面积 1 434 km^2,河道长 70 km;1987 年 1 月下迁 22 km,改为竹竿铺水文站,集水面积 1 639 km^2,河道长 92 km。竹竿河发源于湖北省大悟县境内,呈南北走向,在息县站上游约 6 km 处汇入淮河。竹竿河上游支流有麻田河、九龙河,属山溪性河流,流域内大部分属于深山丘陵区,其河道特点是坡度大、流程短、汇流快、水流急,遇干旱时,竹竿河常断流。上游湖北省境内建有丰店中型水库 1 座。

竹竿铺(南李店)“68·7”洪水过程为复式峰,有 3 个洪峰。

1968 年 7 月 13 日 8 时,洪水开始起涨;13 日 22 时,站址断面洪水流量达 1 070 m^3/s,出现决口;7 月 16 日 4 时,站址和决口断面洪水叠加,达到第一个洪峰,洪峰流量达 2 000 m^3/s;之后回落至 7 月 15 日 2 时再涨水,到 7 月 15 日 12 时,达到第二个洪峰,洪峰流量达 2 690 m^3/s;之后洪水再次回落,到 7 月 16 日 0 时上涨,到 7 月 16 日 12 时,站址断面洪水流量达 3 160 m^3/s,决口处流量 98.7 m^3/s,叠加得洪水洪峰流量 3 260 m^3/s;之后洪水回落,不再上涨(见图 2-3)。

3. 息县站

息县水文站是淮河上游重要控制站,设立于 1950 年,1952 年上迁 1.5 km 至现址。息县站以上河道长 255 km,在长台关站下游 119 km 处,流域面积 10 190 km^2,流域形状呈扇形。息县站以上淮河右岸有发源于桐柏山、大别山的游河、洋河、浉河、小潢河、竹竿河等较大支流,其支流特点是河道坡降大、流程短、汇流速度快;淮河左岸较大支流有明河。流域内以山区和丘陵为主,小部分为平原洼地。本流域处于北亚热带和暖温带的过渡地带,在气候上具有过渡特征,多年平均年降水量 1 145 mm,50%左右集中在汛期。流域内建有南湾、石山口 2 座大型水库和 6 座中型水库,在浉河和小黄河上分别建有平桥和小龙山 2 座拦河闸。

1968 年 7 月 12 日 20 时,息县站洪水开始起涨;7 月 15 日 21 时,达到洪峰流量 15 000 m^3/s,洪峰维持到 7 月 16 日 0 时之后回落(见图 2-4)。

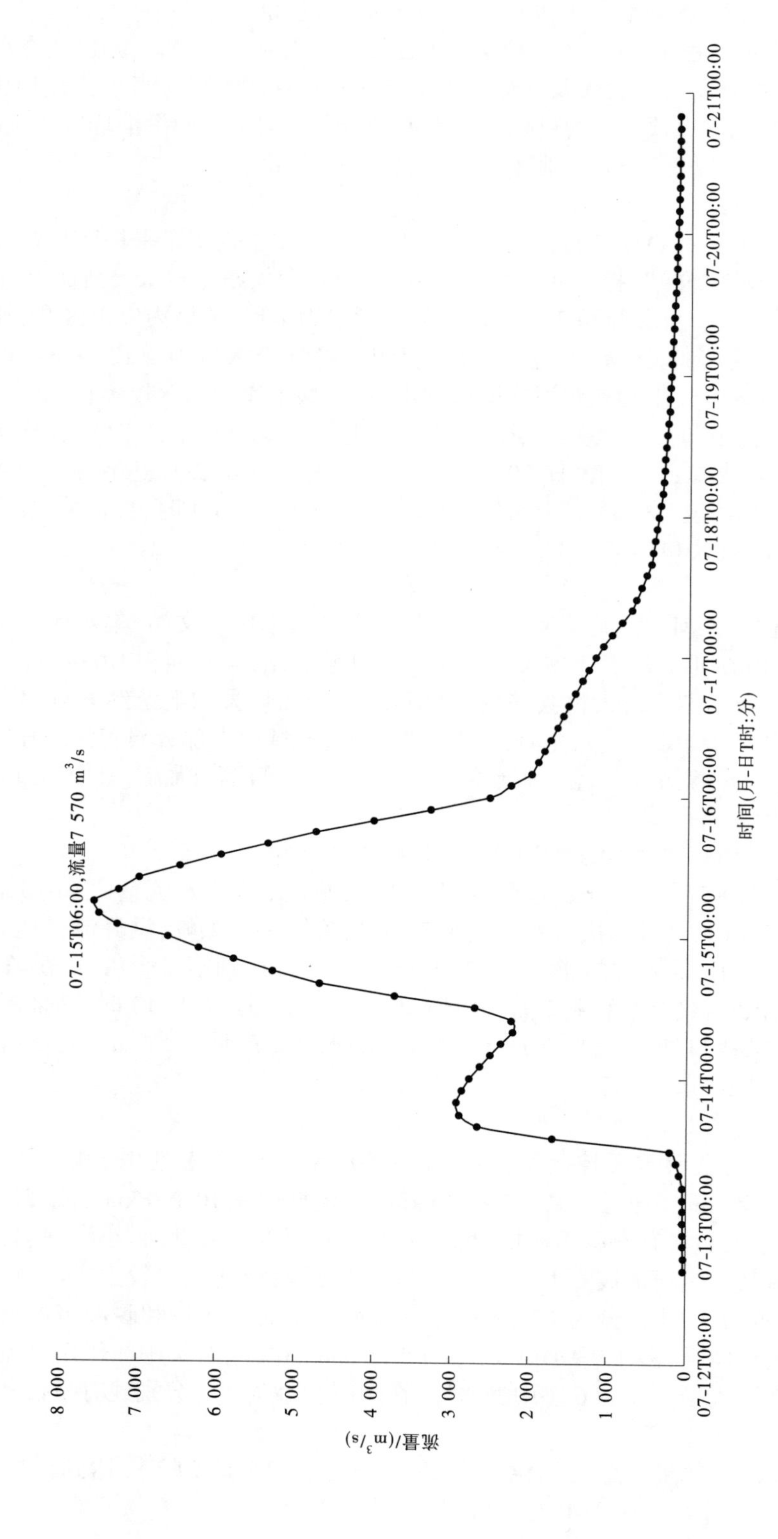

图 2-2　长台关站“68 · 7”洪水过程线

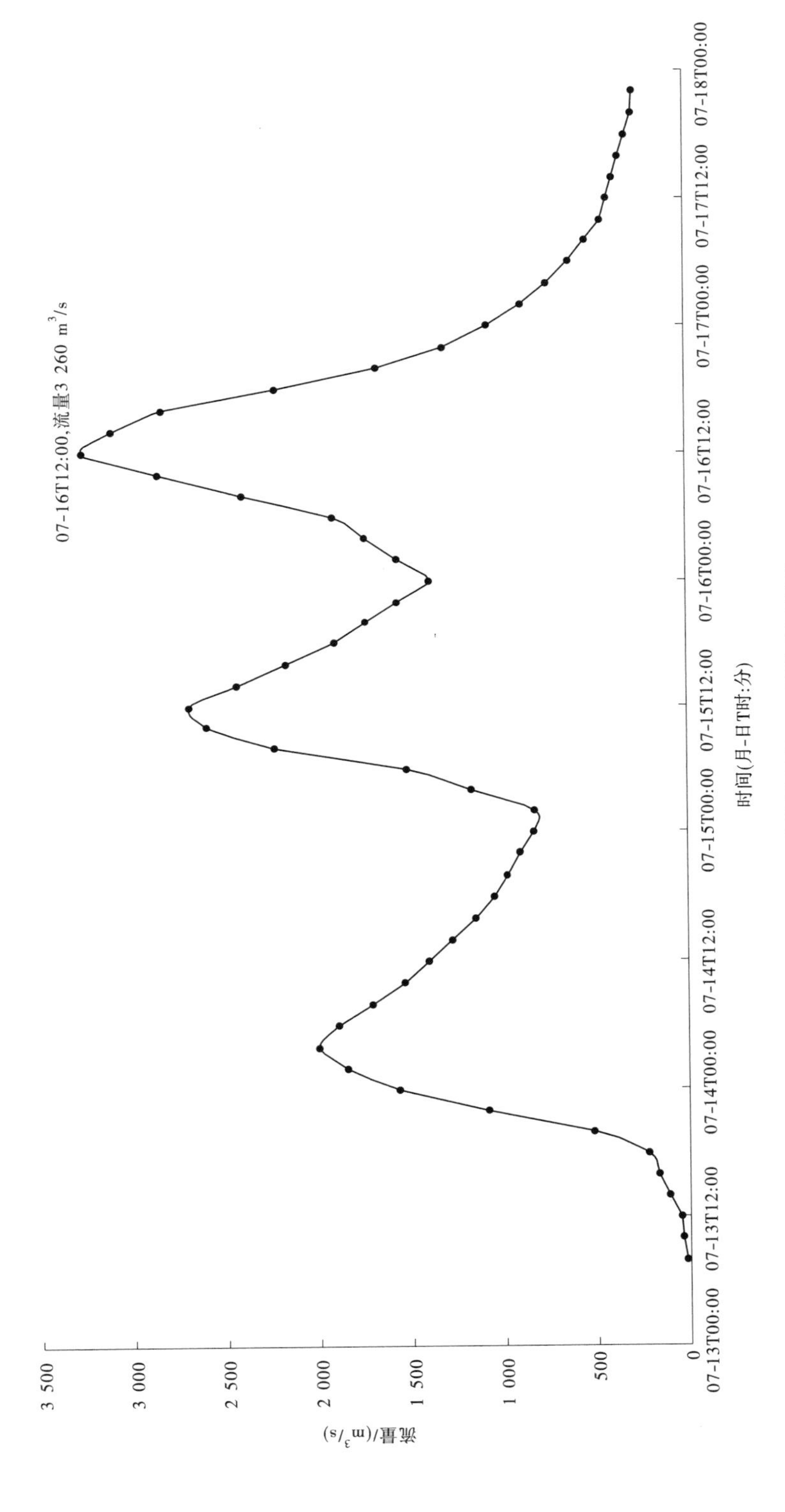

图 2-3　竹竿铺站“68·7”洪水过程线

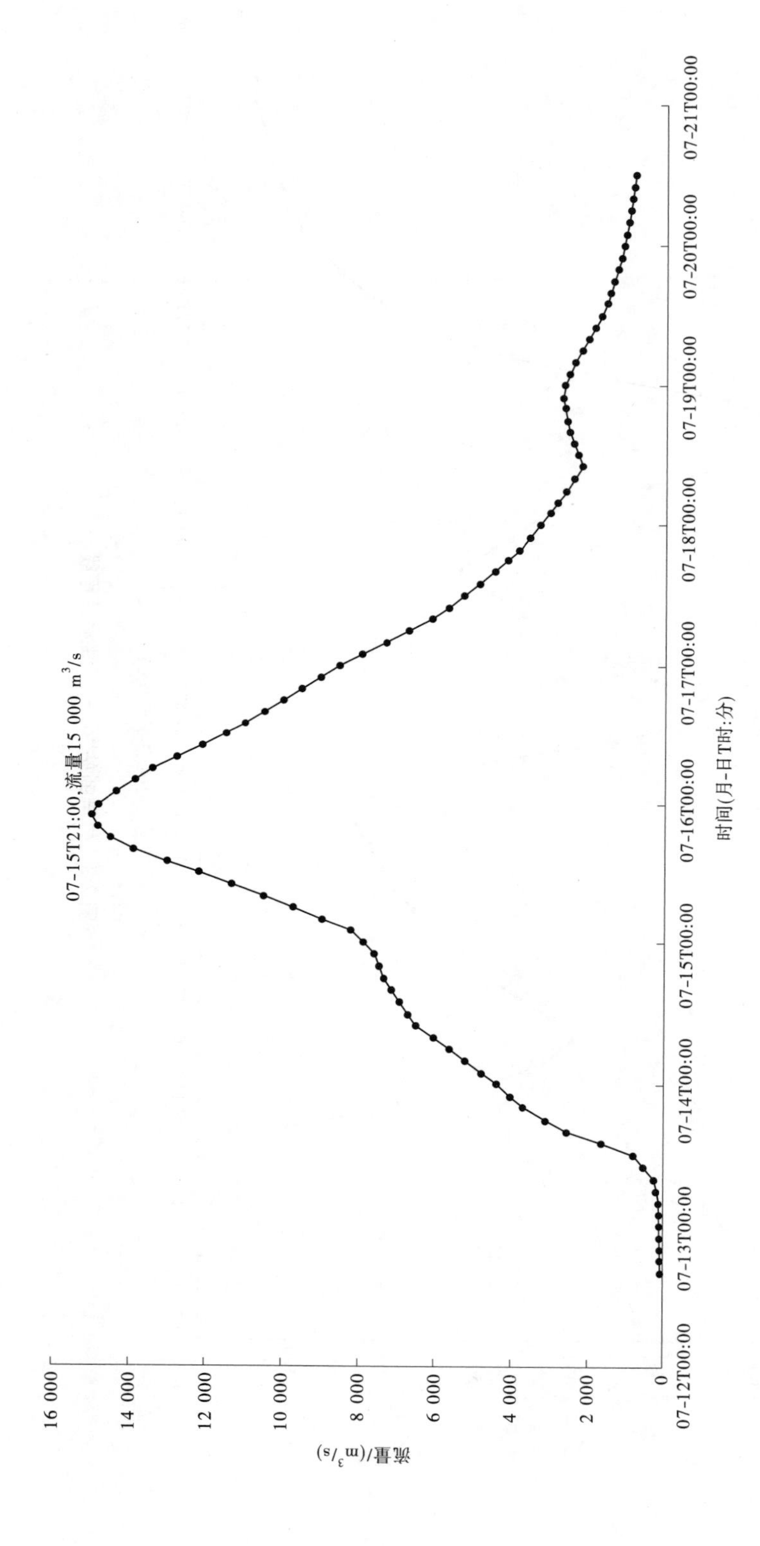

图 2-4　息县站"68·7"洪水过程线

4. 潢川站

潢川站为淮河上游右岸重要支流潢河主要控制站，位于潢川县城内，潢川站以上集水面积 2 050 km^2。潢河全长 134 km，流域面积 2 400 km^2。潢河上游新县境内属深山区，以下为浅山、丘陵区。上游有香山水库（中型），支流泼陂河上有泼河水库（大型）和长洲河水库（中型）。潢川站上游光山县城附近，1988 年建有龙山拦河枢纽 1 座，控制流域面积 1 220 km^2，该枢纽平时拦蓄河水灌溉、发电，汛期遇洪水时根据来水情况开启闸门泄洪。潢河洪水年际和年内变化较大，如遇久旱不雨，则断流。在潢川站断面上游 2 km 处，右岸地势低洼，当测站水位达 40.00 m 时（相应流量 1 500 m^3/s 左右），右岸即自然漫溢分流，水面宽达 200 m，绕过潢川县县城至测站下游再流入潢河，近几年来，漫溢处地势有所抬高。

1968 年 7 月 13 日 8 时，潢川站洪水开始起涨；7 月 14 日 16 时至 7 月 15 日 8 时，断面洪水稍微回落后又上涨，变幅不大；7 月 16 日 0 时，断面洪水流量达到 1 440 m^3/s，上游南城段出现决口；7 月 16 日 6 时后，洪水快速上涨，至 7 月 16 日 19 时，断面流量达到 2 150 m^3/s，南城决口处流量达到 1 180 m^3/s，叠加得到洪峰流量 3 330 m^3/s；之后洪水快速回落，南城决口处在 7 月 17 日 8 时不再出流（见图 2-5）。

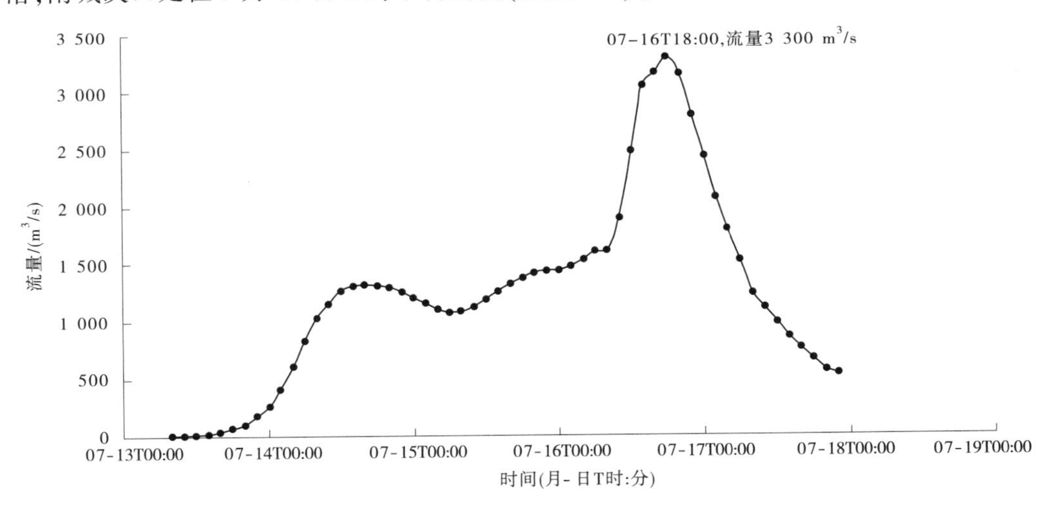

图 2-5　潢川站“68·7”洪水过程线

5. 淮滨站

淮滨站是淮河上游河南省境内出口控制站。自 1951 年设站以来，因淮河堤防退建等原因，站址迁移 2 次。1952—1962 年，淮滨站设在淮滨县谷堆乡任小店孜；1963 年上迁 10 km，设在淮滨县城郊毛庄；1966 年又上迁 2 km 至现址。

淮滨站以上流域面积 16 005 km^2，河道长 354 km。上游淮河右岸有发源于大别山的游河、洋河、浉河、小黄河、竹竿河、寨河、潢河等较大支流，其特点是河道坡降大、流程短、汇流速度快。上游淮河左岸有明河、清水河、澺河、泥河、闾河等小支流注入。淮滨站下游 20 km 左右，左、右岸分别有支流洪河和白露河汇入淮河。淮河南岸为大别山区，北岸为广阔平原。

流域内建有出山店、南湾、石山口、五岳、泼河 5 座大型水库和 10 座中型水库,在浉河、小黄河、寨河、潢河等支流上还分别建有平桥、小龙山、陈兴寨和龙山 4 座拦河闸。淮滨站附近河道堤防于 1966 年退建,淮滨段堤距由原来的数百米扩宽到 1 260 m。1991 年大水后,淮河再次治理,行洪能力由 5 年一遇提高到 10 年一遇。

1968 年 7 月 13 日 8 时,淮滨站洪水开始起涨;15 日 18 时,洪水流量达到 7 550 m^3/s,在北岗产生分流;7 月 16 日 12 时,断面流量达到 11 000 m^3/s,北岗分流流量 4 790 m^3/s,在朱湾产生决口;7 月 16 日 20 时,断面流量 11 000 m^3/s,北岗分流 1 130 m^3/s,朱湾决口出流 4 325 m^3/s,叠加得洪峰流量 16 600 m^3/s,之后洪水缓慢回落(见图 2-6)。

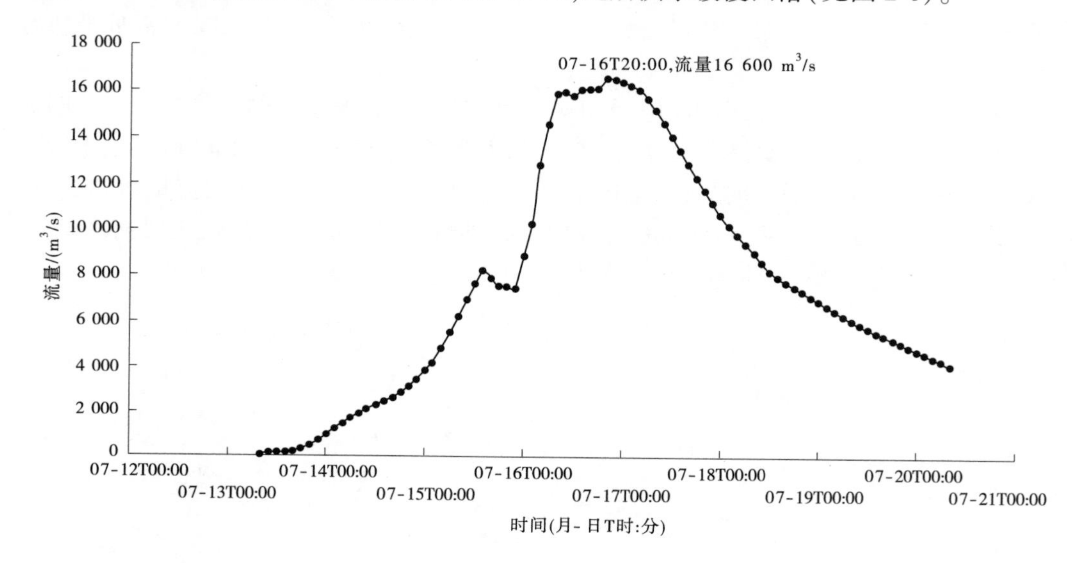

图 2-6 淮滨站“68·7”洪水过程线

二、模拟移植

(一)预报成果

各水库站、河道站“68·7”洪水模拟预报洪水过程如下。

1. 南湾水库

7 月 12 日 8 时起涨,7 月 13 日 8 时,库水位 103.50 m,溢洪道开始控泄 400 m^3/s。7 月 15 日 12 时,最大入库流量 2 570 m^3/s。7 月 16 日 8 时,出现最高库水位 105.66 m(比设计水位 108.89 m 低 3.23 m),相应蓄水量 8.585 亿 m^3(比设计库容少 3.115 亿 m^3),继续控泄 400 m^3/s。此后水库持续控泄 400 m^3/s,直至库水位 7 月 21 日 14 时落至汛限水位 103.50 m 以下停止泄流。

南湾水库 1968 年实际也是最大泄流 400 m^3/s,减小洪峰 2 170 m^3/s,

下一步不再进行重新调度(见图 2-7、图 2-8)。

2. 出山店水库

7 月 12 日 16 时起涨,库水位 83.00 m,8 个表孔敞泄。7 月 14 日 14 时,库水位 87.13 m,

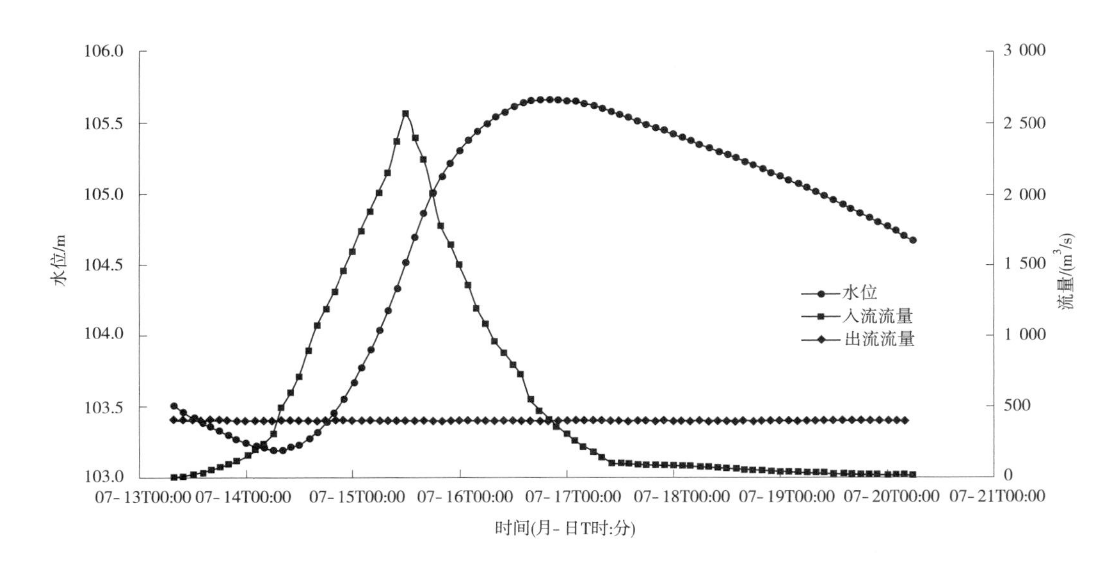

图 2-7　南湾水库调洪演算成果

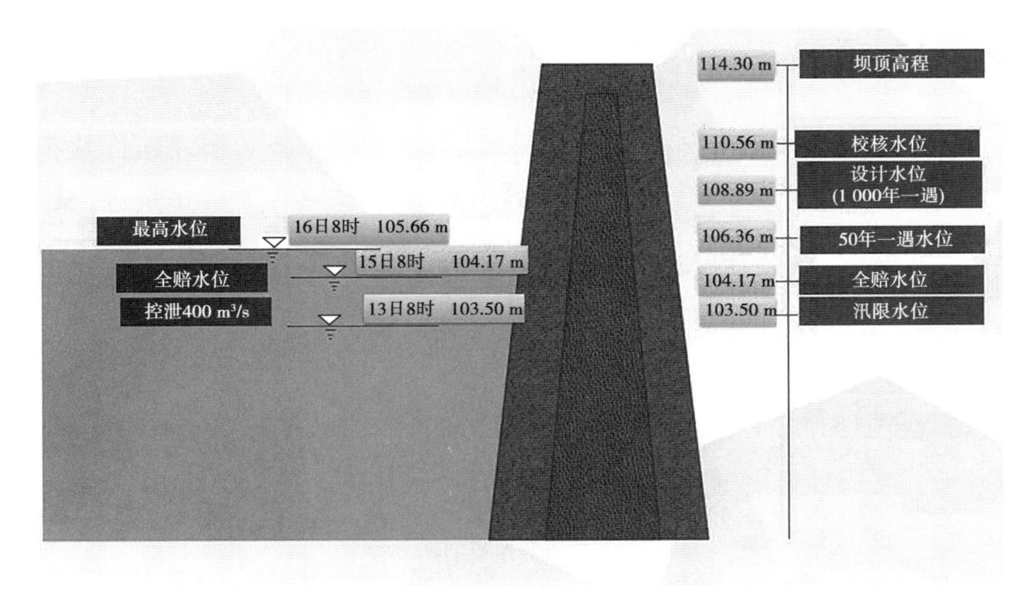

图 2-8　南湾水库模拟预报调度示意

相应蓄水量 1.449 亿 m^3,8 个表孔敞泄、中间底孔开启,下泄流量 1 940 m^3/s。7 月 14 日 22 时,库水位 88.34 m,相应蓄水量 2.043 亿 m^3,8 个表孔和 3 个底孔敞泄,下泄流量 4 050 m^3/s。7 月 15 日 5 时,最大入库流量 7 190 m^3/s,7 月 15 日 14 时,最高库水位 89.71 m(比设计水位 95.78 m 低 6.07 m),相应蓄水量 2.863 亿 m^3(比设计库容 9.09 亿 m^3 少 6.227 亿 m^3),最大下泄流量 5 760 m^3/s。此后库水位回落,下泄流量减少,直至库水位 7 月 29 日 8 时落至汛限水位 83.00 m 以下停止泄流。

由于2019年出山店水库尚未正式运用，仅能对入库过程进行部分调蓄，减小流量1 430 m³/s，延后9 h(见图2-9、图2-10)。

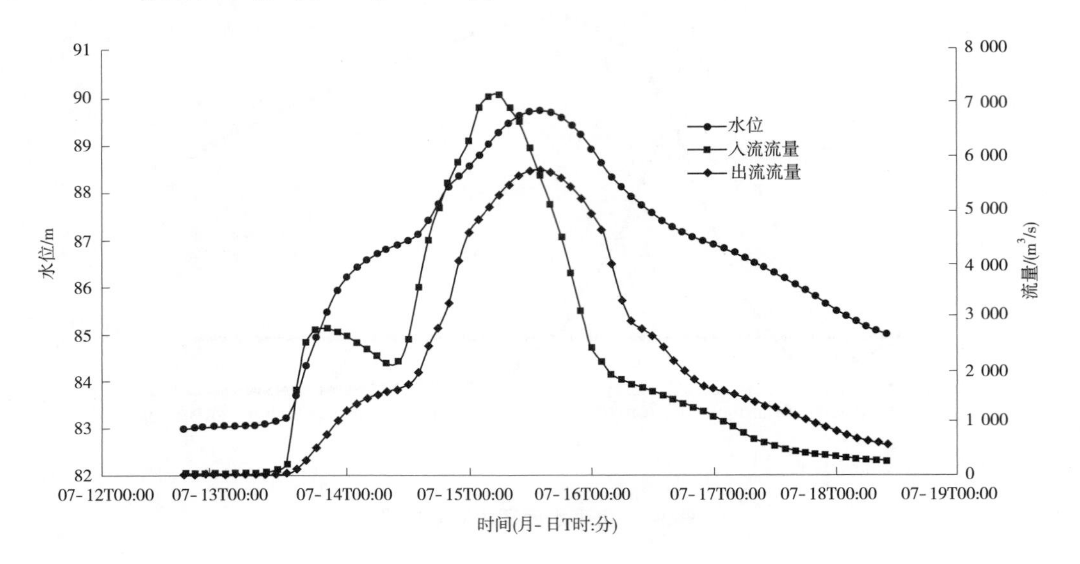

图2-9　出山店水库调洪演算成果

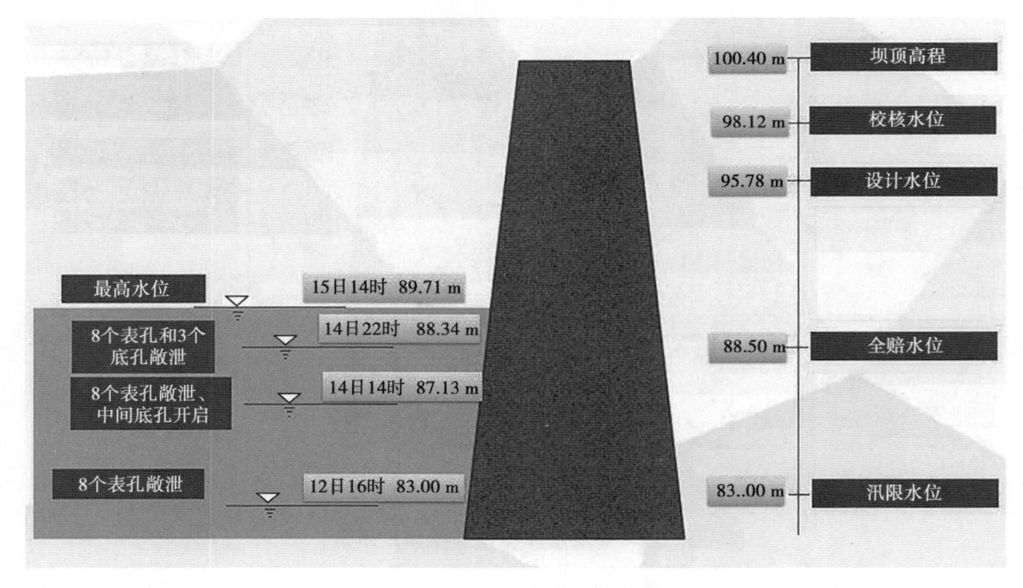

图2-10　出山店水库模拟预报调度示意

3. 石山口水库

7月12日20时起涨，库水位78.50 m，溢洪道控泄150 m³/s。7月13日20时最大入库流量1 400 m³/s。7月14日2时，库水位79.31 m，溢洪道控泄400 m³/s。7月14日12时，最高库水位79.38 m(比设计水位80.91 m低1.53 m)，相应蓄水量1.65亿m³(比设计库容2.16 m³少0.51亿m³)，溢洪道控泄400 m³/s。7月15日8时，库水位回落至

79.10 m,溢洪道控泄 150 m^3/s。此后水库持续控泄 150 m^3/s,直至库水位 7 月 15 日 22 时落至汛限水位 78.50 m 以下停止泄流。

石山口水库按照 2019 年调度运用计划进行调度,降低洪峰 1 000 m^3/s,调洪库容基本用完,下一步也不再进行调度(见图 2-11、图 2-12)。

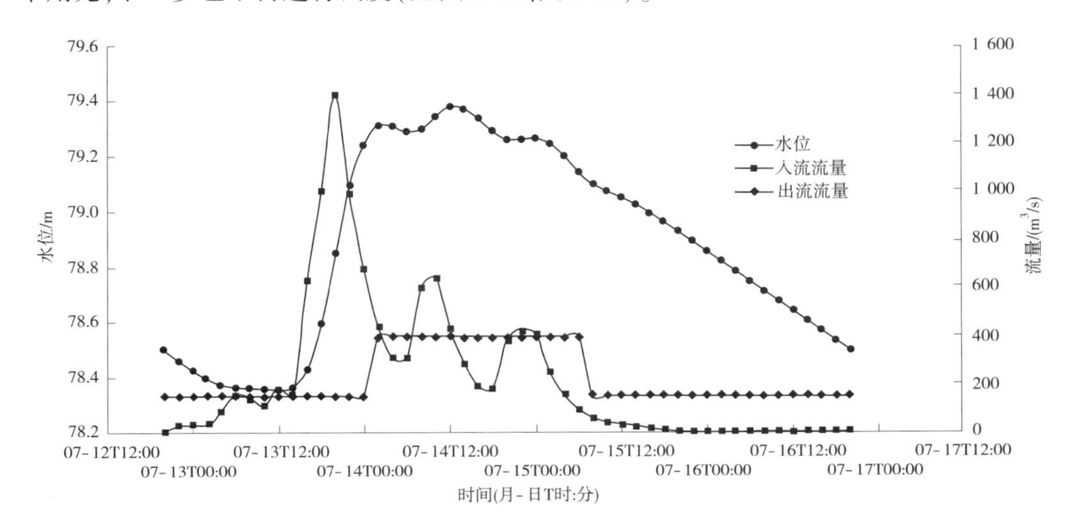

图 2-11　石山口水库调洪演算成果

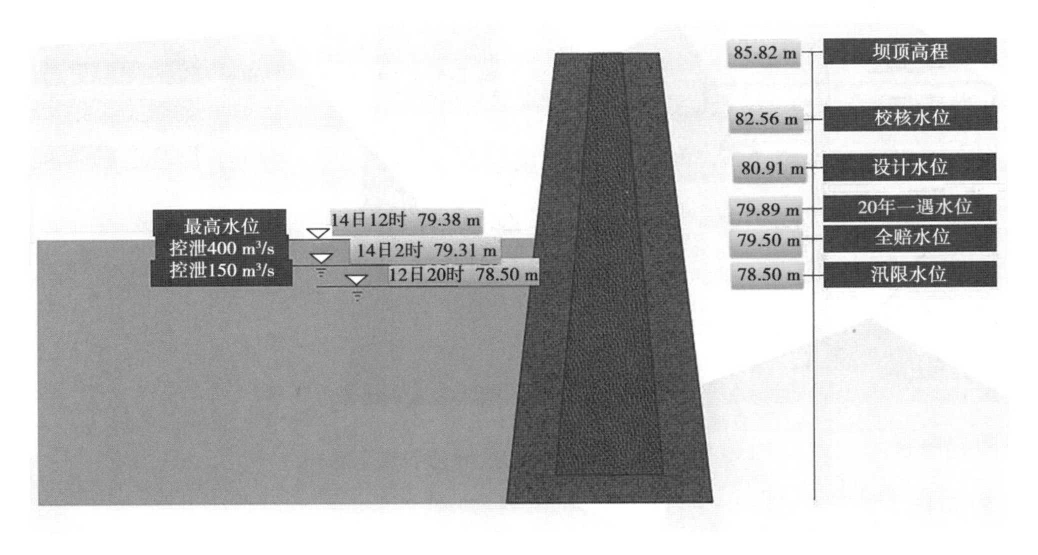

图 2-12　石山口水库模拟预报调度示意

4. 泼河水库

7 月 13 日 6 时起涨,库水位 81.00 m,灌溉洞控泄 20 m^3/s。7 月 14 日 6 时,库水位 81.51 m,泄洪洞全开泄流 138 m^3/s。7 月 16 日 9 时,最大入库流量 1 020 m^3/s。7 月 16 日 10 时,最高库水位 82.04 m(比设计水位 83.10 m 低 1.06 m),相应蓄水量 1.504 亿 m^3(比设计库容 1.66 亿 m^3 少 0.156 亿 m^3),溢洪道、泄洪洞全开泄洪,最大下泄流量 906 m^3/s。此后持续溢洪道、泄洪洞全开泄洪,直至库水位落至汛限水位 81.00 m 以下停止泄流。

泼河水库由于库容较小,调蓄能力不大,仅减小流量 114 m³/s。下一步也不再进行水库调度重新计算(见图 2-13、图 2-14)。

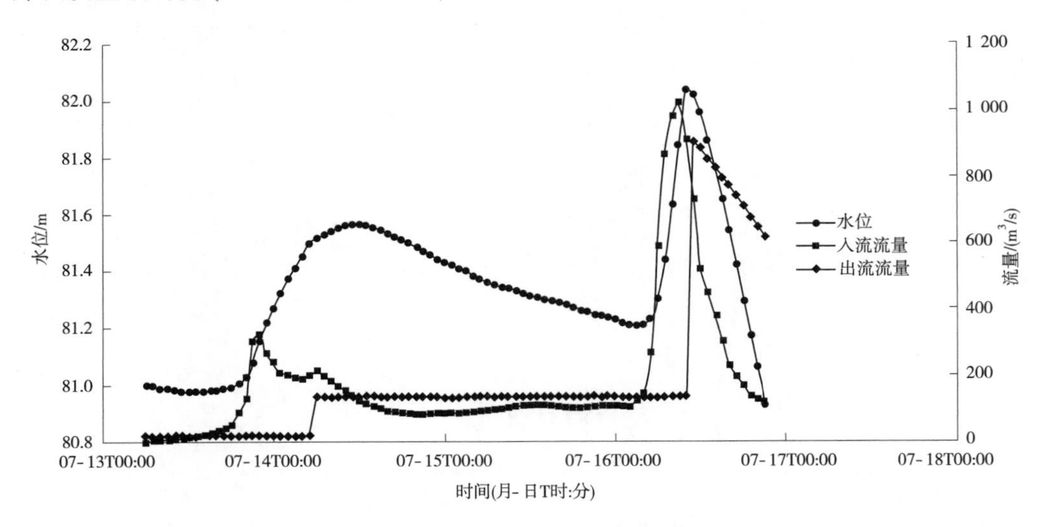

图 2-13 泼河水库调洪演算成果

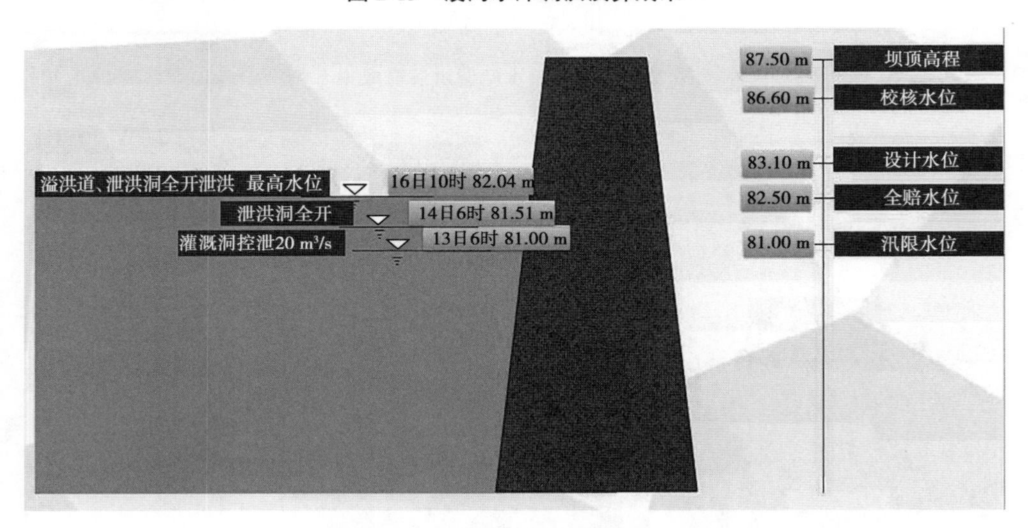

图 2-14 泼河水库模拟预报调度示意

5. 五岳水库

7 月 13 日 0 时,库水位 88. 50 m,输水洞闸门全开泄洪 47 m³/s。7 月 13 日 12 时最大入库流量 229 m³/s。7 月 14 日 0 时,最高库水位 89. 01 m(比设计水位 90. 09 m 低 1. 08 m),相应蓄水量 0. 892 亿 m³(比设计库容 1. 02 亿 m³ 少 0. 128 亿 m³),溢洪道闸门全开泄洪,最大下泄流量 203 m³/s。此后库水位回落,下泄流量减少,至库水位落至汛限水位 88. 50 m 时,后期仍有较大洪水过程入库,为保证水库安全运营,继续保持溢洪道闸门全开泄洪,在本次洪水安全结束后,关闭闸门,停止泄流。

五岳水库按 100 年一遇洪水标准设计,对“68 · 7”洪水基本没有调蓄能力,仅减小洪峰流量 26 m³/s，滞后 12 h。下一步也不再进行水库调度（见图 2-15、图 2-16）。

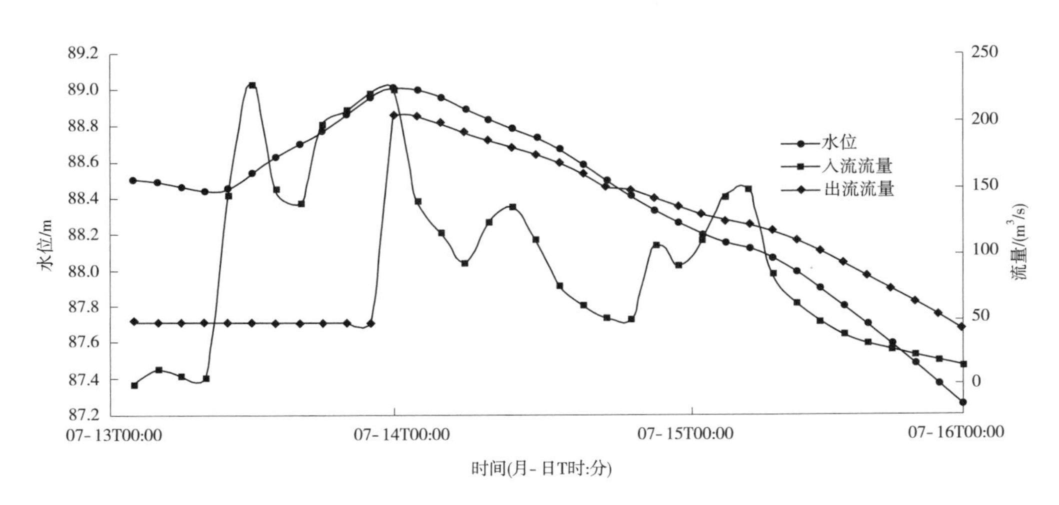

图 2-15　五岳水库调洪演算成果

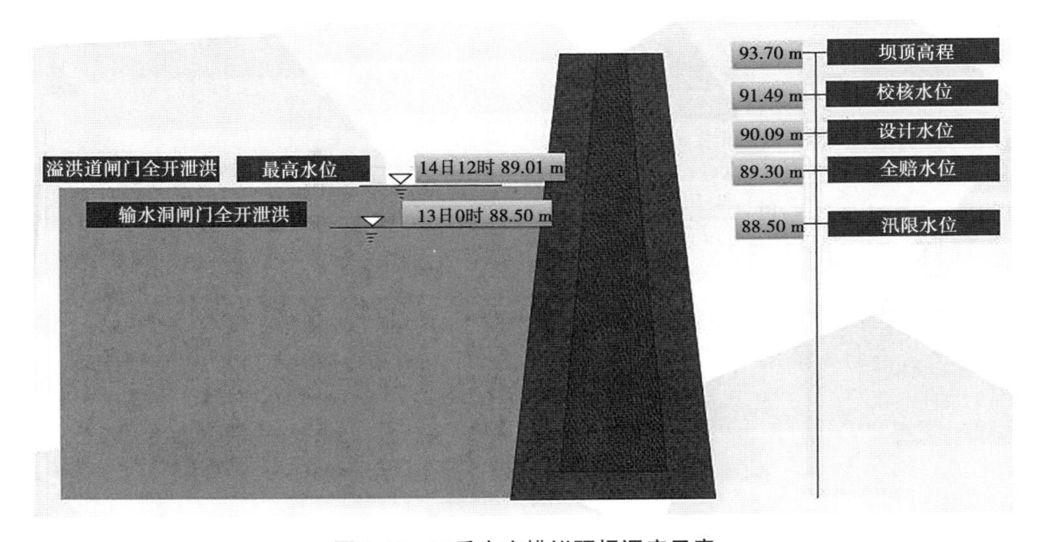

图 2-16　五岳水库模拟预报调度示意

6. 竹竿铺站

7 月 15 日 6 时，河道洪水超警戒水位 45.70 m，相应流量 1 550 m³/s。7 月 15 日 9 时，超保证水位 47.20 m，相应流量 2 370 m³/s。7 月 16 日 12 时，洪峰水位 48.60 m，最大流量 3 260 m³/s（见图 2-17）。

7. 潢川站

7 月 14 日 16 时，河道洪水超警戒水位 37.80 m，相应流量 1 180 m³/s。7 月 16 日 8 时，超保证水位 39.00 m，相应流量 1 640 m³/s。7 月 16 日 18 时，洪峰水位 41.00 m，最大流量 3 010 m³/s，仅比 1968 年实测洪峰流量 3 330 m³/s 减少 320 m³/s，上游支流泼河水库调蓄能力较弱（见图 2-18）。

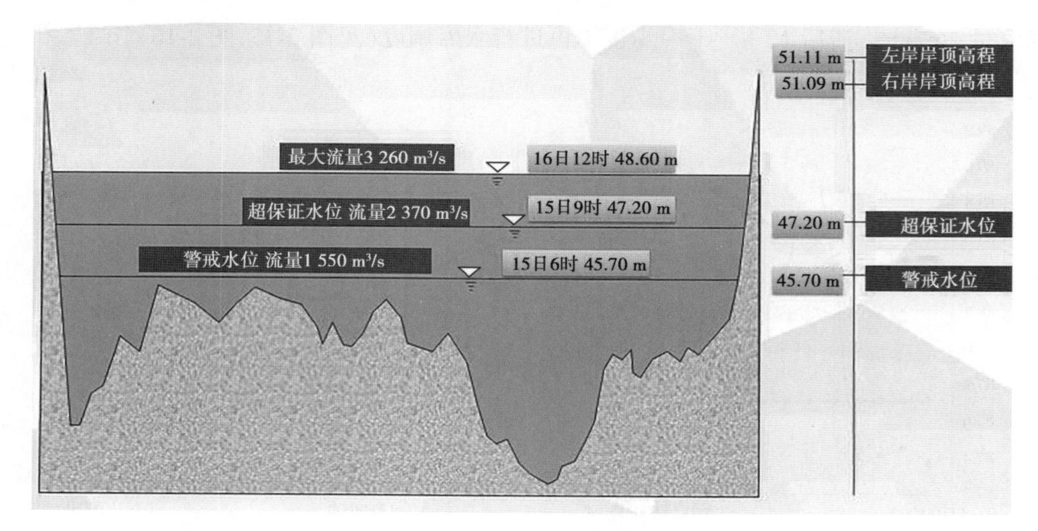

图 2-17　竹竿铺站模拟预报示意

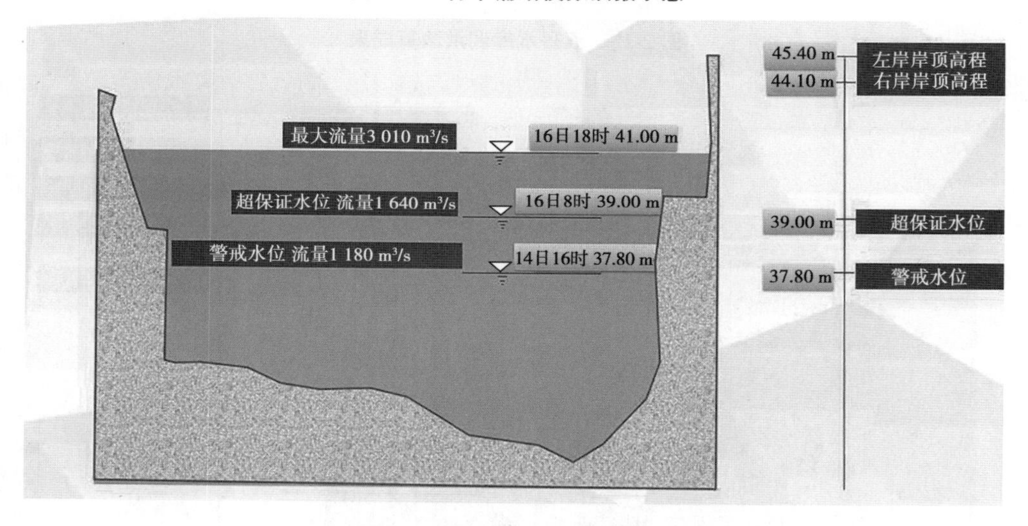

图 2-18　潢川站模拟预报示意

8. 息县站

7 月 14 日 4 时，河道洪水超警戒水位 41.50 m，相应流量 4 860 m^3/s。7 月 14 日 10 时，超保证水位 43.00 m，相应流量 6 200 m^3/s。7 月 15 日 20 时，洪峰水位 45.20 m，最大流量 14 480 m^3/s，较“68 · 7”实测流量 15 000 m^3/s 减少 520 m^3/s。

本次息县洪水主要构成为区间(9 000 m^3/s)和上游产流(长台关 7 000 m^3/s)，支流浉河有南湾水库控制，竹竿河支流小黄河来水不大，干流出山店水库按照 2019 年调度运用计划，调蓄功能很小，造成演算成果仍然偏大。下一步将按照出山店水库正式运用条件再次进行调洪演算。

9. 淮滨站

7 月 14 日 22 时，河道洪水超警戒水位 29.50 m，相应流量 3 250 m^3/s。7 月 16 日 2 时，超保证水位 32.80 m，相应流量 9 700 m^3/s。7 月 17 日 4 时，洪峰水位 33.20 m，最大

流量 13 500 m^3/s。

（二）二次预报

1. 出山店水库

按照《河南省淮河干流防洪预案》中规定，出山店水库正式运用条件泄流方式如下：

（1）当库水位为 86.00～92.30 m（20 年一遇水位）时：①当预报淮滨站流量小于 5 000 m^3/s 时，水库控泄 1 200 m^3/s；②当预报淮滨站流量大于 5 000 m^3/s、小于 6 000 m^3/s 时，水库控泄 600 m^3/s；③当预报淮滨站流量大于 6 000 m^3/s 时，水库闭闸。

（2）当库水位为 92.30～94.80 m（100 年一遇水位）时，控泄 1 500 m^3/s。

（3）当库水位超过 94.80 m 时，敞泄。

为充分利用出山店水库防洪库容，按照正式运用条件再次进行调洪演算。

7 月 12 日 16 时起涨，库水位 86.00 m，相应蓄水量 0.944 亿 m^3，预报淮滨站流量大于 6 000 m^3/s，水库闭闸。7 月 15 日 0 时，库水位 92.62 m，相应蓄水量 4.951 亿 m^3，水库表孔开闸控泄 1 500 m^3/s。7 月 15 日 5 时最大入库流量 7 190 m^3/s。7 月 15 日 14 时，出现最高库水位 94.91 m（比设计水位 95.78 m 低 0.87 m），相应蓄水量 7.571 亿 m^3（比设计库容 9.09 亿 m^3 少 1.519 亿 m^3），8 个表孔敞泄，下泄流量 10 060 m^3/s（最大出库流量）。此后库水位回落，下泄流量减少，7 月 16 日 14 时，库水位 90.39 m，相应蓄水量 3.310 亿 m^3，表孔控泄 1 500 m^3/s。7 月 16 日 22 时，库水位 90.34 m，相应蓄水量 3.271 亿 m^3，表孔控泄 1 200 m^3/s。直至 7 月 20 日 6 时库水位落至汛限水位 86.00 m 以下停止泄流（见图 2-19、图 2-20）。

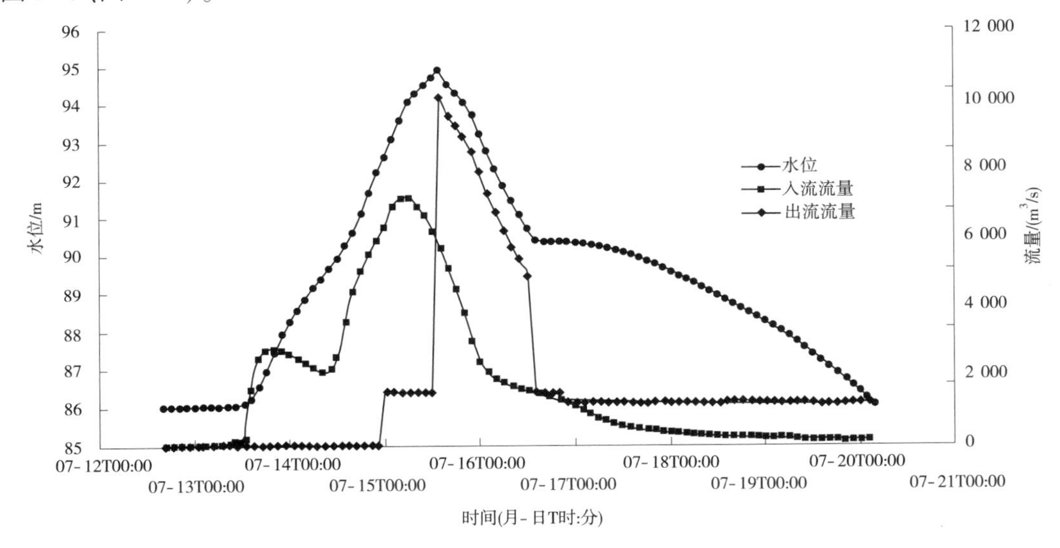

图 2-19　出山店水库二次洪水模拟预报调洪演算成果

2. 息县站

7 月 14 日 6 时，河道洪水超警戒水位 41.50 m，相应流量 5 000 m^3/s。7 月 14 日 20 时，超保证水位 43.00 m，相应流量 6 200 m^3/s。7 月 16 日 10 时，洪峰水位 44.90 m，最大流量 12 680 m^3/s，较“68·7”洪水实测流量 15 000 m^3/s 减少 2 320 m^3/s。

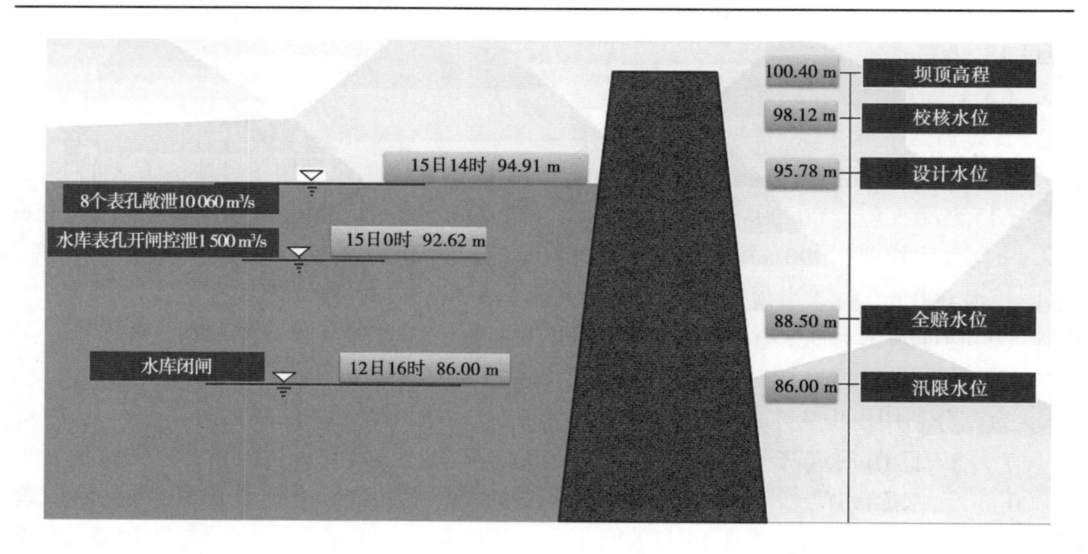

图 2-20　出山店水库二次模拟预报调度示意

二次预报按照《河南省淮河干流防洪预案》中出山店水库正式运用条件进行调洪演算。出山店水库 7 月 15 日 0 时错峰开闸泄流，息县站二次预报洪峰流量(12 680 m³/s)有所减小，洪峰水位(44.90 m)仍超岸顶高程(44.24 m)，原因之一是南湾水库、出山店水库、石山口水库—息县区间单位线计算的流量较大(最大流量 9 070 m³/s)。不过按照出山店水库设计报告中，出山店水库—息县区间设计洪水 100 年一遇也达到 9 750 m³/s(见表 2-2、图 2-21)。

表 2-2　出山店水库—息县区间计算区间设计洪水成果(采用)

计算区间	项目		均值	C_v	C_s/C_v	设计频率				
						20%	10%	5%	2%	1%
出山店水库—息县区间	洪峰/(m³/s)		2.120	0.95	2.5	3 200	4 660	6 150	8 180	9 750
	洪量/亿 m³	$W_{24\,h}$	1.640	0.95	2.5	2.476	3.608	4.756	6.330	7.544
		$W_{3\,d}$	3.510	0.95	2.5	5.300	7.722	10.179	13.549	16.146
		$W_{7\,d}$	5.210	0.95	2.5	7.867	11.462	15.109	20.111	13.966
		$W_{15\,d}$	7.080	0.90	2.5	10.620	15.222	19.824	26.054	30.869
		$W_{30\,d}$	9.500	0.90	2.5	14.250	20.425	26.600	34.960	41.420

3. 淮滨站

7 月 15 日 4 时，河道洪水超警戒水位 29.50 m，相应流量 3 250 m³/s。7 月 16 日 16 时，超保证水位 32.80 m，相应流量 9 700 m³/s。7 月 17 日 12 时，洪峰水位 33.00 m，最大流量 12 000 m³/s(见图 2-22)。

(三)防洪措施

1. 淮河干流

(1)从警戒水位开始，各责任堤段负责人严密监视工程状态变化，随着水位上涨，增

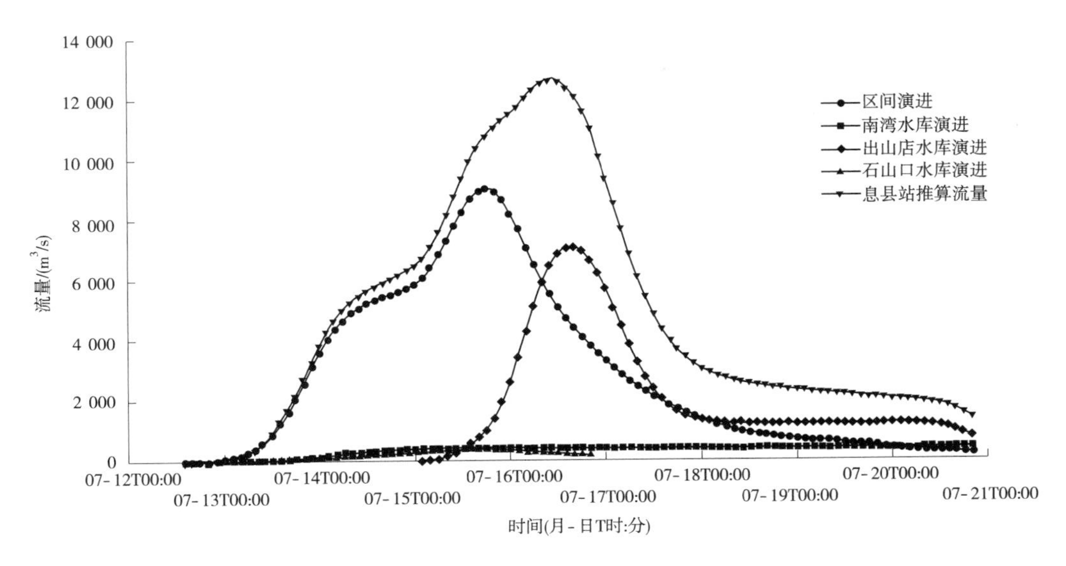

图 2-21　息县站二次洪水模拟预报演算成果

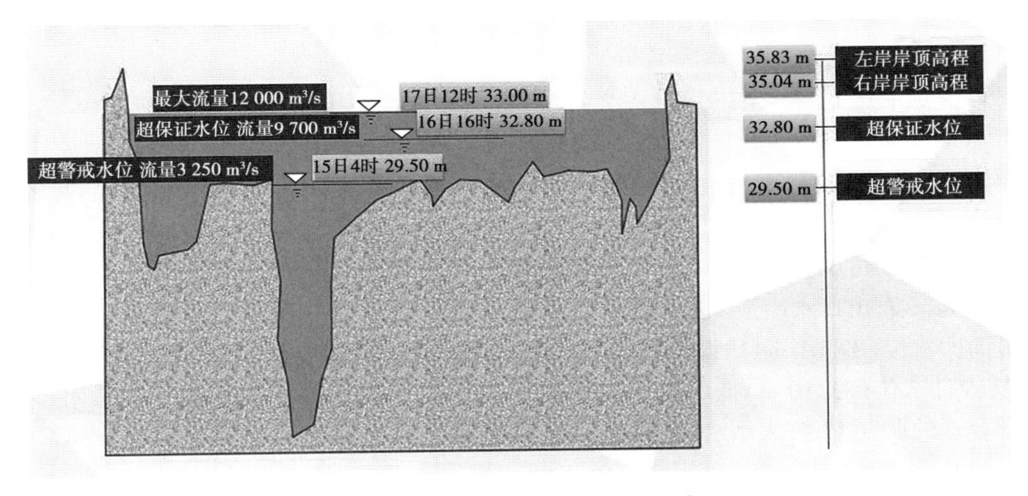

图 2-22　淮滨站二次模拟预报示意

加巡堤检查次数。

预报淮河干流各控制站水位均超过保证水位,预报雨情、水情后期继续增强,不能确保全部圩区安全,实施破圩分洪方案,破圩分洪顺序为石碑堰、上油岗、谷堆、芦集、城郊、王家岗、陈大等圩区,以确保淮滨县县城安全。

(2)预报淮滨站 7 月 16 日 16 时,超保证水位 32.80 m,相应流量 9 700 m³/s,预报水位将继续上涨:①当王家坝站达到开闸分洪水位时,省防指(省防汛抗旱指挥部的简称)报请淮河防总(淮河防汛抗旱总指挥部的简称)开闸进洪;②省防指报请淮河防总对梅山、鲇鱼山水库进行错峰泄洪调度;③确保关店、来龙、上油岗、芦集、城郊、城关、谷堆、王家岗、陈大圩区安全,力保石碑堰不破堤,组织老、幼、弱人员转移安全地带[转移路线和群众安置由所在县防指(县防汛抗旱指挥部的简称)负责];④封堵淮滨城关四处路口;

⑤淮滨县人武部(人民武装部的简称)组织爆破人员和器材在淮滨的朱湾(口门 500 m)、吴寨排涝站北 200 m 处(口门 500 m),做好安全爆破的一切准备工作。

(3)预报淮滨站 7 月 17 日 12 时水位超过 33.00 m(流量 12 000 m^3/s):①由省防指发布紧急管制命令,请示调用部队参加抗洪抢险;②市、县防指利用电话、电视台、广播、报警设施等手段,及时发布特大洪水警报,组织一切力量全力抢险;③依次放弃谷堆、芦集、城郊、王家岗 4 个圩区,确保淮滨县城安全;④集中人力、物力转移安置灾民;⑤省防指下达谷堆圩区爆破分洪命令,市防指执行命令,炸开朱湾、吴寨排涝站北 2 个圩区口门破堤分洪,淹没耕地 7.2 万亩。

2. 潢河

预报潢川站 7 月 16 日 8 时,超过保证水位 39.00 m,相应流量 1 640 m^3/s。

(1)由潢川县防指宣布进入紧急防汛状态。

(2)由防汛抢险技术人员带队,组织人员巡堤查险,发现问题及时处理。

(3)县防指领导要深入抗洪第一线,组织防汛常备队参加抢险。

(4)水库和枢纽工程在安全前提下,泼河水库、香山水库、龙山水库错峰泄洪。

三、结论与建议

(一)结论

1. 水库工程

1)大型水库

根据预报成果,出山店水库按 2019 年度汛方式调度,最高库水位(89.71 m)比设计水位(95.78 m)低 6.07 m;出山店水库按正常运用方式调度,最高库水位(94.91 m)比设计水位(95.78 m)低 0.87 m。南湾水库最高库水位(105.66 m)比设计水位(108.89 m)低 3.23 m。石山口水库最高库水位(79.38 m)比设计水位(80.91 m)低 1.53 m。五岳水库最高库水位(89.01 m)比设计水位(90.09 m)低 1.08 m。泼河水库最高库水位(82.04 m)比设计水位(83.10 m)低 1.06 m。按照现有水利工程条件,若遭遇“68 · 7”洪水,采用科学合理的调度方式,大型水库就能保障工程安全。

2)中型水库

流域内共建有 16 座中型水库,“68 · 7”暴雨洪水级别达到或超过水库的设计标准,入库洪水较大,应采取提前预泄、错峰泄流等措施,减轻水库大坝和下游河道防洪风险。

3)小型水库

流域内共建有 1 061 座小型水库,“68 · 7”暴雨洪水级别达到或超过水库的设计标准,入库洪水较大,应采取削洪泄流等措施,减轻水库大坝风险。

2. 河道工程

重要控制站洪水特征:

(1)淮河干流上游出山店水库按 2019 年度汛方式调度,预报息县站最高水位可达 45.20 m,超保证水位 2.20m,超左岸顶高程 0.96 m,上下游河段漫决。预报淮滨站最高水位可达 33.20 m,超保证水位 0.40 m,离堤顶(35.05 m)1.85 m。

(2)淮河干流上游出山店水库按正常运用方式调度,预报息县站最高水位可达 44.90

m,超保证水位 1.90 m,超左岸顶高程 0.66 m,上下游河段有漫决。预报淮滨站最高水位可达 33.00 m,超保证水位 0.20 m,离堤顶(35.05 m)2.05 m。

(3)预报潢河潢川站最高水位可达 41.00 m,超保证水位 2.00 m,离堤顶(44.10 m)3.10 m,县城段河堤无漫决。预报竹竿河上竹竿铺站最高水位可达 48.60 m,超保证水位 1.40 m。

(二)建议

(1)石山口水库、泼河水库、五岳水库均按照 100 年一遇设计,如遇"68·7"洪水,水库调蓄能力有限。南湾水库、出山店水库有一定的安全拦蓄能力,可以适时延迟泄洪、错开洪峰,减轻下游淮河干流河道的防洪压力。

(2)主要河道水文站、大型水库水文站自动监测水位在极端暴雨洪水条件下没保证,需要尽快实现双配套。

(3)暴雨区绝大部分报汛站通信单一,在极端暴雨洪水条件下,基本是"瞎子"和"聋子",因此急需进行北斗双信道建设。

(4)流域内有很多中小型水库,很难经受特大暴雨考验。一些小型水库垮坝、失事风险极大,下游群众及时转移是防汛的关键,但是小型水库自动监测和预警系统基本是空白,是目前防汛的重要薄弱环节,需要尽快补短板、强支撑。

(5)遇到超标准洪水,城市内涝不可避免,应做好城市防洪。

(6)信阳市境内淮河流域处于山丘区与平原区的过渡地带,干流上游来水陡涨陡落,下游洪水涨落缓慢,历时较长,水文情势复杂,超标准洪水预报难度较大。在实际作业预报中,应根据降雨、洪水情势变化,及时进行实时滚动预报,为防洪抢险提供可靠依据。

(7)信阳市境内淮河干流上游出山店水库和支流上 4 个大型水库应按应急预案相机调度,提前预泄,预留一定的防洪库容。

(8)优化水库调度运行方案,泄流方式要结合下游河道行洪能力,循序渐进加大泄量,禁止突变泄洪,保证水库安全,同时兼顾下游河道沿岸村镇、街道安全。

第四节　淮河流域"75·8"暴雨洪水模拟移植

一、"75·8"暴雨洪水概述

(一)暴雨

洪汝河处于北亚热带向暖温带的过渡地带,位于温带南缘季风区,春季温暖,夏季炎热,秋季凉爽,冬季较冷,四季分明。影响本流域降雨的天气系统主要是切变线和低涡,相应的地面系统是冷锋和气旋波。此外,台风可深入本地区,产生特大暴雨,如著名的"75·8"特大暴雨就是由台风侵入并停滞少动造成的。

特殊的地理位置和地形也是该流域暴雨形成的主要原因之一,流域西部为伏牛山余脉,西南部为桐柏山余脉,两山余脉形成向东开口的弧状地形,偏东气流进入,在山前地带产生大范围抬升,加强了气流的辐合上升,增大了暴雨强度,加大了雨量。流域内大暴雨一般出现在 6—8 月,但最早于 5 月底、最晚于 11 月初也出现过暴雨。较大的暴雨都出现在 7—8 月。暴雨的主要特点是强度大、历时短、雨量集中,连降暴雨历时一般不超过 48 h。降雨持续时间多为 1~3 d。从雨量的量级来看,首推“75 · 8”暴雨,其各种历时的降雨均排在流域之首。

“75 · 8”特大暴雨的影响天气系统是 3 号台风,降雨从 1975 年 8 月 4 日至 8 日,历时 5 d,累计雨量见图 2-23,其中 4 日、8 日雨量较小,5 日、6 日、7 日雨量大且集中。明显的降雨过程分为三个阶段:5 日 14 时至 6 日 2 时为第一阶段,6 日 14 时至 7 日 16 时为第二阶段,7 日 12 时至 8 日 8 时为第三阶段。第一阶段、第三阶段暴雨中心均在洪汝河上游山丘区的板桥、石漫滩一带,第二阶段在京广铁路以东的洪汝河平原地区。第一阶段降雨历时短、强度大,第二阶段降雨过程历时长,第三阶段降雨过程总量最大。此次降雨具有强度大、范围广、雨情恶劣的特点。3 d 雨量大于 1 000 mm、600 mm、400 mm 的笼罩面积分别为 1 443 km^2、8 200 km^2、16 890 km^2,均超过海河流域“63 · 8”暴雨值。暴雨中心 3 d 最大点雨量泌阳县板桥水库附近林庄站 1 605. 3 mm,该站 1 d 雨量 1 005. 4 mm,其中 6 h 雨量 830. 1 mm,超过了世界雨量纪录。泌阳县下陈站 60 min 降雨 218. 1 mm,超过我国大陆历次暴雨纪录。

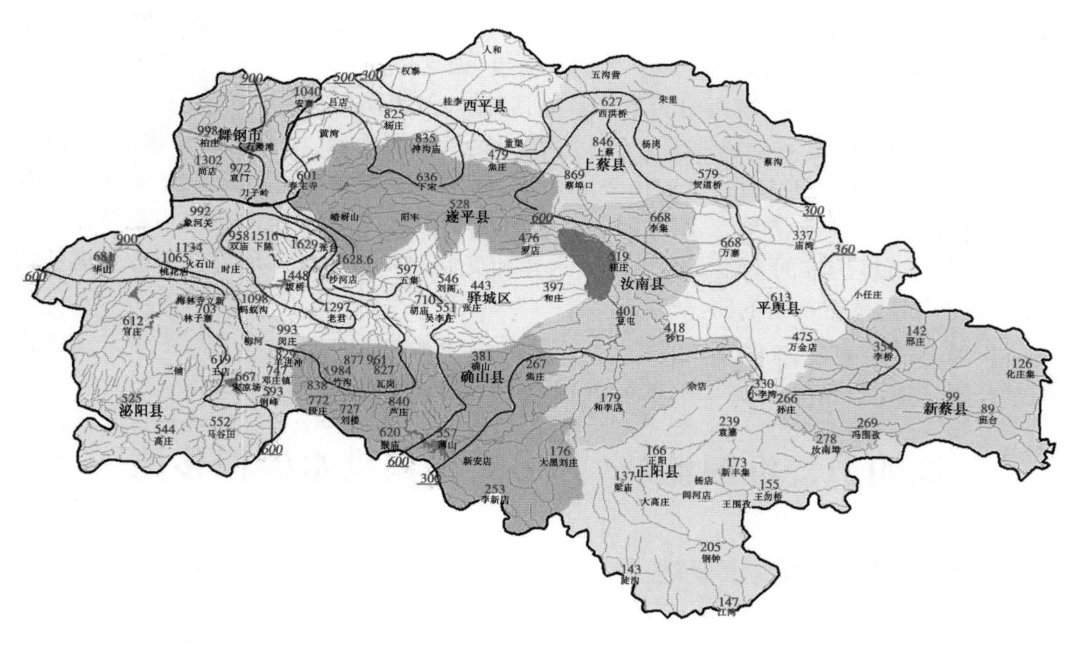

图 2-23　1975 年 8 月 4 日至 8 日暴雨

石漫滩水库以上流域平均雨量 1 031. 1 mm,最大入库流量 6 280 m^3/s,入库洪水总量 2. 24 亿 m^3,最高洪水位 111. 4 m,超防浪墙顶高程 0. 35 m。水库于 8 日 0 时 30 分垮坝,最大溃坝流量 30 000 m^3/s,5 h 30 min 内向下游倾泄 1. 67 亿 m^3。

板桥水库以上流域平均雨量 1 028. 5 mm,最大入库流量 13 000 m^3/s,入库洪水总量 6. 97 亿 m^3,最高洪水位 117. 94 m,超防浪墙顶高程 0. 3 m,相应库容 6. 08 亿 m^3,超 1 000 年一遇校核库容 1. 16 亿 m^3。水库于 8 日 1 时 30 分垮坝,最大溃坝流量 78 100 m^3/s,最大下泄流量 78 800 m^3/s,6 h 内向下游倾泄 7.01 亿 m^3。

薄山水库以上流域平均降雨量 860.1 mm,最大入库流量 9 550 m^3/s,入库洪水总量 4.38 亿 m^3;最高洪水位 122.75 m,超坝顶实际高程 0.65 m,低于防浪墙顶高程 0.35 m,相应库容 4.37 亿 m^3;经奋力抢险,确保了水库大坝的安全。水库最大下泄流量 1 600 m^3/s。

宿鸭湖水库以上流域平均降雨量 674 mm,最大入库流量 24 500 m^3/s,入库洪水总量 19.65 亿 m^3;最高洪水位 57.66 m,超 500 年一遇校核水位 0.83 m,低于坝顶高程 0.34 m,因大坝局部沉陷,杨沟段有 30 m 开始漫溢,经抢险后,确保了水库的安全,最大泄量 6 100 m^3/s。

(二)洪水

"75·8"特大暴雨洪水总量达 170 亿 m^3,其中洪汝河流域洪水总量 57 亿 m^3,造成洪汝河流域 2 座大型水库、2 座中型水库和 24 座小型水库相继垮坝失事。

位于洪汝河流域上游的板桥水库、薄山水库和石漫滩水库以上是我国著名的暴雨多发区,地形以山丘区为主,流域汇流速度快。暴雨形成径流后,坡面流迅速汇集入槽,源短流急,极易形成峰高量大的洪水,洪水陡涨陡落,峰形尖瘦。一般涨峰段历时 6 h 左右,24 h 内洪水即可退完。洪水发生时间与暴雨一致,多发生在 7 月、8 月,但也有少数年份发生在 5 月、6 月。洪水和暴雨一样时空分布不均,年际变化很大,最大年份与最小年份最大入库流量及洪量相差百倍以上。板桥水库 1975 年最大入库流量达到 13 000 m^3/s,1966 年最大入库流量只有 55 m^3/s。薄山水库 1975 年最大入库流量达到 9 700 m^3/s,1966 年最大入库流量只有 26 m^3/s。

宿鸭湖水库以上也是暴雨多发区,上游地形以山丘区为主,中下游为平原。由于该流域处于山区向平原的过渡地带,地形坡降及河道比降均较大,流域汇流速度快。暴雨形成径流后,坡面流迅速汇集入槽,源短流急,极易形成峰高量大的洪水,洪水涨落较快。洪峰滞时 14 h 左右,一般涨峰段历时 20 h 左右,48 h 内洪水即可退完。洪水发生时间与暴雨一致,多发生在 7 月、8 月,但也有少数年份发生在 5 月、6 月。1975 年宿鸭湖水库最大入库流量达到 24 500 m^3/s,1992 年宿鸭湖水库最大入库流量只有 39.1 m^3/s。

1.石漫滩水库

洪河上游石漫滩水库 8 月 5 日夜出现入库洪峰流量 3 460 m^3/s,7 日 24 时出现第二个洪峰达 6 280 m^3/s,由于来水既大又猛,洪水来不及下泄,8 日 0 时 30 分库水位达到 111.40 m,超过防浪墙顶 0.35 m,大坝开始溃决。最大溃坝流量 30 000 m^3/s,向下倾泻洪水 1.67 亿 m^3,造成下游田岗(中型)水库随之漫坝,一股洪水顺洪河而下,另一股向北与干江河在锅垛口决口与洪水汇合,漫流于舞阳县南一带,后经洪溪河两岸下泄入洪河。8 日 7 时洪水冲入废杨庄水库,经滞蓄后,下泄洪水漫决洪河左右堤长达 5 km,左堤决口 18 处,右堤决口 35 处,总决口宽度达 2 700 m,左堤决口进入老王坡滞洪区,洪水约有 5.71 亿 m^3,右堤漫决洪水越过京广铁路,到上蔡县境内与汝河洪水相汇,再沿洪汝河之间平原区漫流而下(见图 2-24)。

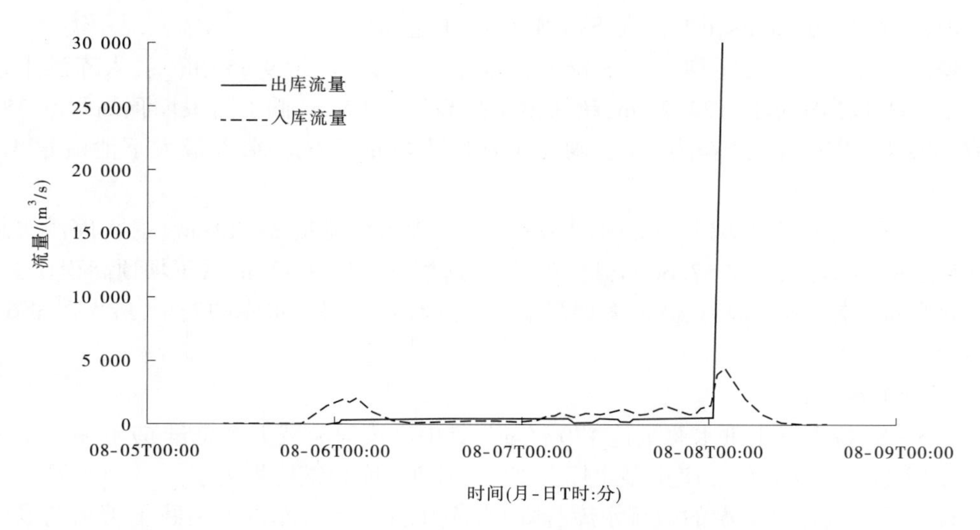

图 2-24　石漫滩水库出入库流量过程

2. 板桥水库

特大暴雨致使 8 月 5 日傍晚洪汝河水位开始猛涨，7 日夜里出现本次暴雨中的最大入库流量。7 日 23 时 30 分，板桥水库入库流量达 13 000 m^3/s，在所有溢洪设施全部开启的情况下，库水位已平坝顶。8 日凌晨 1 时 30 分，库水位高达 117.94 m，超过防浪墙顶 0.3 m，洪水漫坝而过，水库垮坝失事，最大出库流量达 78 800 m^3/s，溃坝洪水进入河道后，平均以 6 m/s 的速度冲向下游，6 h 内向下游倾泻洪水达 7.01 亿 m^3，至遂平县水面宽度达 10~15 km，水深 3~7 m。火车站铁轨以上水深 3 m，一部分洪水沿汝河南侧及汝河进入宿鸭湖水库，另一部分沿奎旺河进入上蔡县境内。8 日傍晚冲破洪河左右堤，窜入汾泉河的支流黑河（见图 2-25）。

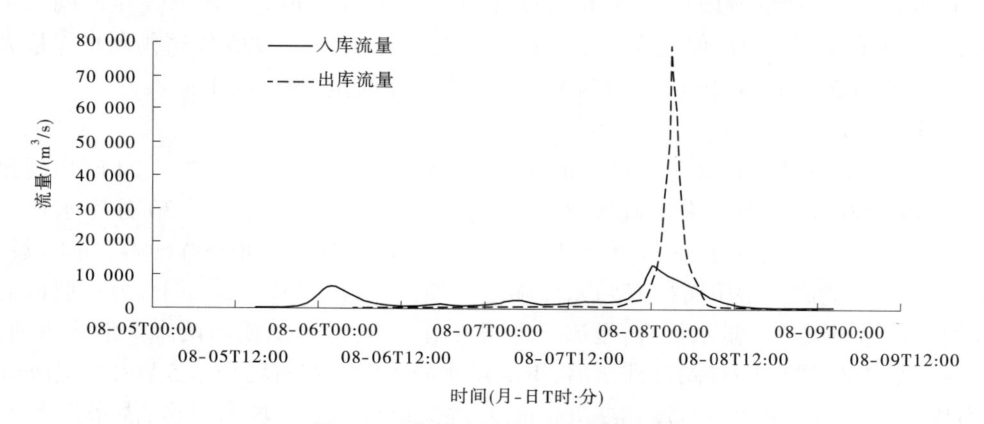

图 2-25　板桥水库出入库流量过程

3. 薄山水库

薄山水库在本次暴雨以后，于 8 月 7 日 20 时 30 分出现最大入库流量 9 550 m^3/s。同日 22 时 34 分，上游竹沟水库（中型）垮坝失事，薄山水库水位猛涨。8 日 3 时，最高水位达 112. 75 m,超过实际坝顶 0. 66 m。经水库广大职工和人民解放军的大力抢险,才使大坝转危为安。水库最大下泄流量 1 600 m³/s,削峰错峰作用显著,大大减轻了下游灾情。

4. 宿鸭湖水库

宿鸭湖水库由于板桥水库溃坝洪水和薄山水库下泄及区间来水,8 月 8 日 9 时 30 分最大入库流量达 24 500 m³/s,10 时库水位已超过校核洪水位(56. 83 m)。为确保大坝安全,除充分利用夏屯新老闸下泄外,13 时 30 分在野猪岗附近的陈小庄南炸口分洪,20 时库水位达 57. 66 m,距坝顶仅 0. 34 m,相应蓄水量为 12. 28 亿 m³,大坝全线多处出现险情,局部坝段开始出现漫溢,经紧张抢险并扩大炸口口门加大泄洪量,上游暴雨停止才使水位不再上涨,保住了大坝。本次洪水入库总量达 19. 65 亿 m³,最大下泄流量为 6 100 m³/s。汝河宿鸭湖水库以下安全泄量仅 1 850 m³/s,由于水库下泄大量洪水,汝河下游左右堤在 7 日晚至 8 日晨先后出现漫决,两岸一片汪洋,洪汝河相互窜流。新蔡班台水位 7 日上涨 9 m 多。洪河分洪道班台闸于同日 13 时 30 分开闸分洪,8 日班台洪河右岸洼地开始行洪,10 日以后班台以下洪河左堤漫决,洪水进入洪洼,11 日在洪河左岸新蔡县城东刘埠口炸口分洪,洪水从班台左侧洼地漫流而下。虽然班台两侧洼地行洪,但受地形影响,洪水仍被束在 4 km 宽范围内行洪。经国务院批准,于 14 日 12 时 30 分炸掉阻水的班台分洪闸,扩大分洪量。班台以上积水 10—15 d,平均积水深在 2~5 m,洪河班台在 13 日 4 时出现最高水位 37. 39 m,在保证水位以上达 13 d。8 月 5 日至 9 月 12 日通过班台下泄洪水总量达 55. 13 亿 m³(见图 2-26、图 2-27)。

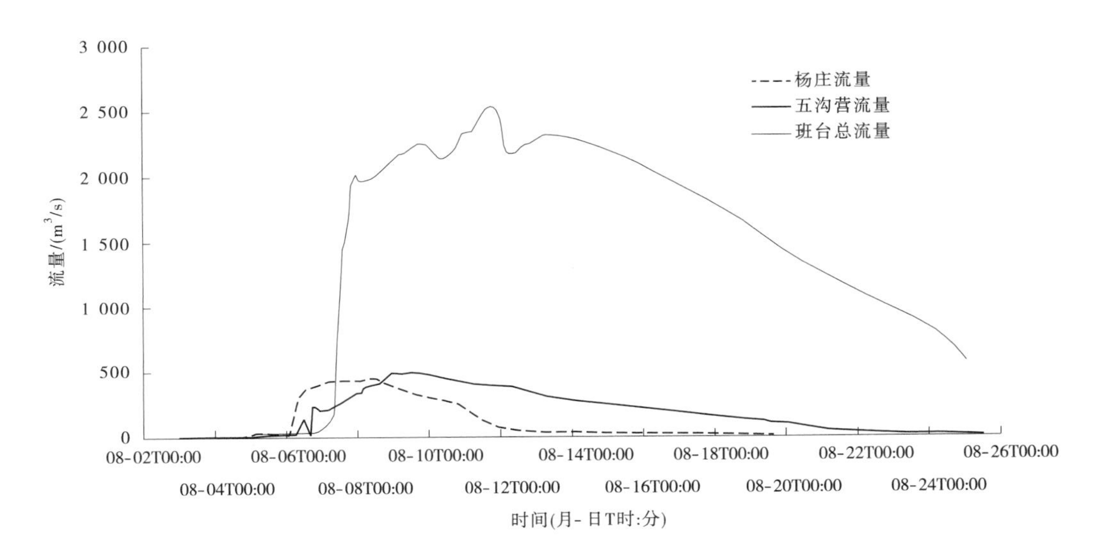

图 2-26　班台以上小洪河主要控制断面流量过程

洪汝河干流堤防决口 415 处、长 132. 5 km,漫溢堤段长 302. 5 km,损坏河堤 256 km、桥涵 146 座。

据统计,驻马店地区受灾 10 个县(镇),受灾人口 540. 58 万人,受灾耕地 1 010. 55 万亩,损坏粮食 94. 92 万 t,倒塌房屋 317. 5 万间,淹死牲畜 33. 72 万头,京广铁路中断 16 d 后才临

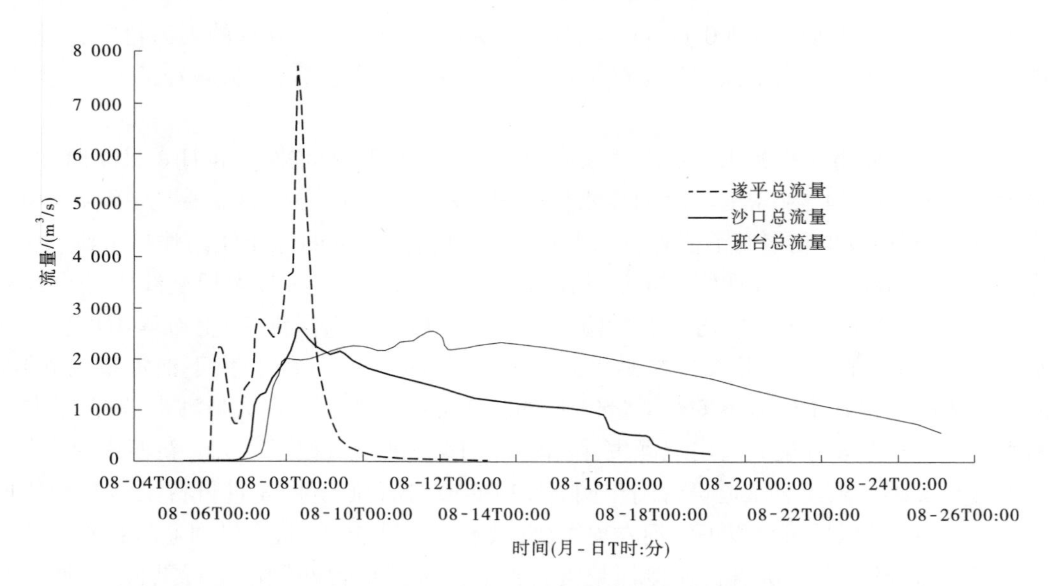

图 2-27　班台以上汝河主要河道控制站断面流量过程

时通车,全区直接经济损失 26 亿多元。

5. 蓄滞洪区运用

老王坡滞洪区在 8 月 6 日 11 时 18 分开始由桂李闸分洪进水,其后杨庄水库以下洪河左堤漫决洪水与 8 日下午澧河右堤决口的 5.94 亿 m^3 洪水先后进入老王坡,加上内水,使滞洪区内水位急剧上涨;同日下午,干河南堤全线漫溢。之后,陈坡寨至五沟营洪河左堤及滞洪区东大堤先后漫决 10 处,总宽度约 600 m。9 日 14 时坡心最高水位达 59.21 m,相应蓄水量 4.54 亿 m^3,为设计洪水量的 2.3 倍。洪水期间,入老王坡的水量共达 15.72 亿 m^3。从老王坡漫决洪水一部分向东跨水系经黑河入汾泉河,另一部分穿过洪河右堤,至上蔡县境与汝河洪水相汇。

二、模拟移植

(一)调度方式

1. 大型水库调度方式

(1)石漫滩水库为 100 年一遇洪水设计,1 000 年一遇洪水校核。6 月 21 日至 9 月 15 日,汛限水位 107.00 m。

主汛期泄流方式:①当库水位为 107.00~108.53 m(5 年一遇)时,控泄 100 m^3/s;②当库水位为 108.53~109.62 m(20 年一遇)时,控泄 500 m^3/s;③当库水位超过 109.62 m 时,溢流坝闸门全开泄洪。

防御超标准洪水措施:根据洪水预报,及时通知下游群众转移,全力抢护大坝。

(2)板桥水库为 100 年一遇洪水设计,最大可能洪水校核。6 月 21 日至 8 月 15 日,汛限水位 110.00 m;8 月 16 日至 9 月 15 日,汛限水位 111.50 m。

主汛期泄流方式:①当库水位为 110.00~115.30 m(20 年一遇)时,控泄 100 m^3/s;

②当库水位为115.30~116.10 m(50年一遇)时,控泄500 m³/s;③当库水位为116.10~117.50 m(100年一遇)时,控泄2 000 m³/s;④当库水位超过117.50 m时,混凝土溢流坝闸门全开泄洪。

防御超标准洪水措施:根据洪水预报,及时通知下游群众转移,全力抢护主坝。

(3)薄山水库为100年一遇洪水设计,5 000年一遇校核。6月21日至9月15日,汛限水位113.80 m。

主汛期泄流方式:①当库水位为113.80~121.35 m(50年一遇)时,控泄100 m³/s;②当库水位为121.35~122.10 m(100年一遇)时,控泄1 000 m³/s;③当库水位超过122.10 m时,泄洪洞、溢洪道闸门全开泄洪。

防御超标准洪水措施:根据洪水预报,及时通知下游群众转移,全力抢护主坝。

(4)宿鸭湖水库为100年一遇洪水设计,1 000年一遇洪水校核。6月21日至8月15日,汛限水位52.50 m;8月16日至9月15日,汛限水位53.00 m。

主汛期泄流方式:①当库水位为52.50~54.97 m(5年一遇)时,控泄350 m³/s;②当库水位为54.97~56.35 m(20年一遇)时,控泄870 m³/s;③当库水位为56.35~57.05 m(50年一遇)时,控泄1 500 m³/s;④当库水位超过57.05 m时,泄洪闸全开泄洪。

防御超标准洪水措施:根据洪水预报,及时通知下游群众转移,全力抢护主坝。

2. 蓄滞洪区调度方式

1)杨庄滞洪区

当小洪河出现3年一遇以下洪水时,杨庄闸控制下泄流量不超过100 m³/s;当小洪河出现3~20年一遇洪水时,杨庄闸控泄流量400~450 m³/s;当小洪河出现20~50年一遇洪水时,杨庄闸控泄流量650 m³/s,杨庄滞洪区最高水位71.54 m;当小洪河出现超过50年一遇洪水时,泄洪闸全开,最大下泄流量1 500 m³/s。为确保滞洪区大坝安全,在杨庄滞洪区非常溢洪道处相机采取分洪措施,分洪水量1.38亿m³,洪水沿北柳堰河及两岸洼地下泄。杨庄滞洪区最高水位达到校核水位72.15 m,相应滞洪量2.56亿m³。

2)老王坡滞洪区

当小洪河桂李站水位达63.00 m时,开闸向老王坡进洪;当老王坡蓄水水位达57.65 m时,关闭桂李闸,在桂李闸以上右堤扒口分洪。若老王坡水位继续上涨,在龙泉寺附近扒小洪河左右堤向南分洪;若老王坡水位仍继续上涨,超过58.00 m,在叶寨附近扒开小洪河老河道左右堤,向南分洪。

3)蛟停湖滞洪区

当蛟停湖滞洪区进洪闸前水位达44.21m时,省防指(河南省防汛抗旱指挥部)下达命令,蛟停湖进洪闸开启进洪,做好滞洪区内群众安全转移。

(二)预报模拟

洪汝河流域主要控制站、大型水库站及蓄滞洪区预报调度过程和成果见表2-3~表2-7。

表 2-3　洪汝河流域大型水库站预报成果

水库名称	入库洪水总量/亿 m^3	最大入库流量/(m^3/s)	起调水位/m	起调库容/亿 m^3	最高洪水位/m	最大库容/亿 m^3	最大出库流量/(m^3/s)
石漫滩	2.14	4 490	107.00	0.685	111.87	1.17	3 779
板桥	6.97	13 000	110.00	2.010	118.89	6.45	12 900
薄山	4.38	9 550	113.80	2.230	124.32	4.78	5 834
宿鸭湖	19.65	18 756	52.50	2.050	58.02	13.75	7 914

表 2-4　蓄滞洪区预报调度过程

蓄滞洪区	时间(年-月-日 T 时:分)	最高滞洪水位/m	相应滞洪量/(m^3/s)	堤顶高程/m	预见期/h
杨庄	1975-08-08T11:00	72.15	2.56	73.5	10~12
老王坡	1975-08-07T05:00	57.65	1.71	59.0~64.5	3~4
蛟停湖	1975-08-07T11:00	41.48	0.58	43.0~46.5	6~8

表 2-5　洪汝河流域蓄滞洪区预报成果

蓄滞洪区	最大进洪流量/(m^3/s)	蓄滞洪量/亿 m^3
杨庄	4 770	2.56
老王坡	2 900	1.71
蛟停湖	300	0.58

表 2-6　河道典型站预报调度过程

站名	警戒			保证			堤顶高程/m	
	时间(年-月-日 T 时:分)	水位/m	流量/(m^3/s)	时间(年-月-日 T 时:分)	水位/m	流量/(m^3/s)	左岸	右岸
桂李	1975-08-06T11:00	60.5	212	1975-08-06T14:00	63.00	420	65.80	65.40
遂平	1975-08-07T04:00	63.5	2 110	1975-08-07T20:00	65.00	2 800	68.20	67.05
班台	1975-08-07T14:00	33.5	1 460	1975-08-07T16:00	35.63	2 200	38.10	38.60

表 2-7 洪汝河流域主要河道控制站预报成果

河流	站名	最高水位/m	堤内洪峰流量/(m^3/s)	出现时间(年-月-日 T 时:分)	说明
小洪河	杨庄	67.30	650	1975-08-06T13:00	游分洪口分洪后
	桂李	63.00	420	1975-08-06T14:00	
	五沟营	56.55	420	1975-08-06T19:00	
汝河	遂平	68.00	4 400(平堤顶)	1975-08-07T22:00	决口漫溢
洪汝河	班台	37.39	3 200(平堤顶)	1975-08-13T04:00	决口漫溢

1. 小洪河流域

因 1975 年暴雨造成石漫滩水库垮坝，故需根据实际降雨及预报方案进行产汇流计算。水库以上流域平均降雨量 1 074.4 mm，用净雨及单位线推求入库洪水过程，最大入库流量 4 488 m^3/s，入库洪水总量 2.14 亿 m^3，以现有工程条件，按照目前水库调度运用方案，采用半图解法进行调洪演算，最大出库流量 3 779 m^3/s；预报 8 月 8 日 3 时达到最高水位，为 111.87 m，相应库容为 1.17 亿 m^3(见表 2-8)。

表 2-8 石漫滩水库预报调度过程

<table>
<tr><th colspan="2">调洪水位/m</th><th>时间(年-月-日 T 时:分)</th><th>泄量/(m^3/s)</th><th colspan="2">特征水位/m</th></tr>
<tr><td>最高</td><td>111.87</td><td>1975-08-08T03:00</td><td>3 779</td><td>坝顶(高程)</td><td>112.50</td></tr>
<tr><td rowspan="2">20 年一遇</td><td rowspan="2">109.62</td><td rowspan="2">1975-08-06T02:00</td><td>闸门全开泄洪</td><td>校核</td><td>112.05</td></tr>
<tr><td rowspan="2">500</td><td>设计</td><td>110.65</td></tr>
<tr><td rowspan="2">5 年一遇</td><td rowspan="2">108.53</td><td rowspan="2">1975-08-06T00:00</td><td>全赔</td><td>108.53</td></tr>
<tr><td rowspan="2">100</td><td rowspan="2">汛限</td><td rowspan="2">107.00</td></tr>
<tr><td>汛限</td><td>107.00</td><td>1975-08-05T09:00</td></tr>
</table>

杨庄滞洪区洪水预报采用降雨径流、流域汇流及河槽汇流方案，根据预报成果，流域平均降雨量 797.1 mm，杨庄滞洪区最大入库流量达到 4 770 m^3/s，上游来水总量 7.43 亿 m^3，预报杨庄滞洪区 8 月 8 日 5 时滞洪水位达到设计水位 71.54 m，滞洪区闸门全开，最大下泄流量 1 500 m^3/s。为确保滞洪区大坝安全，在杨庄滞洪区非常溢洪道处相机采取分洪措施，分洪水量 1.38 亿 m^3，洪水沿北柳堰河及两岸洼地下泄。预报 8 月 8 日 11 时出现最高水位 72.15 m，达到校核水位，相应滞洪量 2.56 亿 m^3。

根据预报,老王坡滞洪区 8 月 7 日 5 时滞洪水位达到设计水位 57.65 m,为确保东大堤安全,关闭桂李进洪闸,五沟营泄洪闸敞开泄洪。因老王坡滞洪区水位继续上涨,危及滞洪工程安全,在龙泉寺扒开小洪河取直段左右堤向小洪河新老河道之间分洪,并扒开小洪河老河道左右堤向南分洪,分洪水量 1.53 亿 m^3。

石漫滩水库调蓄对杨庄滞洪区的影响分析:利用马斯京根河道连续演算模型对小洪河杨庄控制站来水进行流量演算,石漫滩水库调蓄对杨庄站洪水影响分析见图 2-28。未经石漫滩水库调蓄,演算至杨庄洪峰流量为 1 960 m^3/s,调蓄后为 1 890 m^3/s,削减洪峰 3.6%。因石漫滩水库上游雨量较大,削峰效果不太显著,同时石漫滩水库至杨庄区间仍有较大来水,超出杨庄滞洪区的滞洪能力,需要在杨庄滞洪区非常溢洪道处采取分洪措施。

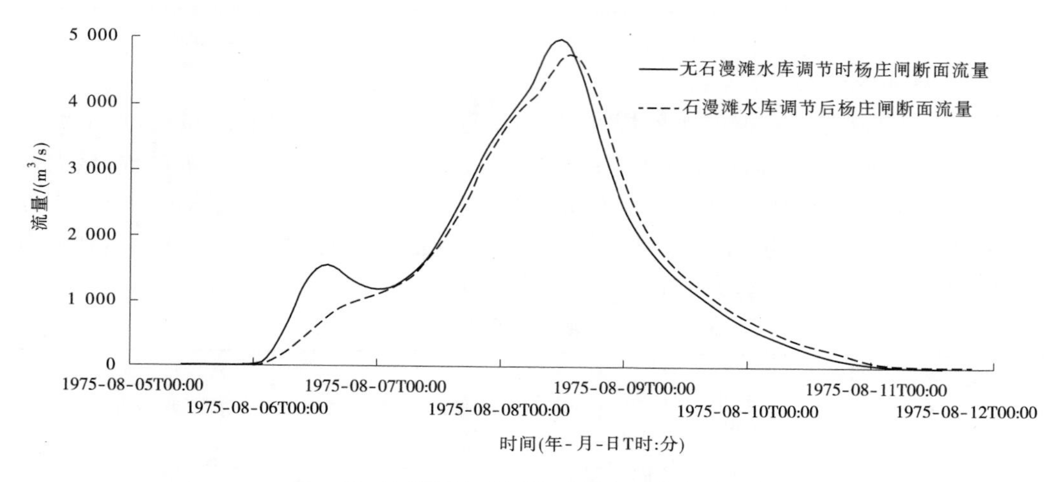

图 2-28　石漫滩水库调蓄对杨庄站洪水影响分析

杨庄滞洪区调蓄对小洪河杨庄段流量的影响分析:利用单位线和马斯京根河道连续演算模型对小洪河杨庄控制站来水进行流量演算,杨庄滞洪区调蓄对杨庄站洪水影响分析见图 2-29。未经杨庄滞洪区调蓄,演算至杨庄洪峰流量为 4 770 m^3/s,按调度方案运用滞洪区后为 1 500 m^3/s,削减洪峰 69%。虽有一定的削峰效果,但此时杨庄闸下泄流量仍远超下游河道的行洪能力,需要在杨庄乡政府东扒开右堤向小洪河以南分洪。因此,在特大暴雨情况下,虽有石漫滩水库、杨庄滞洪区的调蓄作用,洪水仍对小洪河防洪造成较大威胁。

2. 汝河流域

因 1975 年暴雨造成板桥水库垮坝,故需根据实际降雨及预报方案进行产汇流计算。板桥水库以上流域平均降雨量 1 028.5 mm,用净雨及单位线推求入库洪水过程,最大入库流量 13 000 m^3/s,入库洪水总量 6.97 亿 m^3,以现有工程条件,按照目前水库调度运用方案,采用半图解法进行调洪演算,最大出库流量 12 900 m^3/s;预报 8 月 8 日 4 时达到最高水位,为 118.89 m,相应库容为 6.45 亿 m^3(见表 2-9)。

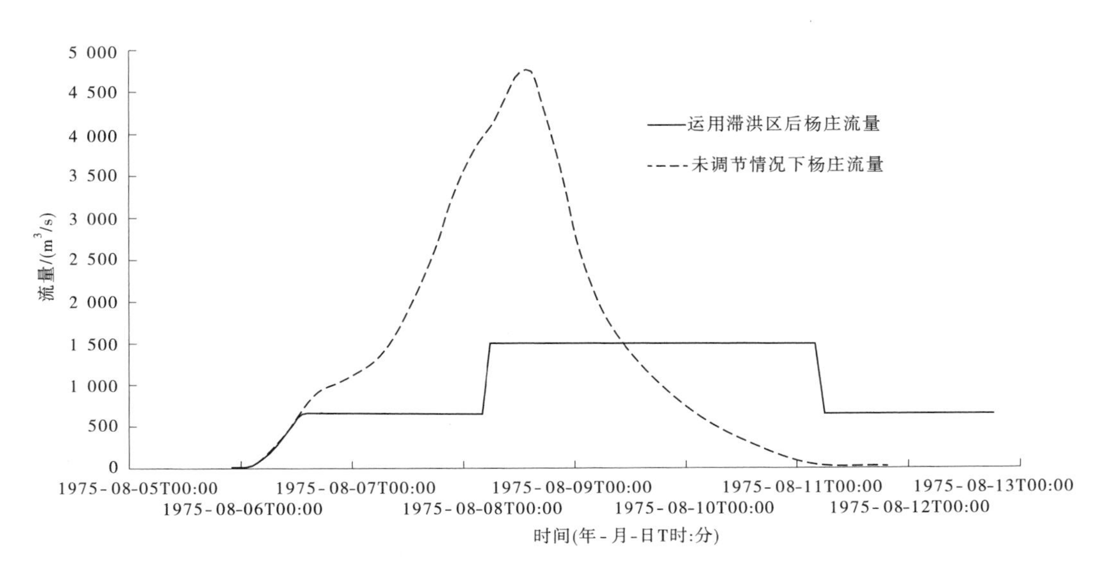

图 2-29　杨庄滞洪区调蓄对杨庄站洪水影响分析

表 2-9　板桥水库预报调度过程

标准	调洪水位/m	时间(年-月-日 T 时:分)	泄量/(m^3/s)	特征水位/m	
最高	118.89	1975-08-08T04:00	12 900	坝顶(高程)	120.20
100 年一遇	117.50	1975-08-08T01:00	闸门全开泄洪	校核	119.35
50 年一遇	116.10	1975-08-07T16:00	2 000	设计	117.50
20 年一遇	115.30	1975-08-07T06:00	500	全赔	112.50
全赔	112.50	1975-08-06T04:00	100	汛限	110.00
汛限	110.00	1975-08-05T15:00			

薄山水库是以实测资料反推入库流量过程作为模拟入库洪水过程的。流域平均降雨 860.1 mm,最大入库流量 9 550 m^3/s,入库洪水总量 4.38 亿 m^3,以现有工程条件,按照目前水库调度运用方案,采用半图解法进行调洪演算,最大出库流量 5 834 m^3/s;预报 8 月 7 日 23 时达到最高水位,为 124.32 m,相应库容为 4.78 亿 m^3(见表 2-10)。

表 2-10　薄山水库预报调度过程

标准	调洪水位/m	时间 (年-月-日 T 时:分)	泄量/(m^3/s)	特征水位/m	
最高	124.32	1975-08-07T23:00	5 834	坝顶(高程)	130.00
100 年一遇	122.10	1975-08-07T19:00	闸门全开泄洪	校核	125.30
			1 000	设计	122.10
50 年一遇	121.35	1975-08-07T18:00		全赔	116.40
全赔	116.40	1975-08-06T22:00	100	汛限	113.80
汛限	113.80	1975-08-04T16:00			

宿鸭湖水库洪水预报采用降雨径流、流域汇流及河槽汇流方案。宿鸭湖、板桥、薄山区间流域平均降雨 674 mm,最大入库流量 18 756 m^3/s,入库洪水总量 19.65 亿 m^3。以现有工程条件,按照正常调度运用方案,采用半图解法进行调洪演算,最大出库流量 7 914 m^3/s;预报 8 月 8 日 19 时达到最高水位,为 58.02 m,相应库容为 13.75 亿 m^3(见表 2-11)。

表 2-11　宿鸭湖水库预报调度过程

标准	调洪水位/m	时间 (年-月-日 T 时:分)	泄量/(m^3/s)	特征水位/m	
最高	58.02	1975-08-08T19:00	7 914	坝顶(高程)	59.46
50 年一遇	57.05	1975-08-08T08:00	闸门全开泄洪	校核	58.80
20 年一遇	56.35	1975-08-08T04:00	1 500	设计	57.39
5 年一遇	54.97	1975-08-07T15:00	870	全赔	54.00
全赔	54.00	1975-08-07T09:00	350	汛限	52.50
汛限	52.50	1975-08-05T08:00			

洪汝河汇合处班台以上河段,由于区间暴雨径流预报加上水库泄水和蓄滞洪区分洪流量均远超河道行洪能力,河槽汇流和流域汇流条件已不满足班台站预报方案,因此采用当年班台闸上水位过程代表目前“75 · 8”班台站的模拟水位变化过程,预报 8 月 13 日 2 时出现最高水位为 37.4 m,按治理后的水位–流量关系线确定河道内洪峰流量为 3 200

m^3/s,堤外行洪流量为 3 410 m^3/s。

板桥水库调蓄对遂平流量的影响分析:利用马斯京根河道连续演算模型对汝河遂平控制站来水进行流量演算,板桥水库调蓄对遂平洪水影响分析见图 2-30。板桥水库未经调蓄,演算至遂平洪峰流量为 4 680 m^3/s,调蓄后为 4 136 m^3/s,削减洪峰 12%。因板桥上游雨量较大,削峰效果不太显著,同时由于板桥水库至遂平区间仍有较大来水,在汝河右岸支流魏家渠入口附近扒开汝河右堤分洪不可避免。因此,在特大暴雨情况下,洪水仍对汝河遂平段造成较大威胁。

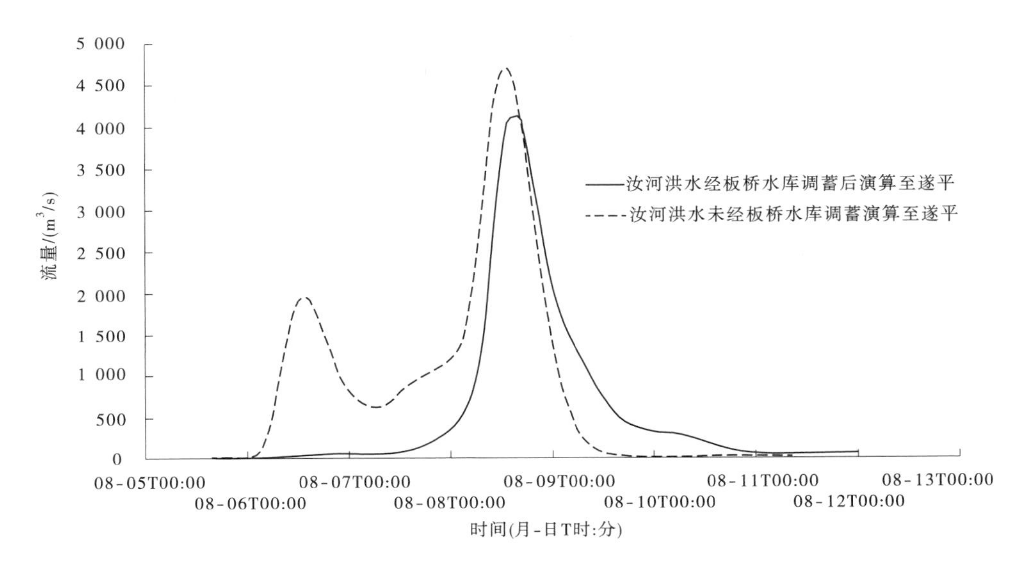

图 2-30　板桥水库调蓄对遂平洪水影响分析

宿鸭湖水库调蓄对班台流量的影响分析:利用马斯京根河道连续演算模型对汝河班台控制站来水进行流量演算,宿鸭湖水库调蓄对班台洪水影响分析见图 2-31。宿鸭湖水库未经调蓄,演算至班台汝河洪峰流量为 6 171 m^3/s,调蓄后为 3 586 m^3/s,削减洪峰 42%。虽然削峰效果比较显著,但下泄流量仍超过下游河道行洪能力,加上宿鸭湖水库至班台区间仍有较大来水,在汝河下游启用蛟停湖滞洪区分洪不可避免,班台闸需全开分洪,河道险工段漫溢、决口情况不可避免。因此,在特大暴雨情况下,洪水对汝河下游段可造成较大威胁。

三、结论与建议

(一)结论

根据以上分析,在"75·8"暴雨条件下,洪汝河将全线超保证水位,大部分河段出现漫溢,部分险工段可能出现决口情况,沿河蓄滞洪区须全部启用,洪汝河防洪预案中预设的分洪口全部启用。流域内 4 座大型水库全部敞开泄洪,最高库水位接近校核水位。

洪汝河分洪路线及沿河洼地(遂平县、西平县、汝南县、平舆县、新蔡县大部区域,驿城区、正阳县、上蔡县、泌阳县的部分区域)的道路、桥涵将全部淹没,抢险队伍、车辆、物

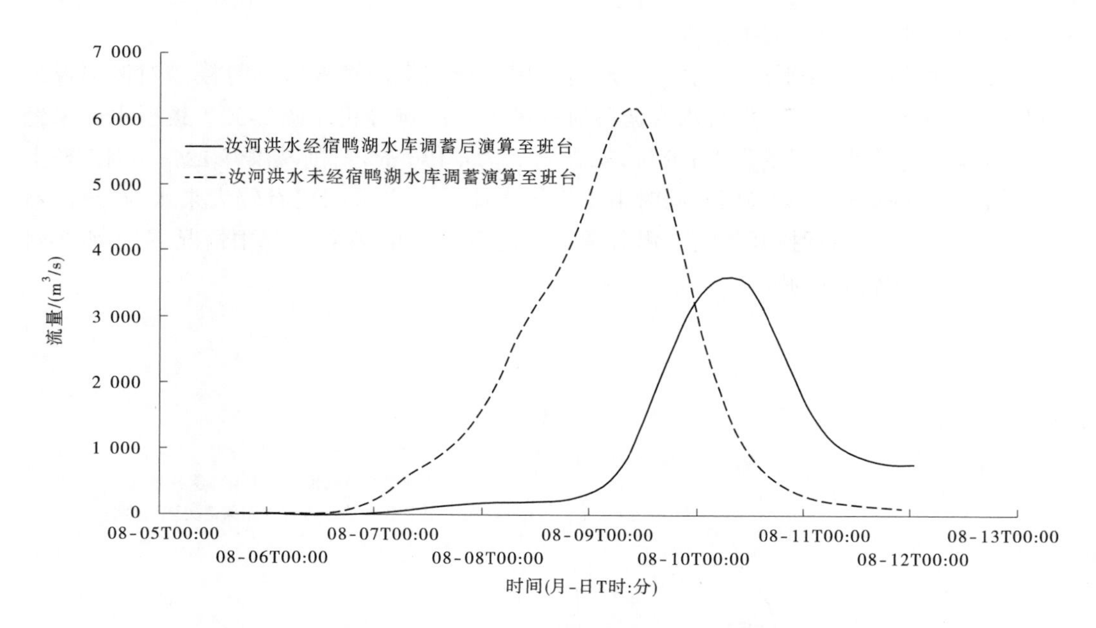

图 2-31 宿鸭湖水库调蓄对班台洪水影响分析

料难以准时到达现场，公用通信可能会中断，水情防汛信息也可能会出现中断现象，水文情报、预警及抢险救灾将经受重大考验。

1. 水库工程

1）大型水库

根据预报成果，石漫滩水库最高水位（111.87 m）低于校核水位（112.05 m）0.18 m，低于坝顶高程（112.50 m）0.63 m；板桥水库最高水位（118.89 m）低于校核水位（119.35 m）0.46 m，低于心墙顶高程（119.40 m）0.51 m，低于坝顶高程（120.00 m）1.11 m；薄山水库最高水位（124.32 m）低于校核水位（125.30 m）0.98 m，低于心墙顶高程（129.00 m）4.68 m，低于坝顶高程（130.00 m）5.68 m；宿鸭湖水库最高水位（58.02 m）低于校核水位（58.80 m）0.78 m，低于坝顶高程（59.46 m）1.44 m。按照现有水利工程条件，若遭遇“75 · 8”洪水，将采用科学合理的调度方式，大型水库和蓄滞洪区均能保障工程安全。4座大型水库均需敞开泄洪，最高库水位超过设计水位，但低于校核水位。

2）中型水库

流域内共建有 7 座中型水库，暴雨量级均超过水库的设计标准，达到或超过水库的校核标准，因此洪水可能漫坝，水库可能出现溃坝等险情，应采取全力抢险、分洪等措施，并组织下游群众避险。

3）小型水库

流域内共建有 103 座小型水库，暴雨量级均超过水库的校核标准，因此洪水会漫坝，部分水库可能会出现垮坝等险情，应提前采取扩大溢洪道泄流能力、分洪等措施，并组织下游群众避险。

2. 蓄滞洪区工程

8月8日5时,杨庄滞洪区水位超过71.54 m,杨庄泄洪闸敞开泄洪,最大下泄流量1 500 m^3/s。8月8日11时杨庄滞洪区最高水位达到校核水位72.15 m,相应滞洪量2.56亿m^3,在杨庄滞洪区非常溢洪道处采取分洪措施,洪水沿北柳堰河及两岸洼地下泄,确保滞洪区大坝安全。

8月7日5时,老王坡滞洪区水位达到设计水位57.65 m,关闭桂李进洪闸,五沟营泄洪闸敞开泄洪,因老王坡滞洪区水位继续上涨,在龙泉寺扒开小洪河取直段左右堤向小洪河新老河道之间分洪,同时扒开小洪河老河道左右堤向南分洪,确保东大堤安全。

8月7日15时,当蛟停湖滞洪区进洪闸前水位达44.21 m时,蛟停湖进洪闸开启进洪,8月9日15时,蛟停湖滞洪区最高水位达到设计水位41.48 m,相应滞洪量0.58亿m^3。

根据模拟预报调度成果,3座蓄滞洪区均超过设计水位,须采取相应的分洪措施,可确保蓄滞洪区工程安全。同时,保证了遂平、西平、汝南、平舆、新蔡等县城安全,能最大限度地减少灾害损失。

3. 河道工程

1)重要控制站洪水特征

预报汝河遂平站最高水位可达68.00 m,超保证水位3.00 m,超过右堤堤顶高程(66.64 m)1.36 m,与左堤堤顶高程(68.00 m)持平,应加强左堤防守,最大限度地保证遂平县县城安全。多余洪水主要从汝河右堤外行洪,届时,遂平县部分乡(镇)处于洪水淹没范围内。

预报班台站最高水位可达37.39 m,超保证水位1.76 m,超过右堤堤顶高程(36.63 m)0.76 m,与左堤堤顶高程(37.40 m)持平,大部分河段出现漫溢,漫溢洪水沿两岸洼地行洪,届时,新蔡县大部分乡(镇)处于洪水淹没范围内。

2)重点防洪河段分洪

因小洪河支流淤泥河流域面积为555 km^2,洪水直接汇入老王坡滞洪区,当杨庄滞洪区下泄流量达到1 500 m^3/s时,预报老王坡滞洪区已经达到设计水位,因此不考虑在杨庄以下小洪河翟庄东、周庄西扒开左堤向老王坡滞洪区分洪的方案,应在小洪河杨庄乡政府东扒开右堤向小洪河以南分洪。小洪河杨庄至五沟营段应加强右堤防守,最大限度地保证西平县县城安全。

4. 风险点防护

"75·8"暴雨洪水造成所有水库、蓄滞洪区、河道等水利工程均出现较高风险点,其中水库及滞洪区大坝、河道分洪口门及堤防险工段是防范的重点。大型水库要防止大坝出现意外险情;中型水库除防止出现意外险情外,还要防止洪水漫坝垮坝;小型水库应做好下游群众的避险工作。洪汝河道险工段有147处,防止重要防洪河段堤防决口,做好影响范围内人员转移工作。

洪汝河流域风险控制点分布分别见图2-32~图2-39。

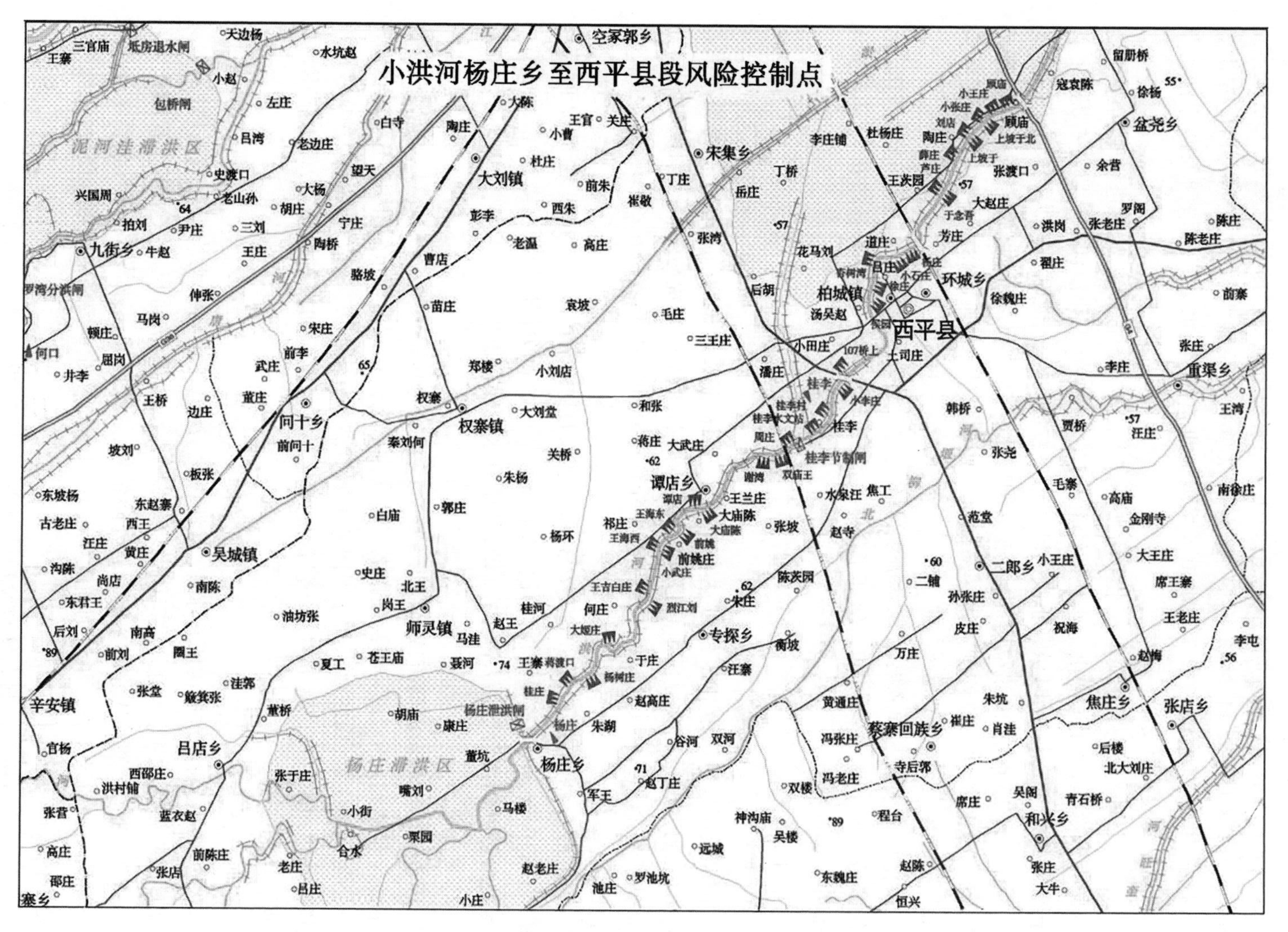

图 2-32 小洪河杨庄乡至西平县段风险控制点分布

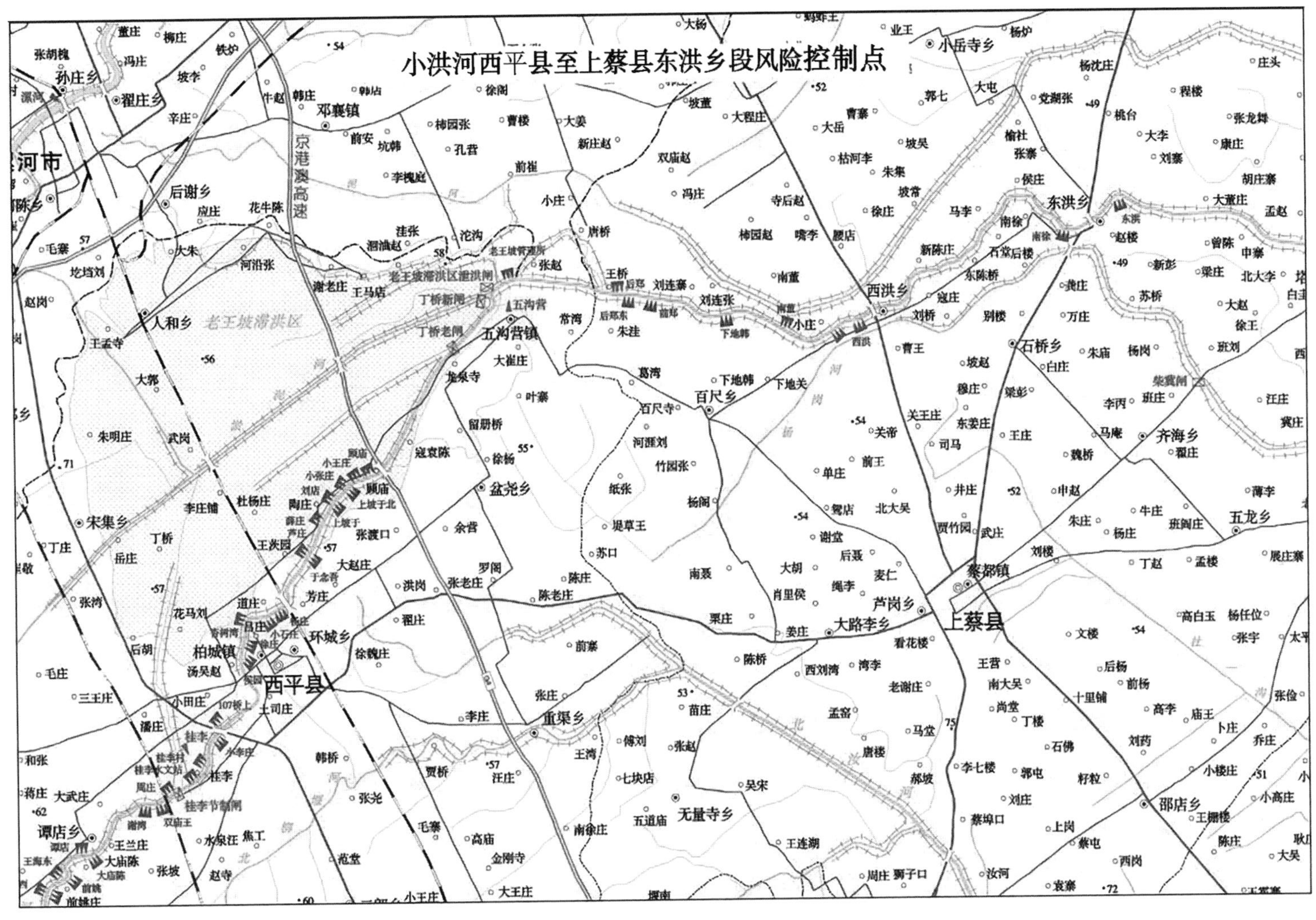

图 2-33　小洪河西平县至上蔡县东洪乡段风险控制点分布

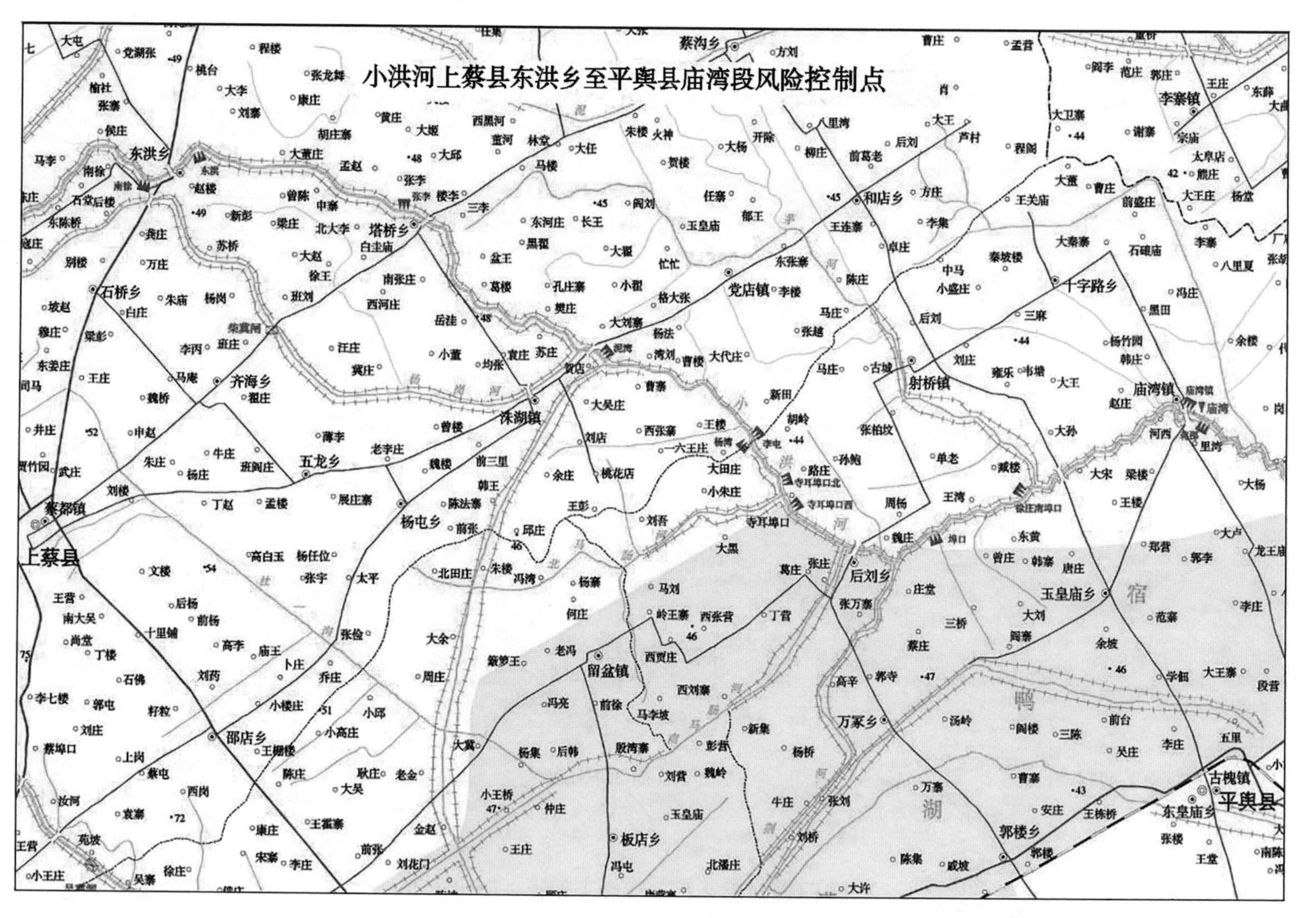

图 2-34　小洪河上蔡县东洪乡至平舆县庙湾段风险控制点分布

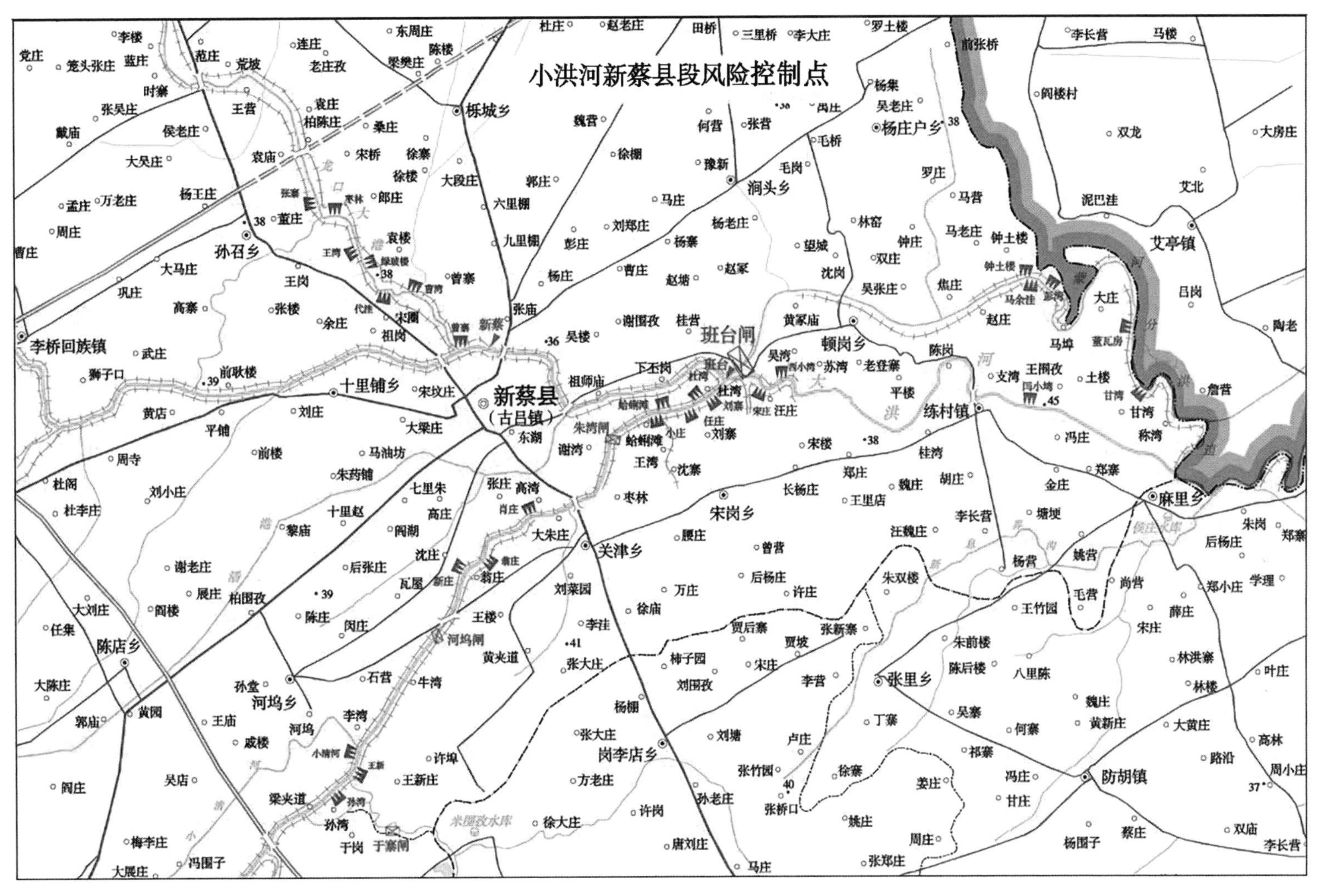

图 2-35　小洪河新蔡县段风险控制点分布

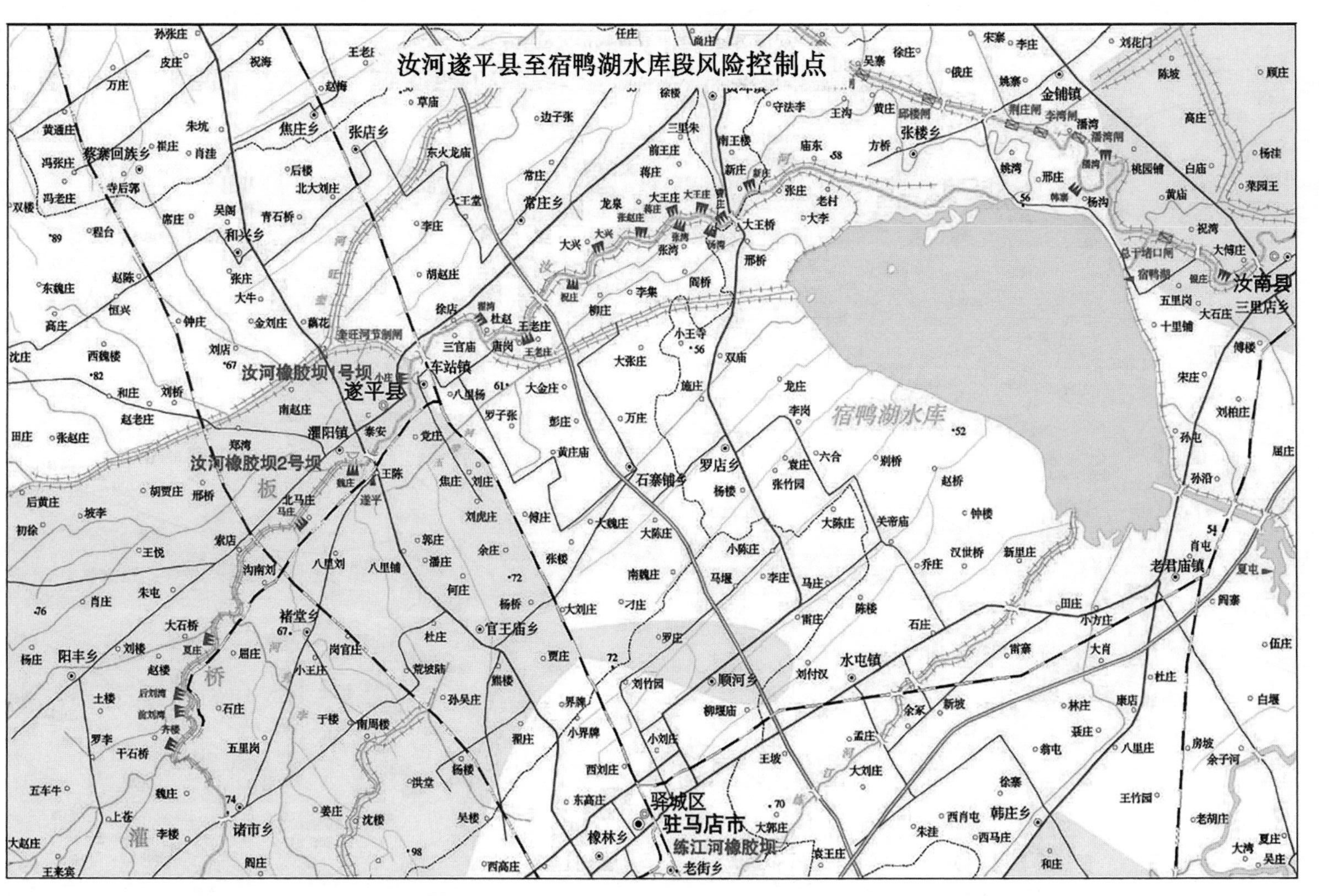

图 2-36 汝河遂平县至宿鸭湖水库段风险控制点分布

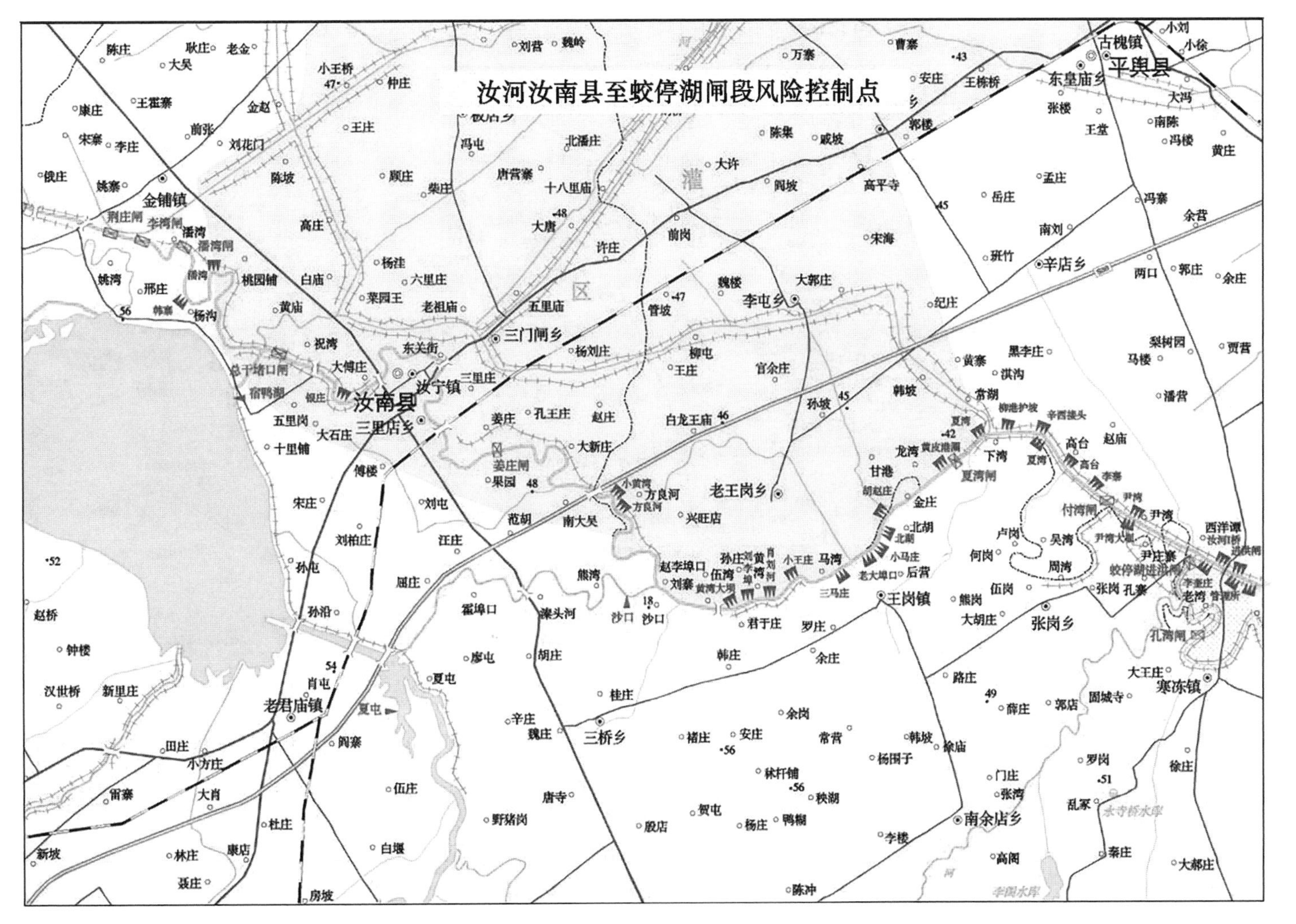

图 2-37　汝河汝南县至蛟停湖闸段风险控制点分布

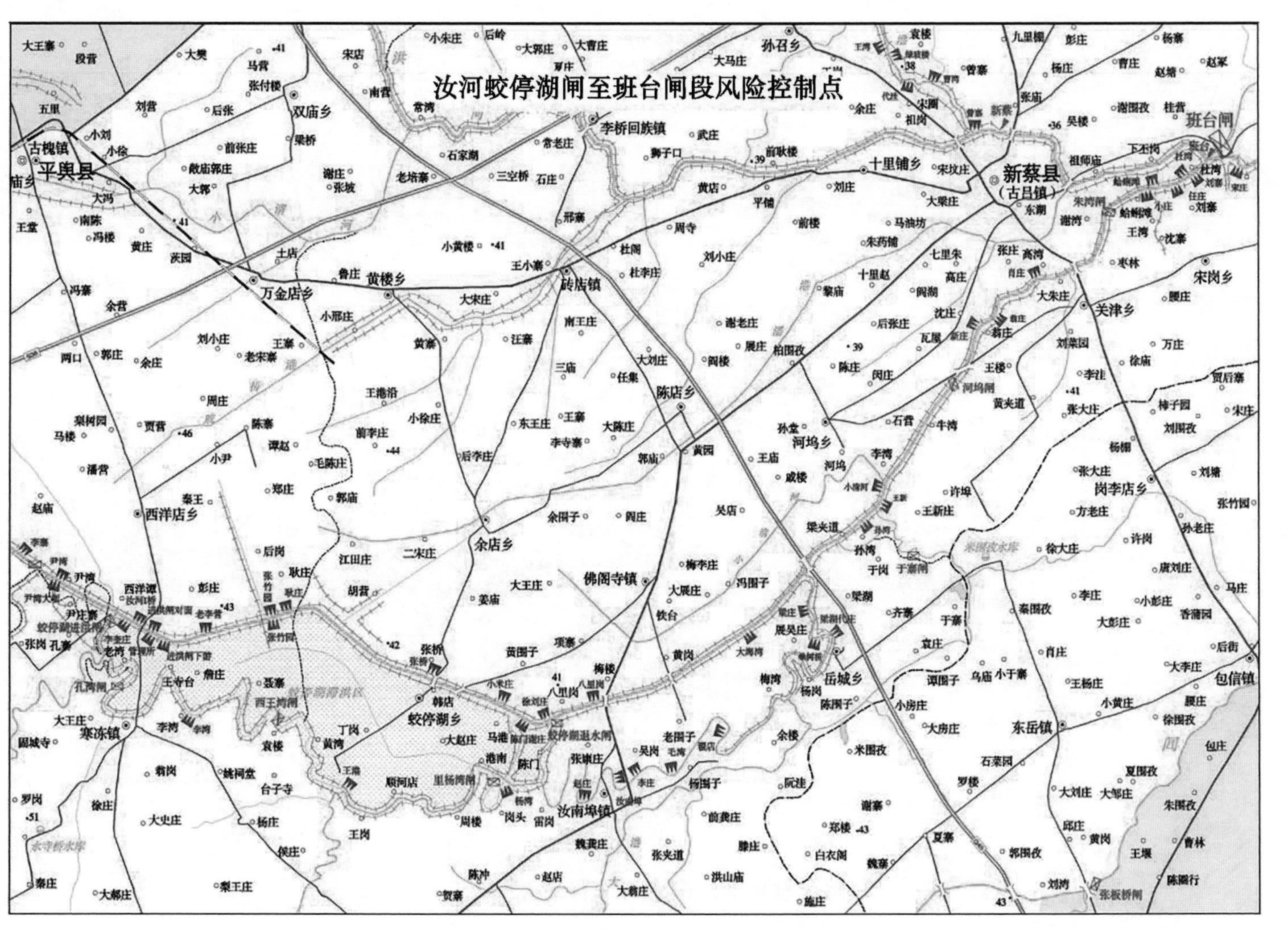

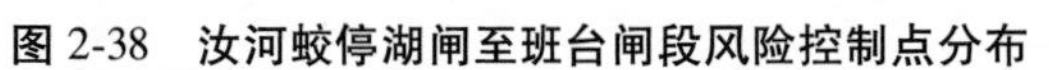
图 2-38　汝河蛟停湖闸至班台闸段风险控制点分布

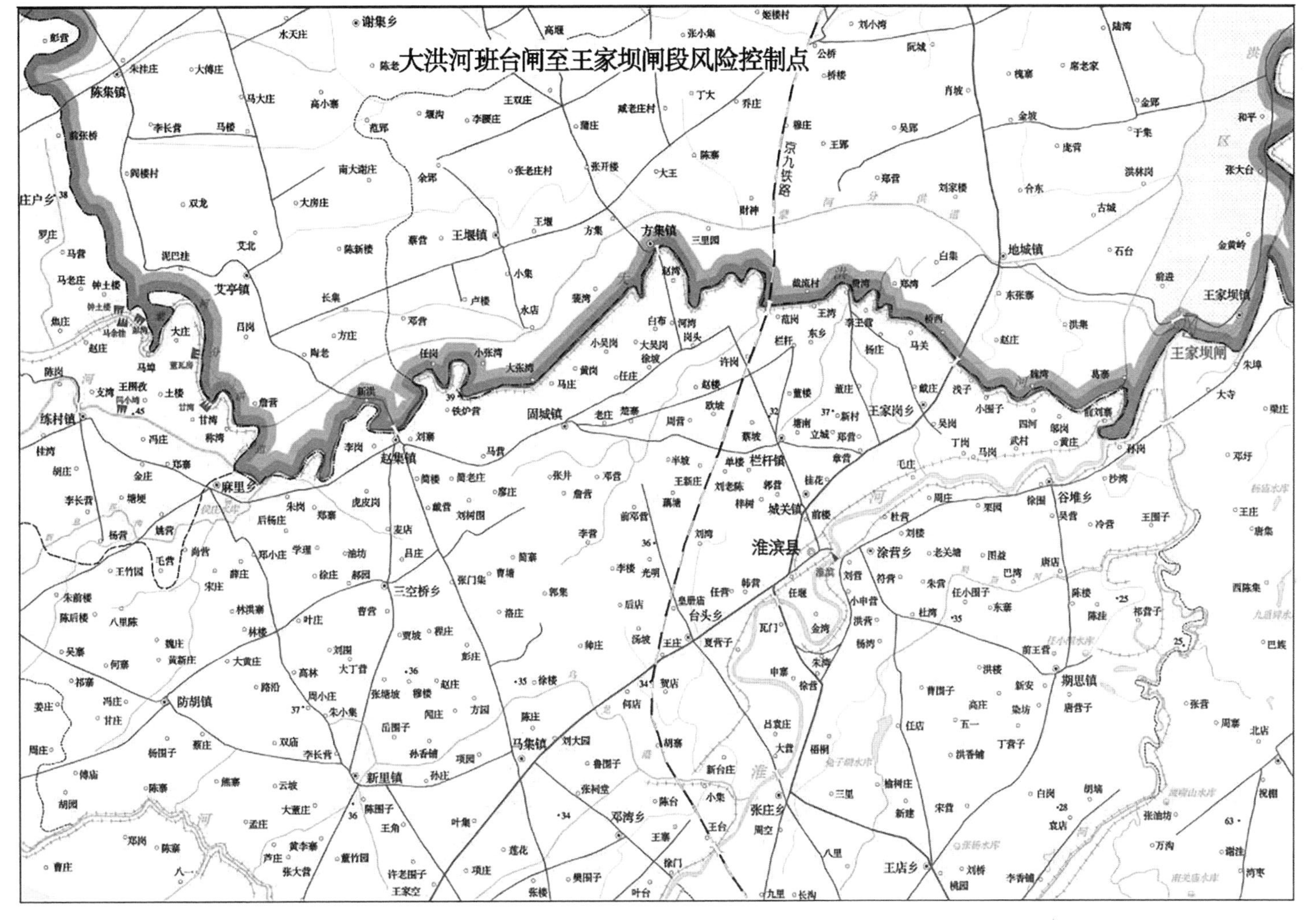

图 2-39　大洪河班台闸至王家坝闸段风险控制点分布

(二)建议

“75 · 8”特大暴雨频率达到 1 000 年一遇,量级之高为世所罕见,若再次发生,其造成的灾害损失也将十分严重,就水利部门而言,科学调度,确保大型水利工程安全,最大可能地减少人民生命财产损失是重中之重。经过本次洪水模拟预报调度,从工程措施和非工程措施方面提出如下几点建议:

(1)目前,汝河防洪标准接近 20 年一遇,下游大洪河防洪标准为 10 年一遇,急需提高大洪河防洪标准,使上、下游防洪标准达到一致。蛟停湖滞洪区虽已列入国家运用补偿范围,但因区内安全设施建设滞后,尚不具备滞洪条件,需要尽快完善滞洪区相关建设,以达到相应蓄洪条件。

(2)因河道全线超标准行洪,应提前做好分洪准备,要加强河道堤防及各风险点巡查和预警,及时组织群众转移避险;滞洪区应组织群众及时撤退避险,提前做好滞洪区分洪和抢险准备,要加强工程巡查和监测。

(3)大型水利工程联合调度是防御超标准洪水的关键,因此提前预报预警十分重要;大型水库应按预案相机调度,提前预泄,预留一定的防洪库容,相机减少大流量下泄对下游河道造成的危害,并做好大坝抢险准备。

(4)遇到超标准的洪水,城市内涝不可避免,应做好城市防御超标准洪水的预案。

(5)雨量站、水文站自动监测还没有实现设施设备双配套,在极端暴雨洪水条件下可能出现通信中断的情况,建议进行北斗通信建设。

(6)流域内小型水库除险加固后,小型水库自动监测是空白,预报预警系统还不健全,需要尽快补短板、强支撑。

(7)洪汝河流域处于山丘区与平原区的过渡地段,上游洪水陡涨陡落,洪水历时较短,下游洪水涨落缓慢,历时较长,且流域内水利工程众多,水文情势比较复杂,超标准洪水过程预报难度较大。在实际作业预报中,应根据洪水情势变化,及时进行实时滚动预报。

第五节 淮河“21 · 7”暴雨洪水模拟移植

一、“21 · 7”暴雨洪水概述

(一)天气形势

2021 年 7 月 17 日至 21 日降雨过程集合了南亚高压东伸、西太平洋副热带高压西伸北抬、环流形势阻塞、低涡缓慢西移、强台风远程输送水汽、低空急流发展等多种形势和因素共同影响,从高空到低层、高纬度到低纬度,多尺度天气系统协同作用,加上有利的地形抬升作用,共同导致了此次极端降雨过程(见图 2-40)。

1. 南亚高压

此次极端降雨事件发生于南亚高压东伸的过程中,在 20 日 20 时(见图 2-41),200

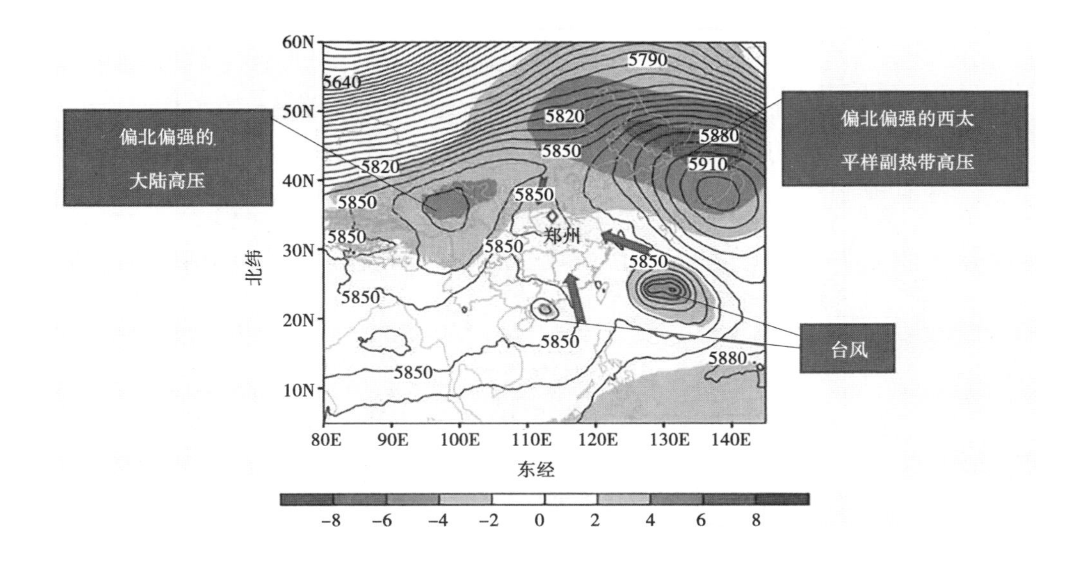

图 2-40 2021 年 7 月 17—21 日 500 hPa 平均高度场(等值线,gpm)

hPa 等压面上,河南省东侧存在一个小高压,两高压之间挤压形成狭窄的高空槽,深入中原腹地,河南省郑州市恰好位于槽前,有利于低层辐合、抬升,对流发展。

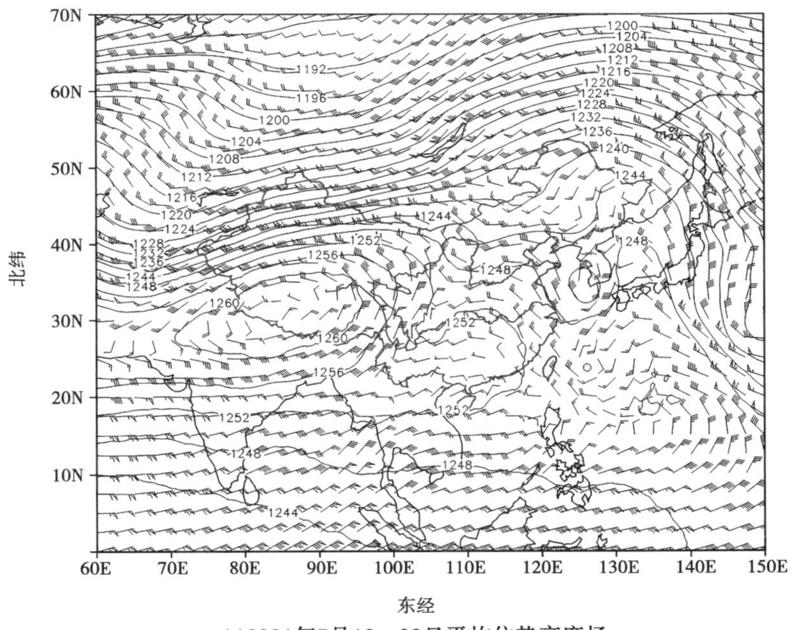

(a)2021年7月18—22日平均位势高度场

图 2-41 200 hPa 位势高度场

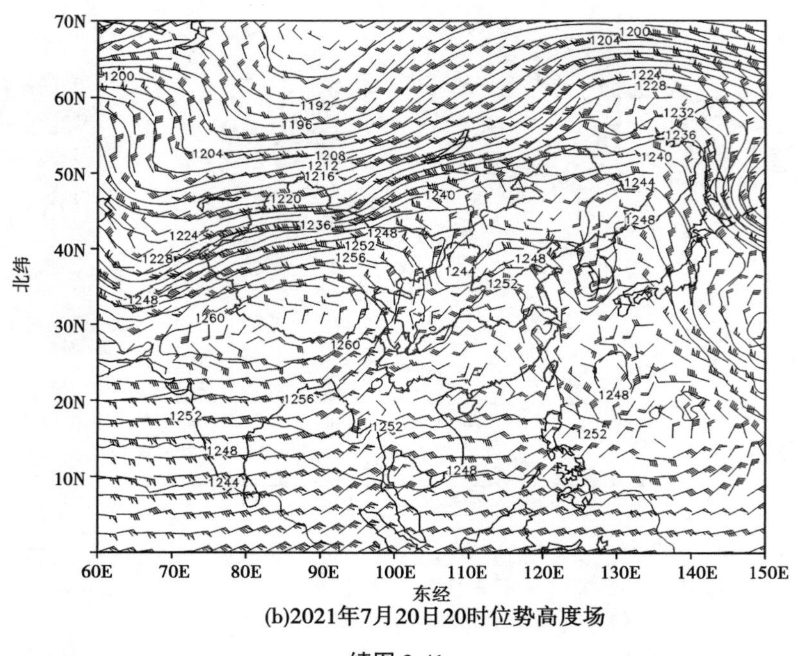

(b)2021年7月20日20时位势高度场

续图 2-41

2. 西太平洋副热带高压(简称副高)

在500 hPa等压面上(见图2-42),华北地区是典型的"西低东高"暴雨环流形势,同时副高西伸,位置偏北,强度偏强,河南省正好位于大陆高压和西太平洋副高之间南侧的低压区,有利于增强对流层低层气流上升运动,为暴雨的发生创造了有利的垂直抬升动力条件。

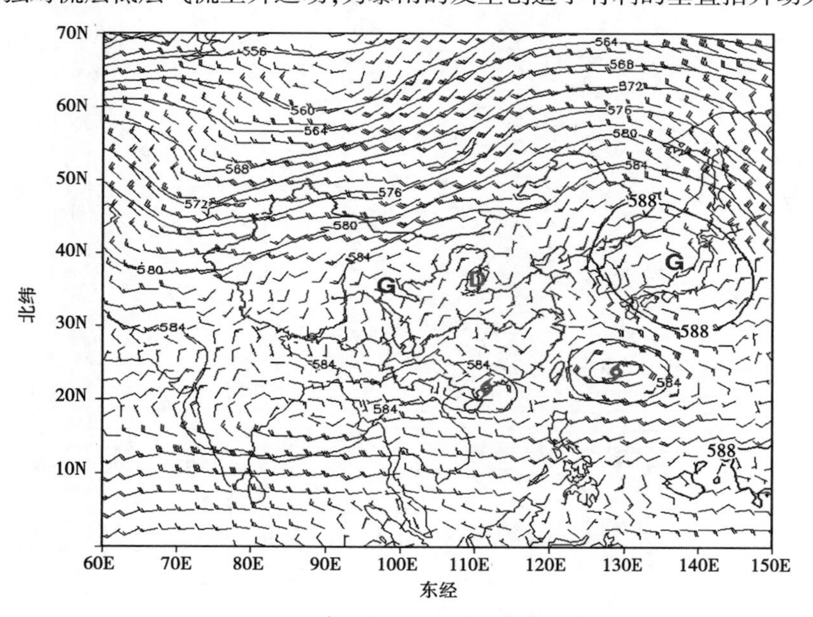

(a)2021年7月18—22日平均位势高度场

图 2-42 500 hPa 平均位势高度场

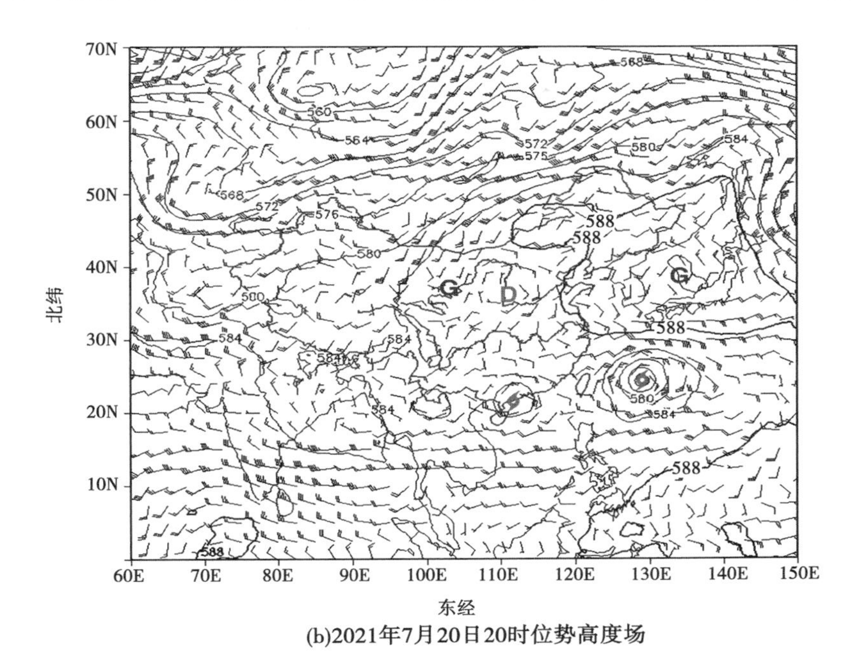

(b)2021年7月20日20时位势高度场

续图 2-42

3. 低涡

从 17 日 8 时至 22 日 8 时,受异常偏强的大陆高压和副高影响,主要位于对流层低层的低涡系统中心(见图 2-43)从郑州以东缓慢西移到郑州以西,同时,“偏东—东南”气流携带充沛的水汽,遇到太行山脉及伏牛山等地形阻挡被迫抬升,导致强降雨在郑州附近长时间维持。

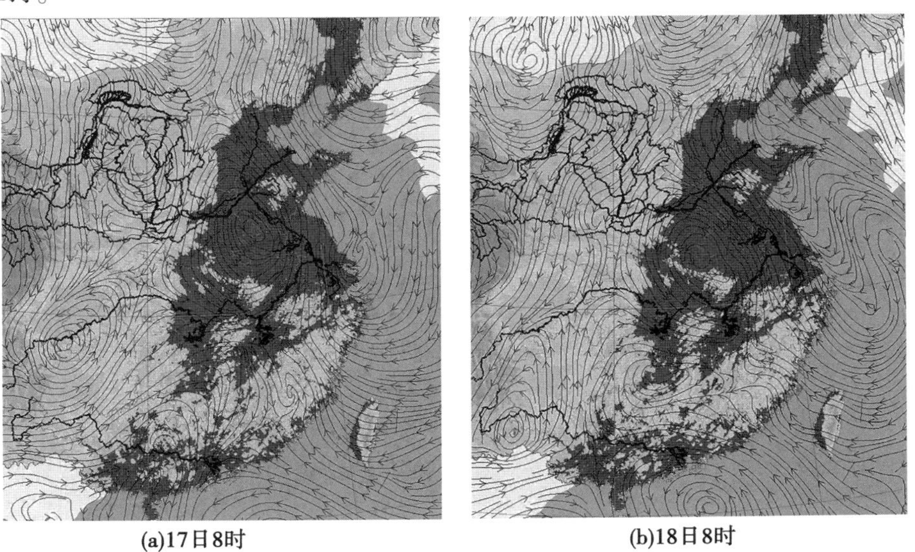

(a)17日8时　　(b)18日8时

图 2-43　2021 年 7 月 17—22 日 700 hPa 流场分布

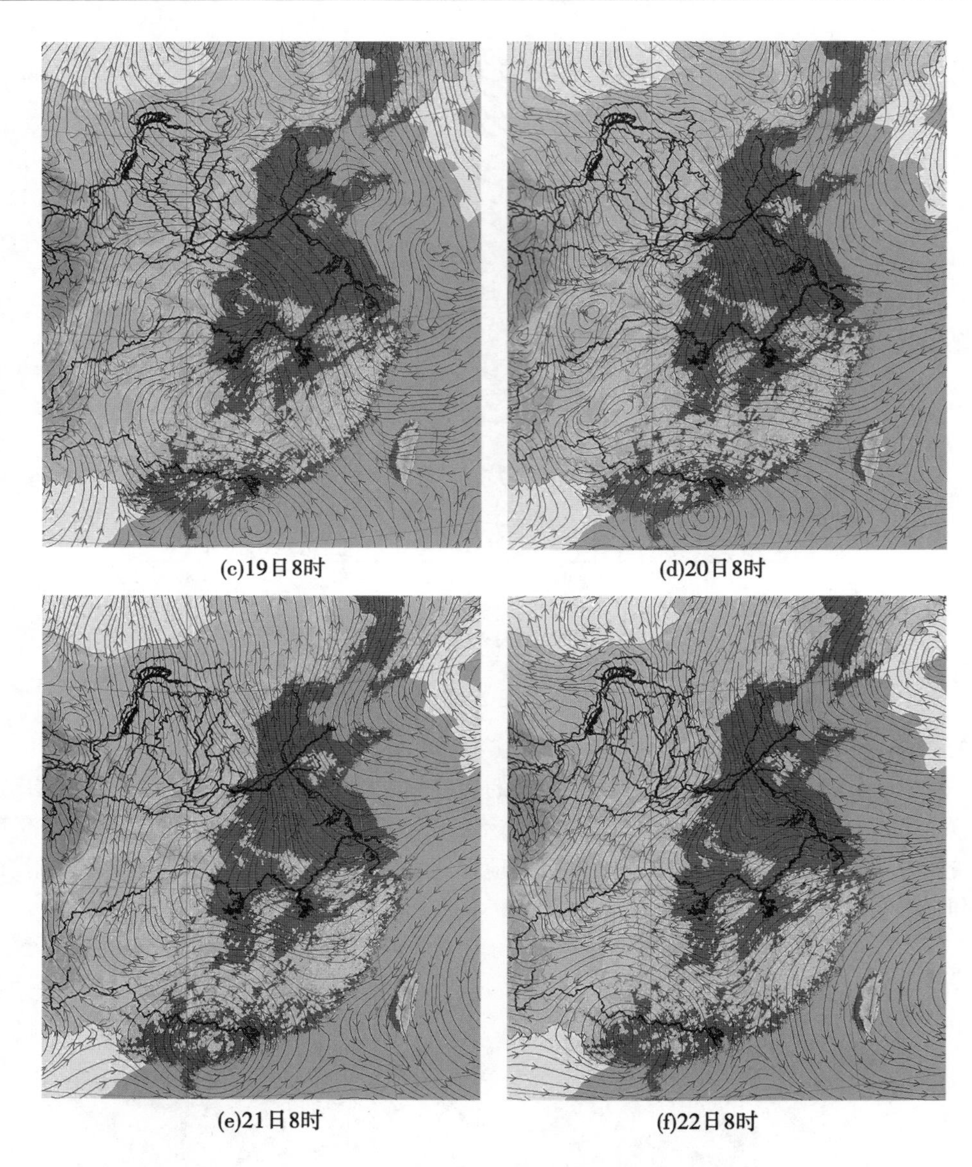

(c)19日8时　　(d)20日8时

(e)21日8时　　(f)22日8时

续图 2-43

4. 水汽通道

7 月 18 日,2021 年第 6 号台风“烟花”在西北太平洋洋面上生成,虽然该热带气旋在距离我国大陆大约 1 000 km 的洋面上,但却远程控制了这次河南的暴雨。降雨过程中,河南处于副高边缘,对流不稳定、能量充足,同时,7 号台风“查帕卡”在华南沿海登陆。在“烟花”和副高的气流引导下,大量的水汽通过偏东风源源不断地从海上输送到陆地,为河南省强降雨提供了充沛的水汽来源。从图 2-44 中水汽通量分布可明显看出,台风“烟花”北侧和“查帕卡”东侧气旋性暖湿气流西进北上,合并后携带大量水汽西北向输送至内陆,恰好在河南郑州附近形成强烈的水汽辐合区。稳定维持的副高阻挡了台风北上,使得水汽供给稳定。早在暴雨发生前,副高外围的气流就与双台风环流共同作用,形成的东南暖湿气流携带了大量水汽,这股暖湿低空急流一路北上,将水汽源源不断地从洋面输送到河南地区,为后续暴雨的发展打开了水汽通道。

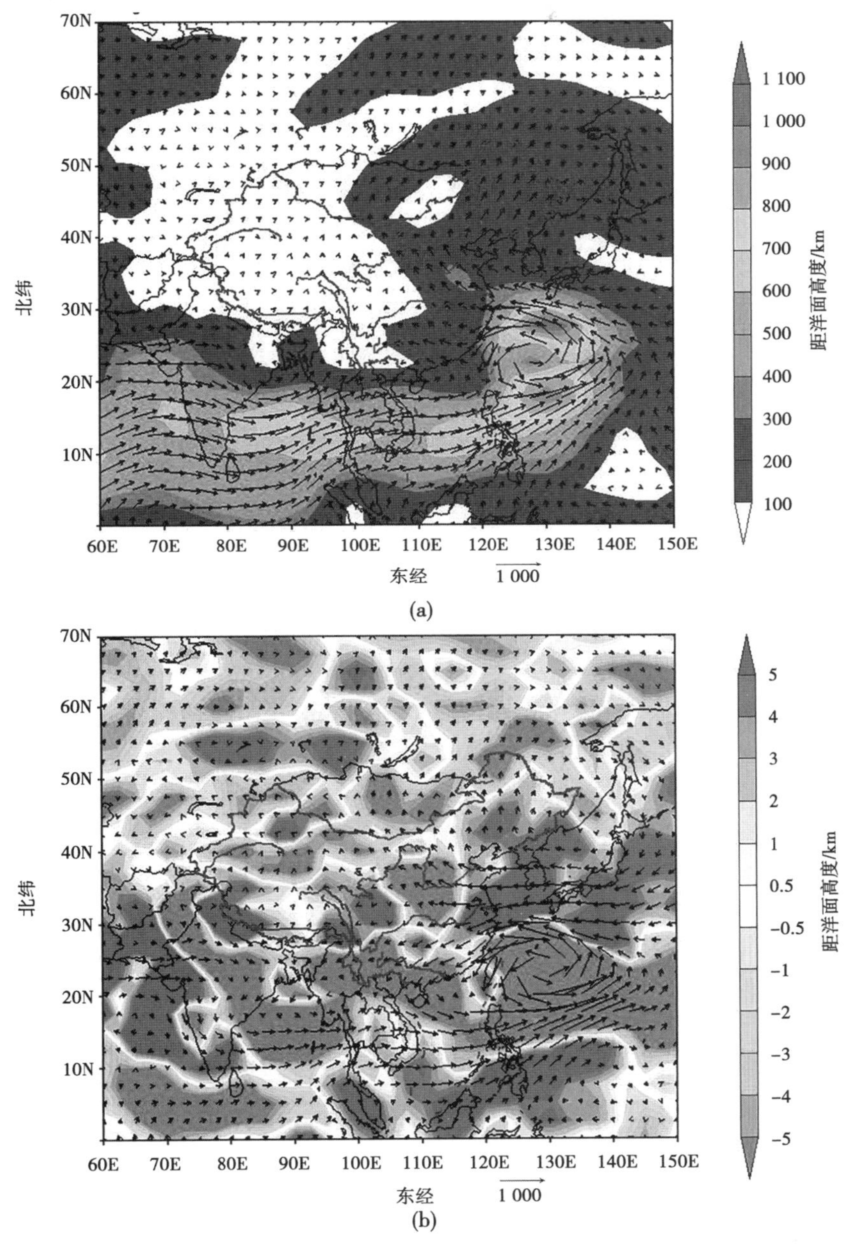

矢量为水汽输送距平场(单位 kg/(s·m)),阴影区为水汽输送辐合辐散距平场[单位 10^{-5} kg/(s·m^2)]。

图 2-44　2021 年 7 月 18—22 日平均对流层(3 00~1 000 hPa)整层积分水汽输送平均场及水汽输送距平场与辐合辐散距平场

5. 地形作用

由于郑州地区及三花区间大部地区位于太行山脉南端、伏牛山北侧,处于地形造就的

“喇叭口”开口方向，当西太平洋副高南侧的东南急流携带水汽输送至郑州北侧时，受地形的抬升作用明显，同时遇到太行山脉的阻挡，近地面层风向发生逆时针偏转，并与来自南方的气流汇聚在郑州上空及其西侧，形成了明显的切变线。这种形势导致水汽在此区域内堆积，为后续的极端降雨提供了充足的水汽来源。

6. 对流系统动态

7 月 18 日至 22 日，降雨主要可分成三个不同的阶段：自东向西的较松散的降雨系统移动过程、对流系统在河南形成并加强过程、对流从南向北合并加强过程。其中，7 月 20 日，对流云团通过进一步组织化、合并加强，成为此次过程中的最强降雨日。

黄淮流域雷达拼图显示，本次降雨过程可以分为以下三个阶段。

（1）第一阶段：河南、山西一带降雨系统自东向西发展。

19 日 0—11 时，降雨系统由河南东北部向山西中南部移动，该阶段的降雨系统结构较为松散。

（2）第二阶段：副高和台风相互作用为“江苏—安徽—河南”输送大量水汽，对流系统形成并发展。

19 日 11—24 时，在“江苏—安徽—河南”一带（方向：自东南向西北），大量的对流系统形成、发展，并向郑州方向汇聚。在此过程中，河南北部的降雨回波迅速增强。20 日 0—12 时，一片强回波区（30～45 dBZ）盘踞在河南中北部，并向北偏东方向缓慢地移动。郑州东南许昌和漯河一带初生的对流回波团在向西北缓慢移动过程中，逐渐组织化，降雨强度增强，在郑州区域形成强降雨。

（3）第三阶段：强对流系统由河南南部发生发展并沿京广线西侧进入雨区，降雨进一步增强。

20 日 12—24 时，由南向北移动的对流系统不断汇入河南中北部，使当地降雨进一步增强，郑州站当日 16—17 时观测到了 201.9 mm 的创纪录小时雨量。21 日 0—9 时，雨带影响的范围逐渐向北发展，强降雨带依然盘踞在河南北部。21 日 9—14 时，雨带沿洛阳—郑州—开封一带分裂成两部分，北部继续向北发展，影响范围扩大至河北，整个降雨系统逐渐松散，郑州区域剧烈的雨情暂时缓解。

（二）暴雨概况

1. 暴雨过程

2021 年 7 月 17 日至 23 日，华北、华中地区出现持续性强降雨天气，多地出现暴雨、大暴雨，部分地区出现特大暴雨。此次强降雨过程覆盖海河、黄河及淮河流域部分地区，具有持续时间长、累积雨量大、强降雨范围广、强降雨时段集中等特点。过程累计最大点雨量新乡市龙水梯站 1 159 mm，郑州市新密市白寨气象站 993.1 mm，郑州市中原区尖岗水库站 989.5 mm，新乡市凤泉区分将池雨量站 970 mm，焦作市修武县东岭后雨量站 953 mm，卫辉市猴头脑雨量站 948 mm，新乡市凤泉区耿庄雨量站 941 mm、凤泉区雨量站 938 mm，鹤壁市淇县大水头雨量站 927 mm，新乡市水文局雨量站 914 mm，新乡市政府雨量站 909 mm。过程累计 100 mm 以上降雨笼罩面积 10.9 万 km^2，200 mm 以上降雨笼罩面积 6.4 万 km^2，400 mm 以上降雨笼罩面积 2.22 万 km^2，共有 411 站累计雨量大于 500 mm，647 站累计雨量大于 400 mm，1 924 站累计雨量达 100～400 mm（见表 2-12、表 2-13）。

17日至18日降雨出现在河南北部，焦作、新乡、鹤壁、安阳局部地区有大暴雨；19日至20日降雨加强，暴雨中心南移，在郑州发生长时间、高强度的特大暴雨；21日至22日暴雨中心再次北移至河南北部，新乡、鹤壁、安阳出现大暴雨，局部特大暴雨；23日降雨逐渐减弱结束。郑州、新乡、鹤壁三个地级市80%以上降雨主要集中在两天内，郑州市集中在19日至20日，20日下午，小时雨强猛增。特大暴雨主要出现在19日至21日，先后在河南中部（19日8时至21日8时）和北部（20日8时至22日8时）形成两个特大暴雨中心。

表2-12　7月17—23日累计降雨特征统计

区间	面雨量/mm	200 mm以上降雨笼罩面积/万 km^2	累计最大点雨量/mm
海河流域	500.8	1.3	龙水梯站1 159
黄河流域	203.9	1.8	环翠峪站963
淮河流域	167.7	2.8	尖岗水库站989.5

表2-13　7月17—23日逐日降雨特征统计

项目	7月17日	7月18日	7月19日	7月20日	7月21日	7月22日	7月23日
暴雨笼罩面积/万 km^2	0.006	2.3	6.8	8.1	9.3	0.7	0
大暴雨笼罩面积/万 km^2	0	0.2	2.1	3.1	3.5	0	0
最大点雨量/mm	淮河流域	海河流域	黄河流域	淮河流域	海河流域	长江流域	淮河流域
	黄家岗112	南坪235	小关399	尖岗719.3	大水头604	涧沟253	二郎庙68

2.暴雨特点

1）降雨持续时间长

7月17日至23日，河南省持续降暴雨到大暴雨，全省累计面降雨量208 mm，其中鹤壁市和郑州市累计面降雨量分别高达650 mm和549 mm；部分地市累计面平均降雨量和过程最大点雨量见表2-14。本次暴雨可分为前期（7月18日至20日）和后期（7月21日至23日），前期郑州市、新乡市为主要降雨地区且有两个暴雨中心，南部中心在郑州市尖岗水库站，累计降雨量达989.5 mm，北部中心在新乡市龙水梯站，累计降雨量达1 159 mm。后期暴雨中心在鹤壁市大水头站，累计降雨量达927 mm。

其中，郑州市降雨持续时间长达120 h，最强降雨时段为19日下午至21日凌晨。17日至18日为分散性降雨，较强降雨出现在郑州市西部的巩义市、登封市；19日下午至20日凌晨，巩义、荥阳、登封、新密等降雨加强；20日午后降雨区向城市中心区扩展，强度强烈发展，16—18时，有18站次小时降雨量超过100 mm，郑州市气象局出现201.9 mm的极端小时雨强，强降雨持续至21日凌晨（见表2-14）。

表 2-14 7 月 17—23 日河南省各地市累计降雨量统计

市	平均降雨量/mm	过程最大点		最大日雨		
		站名	雨量值/mm	站名	雨量值/mm	出现时间
平顶山	305	南沟	708	南沟	380	7 月 19 日
许昌	332	明理	508	明理	370	7 月 20 日
新乡	546	龙水梯	1 159	龙水梯	506.5	7 月 19 日
郑州	549	尖岗	989.5	尖岗	719.3	7 月 20 日
焦作	467	东岭后	952.5	东岭后	342	7 月 21 日
鹤壁	650	大水头	927	大水头	603.5	7 月 21 日
安阳	474	张家岗	799.5	张家岗	577	7 月 21 日
全省	208	龙水梯	1 159			

2)累计雨量大

鹤壁市平均降雨量 650 mm,较多年平均降雨量(616 mm)偏多 5%,较多年汛期平均降雨量(455 mm)偏多 43%;郑州市平均降雨量 549 mm,占多年平均降雨量(637 mm)的 86%,较多年汛期平均降雨量(417 mm)偏多 32%;新乡市平均降雨量 546 mm,占多年平均降雨量(653 mm)的 84%,较多年汛期平均降雨量(479 mm)偏多 14%。

河南省共有 21 个站日降雨量突破有记录以来历史最大值。最大 6 h 降雨量郑州市中原区尖岗水库站 485.3 mm、常庄水库站 470.3 mm;最大 24 h 降雨量郑州市中原区尖岗水库站 754.4 mm、常庄水库站 715.9 mm(见表 2-15)。

表 2-15 "21 · 7"暴雨洪水代表站逐日降雨量　　单位:mm

时间	郑州	尖岗	常庄	王宗店	官山	新村
7 月 19 日	108	168.8	138.3	302.6		
7 月 20 日	624	719.3	672.9	473.8	162.4	136.1
7 月 21 日	45	60.3	58	78	434.6	583.6
7 月 22 日					166.2	18.8

3)覆盖范围广

雨区覆盖郑州市全境和河南省新乡、鹤壁、焦作和安阳等多座城市,河南全省超 500 mm 暴雨笼罩面积约 1.15 万 km^2(见表 2-16)。

表 2-16 "21-7"暴雨降雨笼罩面积信息　　单位:万 km^2

暴雨中心地点	市	时段	中心降雨量/mm	A400	A500	A600	A800
尖岗	郑州	7 月 17 日 8 时至 24 日 8 时	989.5	2.22	1.15	0.74	0.031
龙水梯	新乡		1 159				

注:A400、A500、A600、A800 分别为 400 mm、500 mm、600 mm、800 mm 降雨等值线笼罩的面积。

其中,郑州市累计降雨量 600 mm、500 mm、400 mm 以上面积分别为 2 068 km^2、4 270 km^2、5 590 km^2,分别占郑州市国土面积的 27.77%、57.35%及 75.07%。全省 411 站累计

雨量超过 500 mm,647 站累计雨量大于 400 mm,1 924 站累计雨量达 100~400 mm。

4)短历时降雨极强

尖岗站最大日雨量 719.3 mm,为建站以来最大日雨量(180.9 mm,2008 年 7 月 13 日)的 4 倍;郑州市最大日雨量 624.1 mm(20 日 8 时至 21 日 8 时),为建站以来最大日雨量(182.5 mm,1978 年 7 月 2 日)的 3.5 倍。郑州市最大小时降雨量 201.9 mm(7 月 20 日 16—17 时),突破我国大陆气象观测记录历史极值,常庄站最大小时降雨量 192.1 mm(20 日 15—16 时)。

二七区、中原区、金水区小时雨强极大,主要降雨时段集中在 20 日的 15—18 时,其中 16—18 时有 18 站次小时降雨量超过 100 mm。阜外医院附近 20 日 16—18 时有 3 个站次小时雨量超过 100 mm。

20 日 15 时至 18 时 3 h 降雨量:尖岗水库站 343.4 mm,占当天日降雨量(719.3 mm)的 48%;地震局雨量站 300 mm,占当天日降雨量(609.5 mm)的 50%;常庄水库站降雨量 364.6 mm,占当天日降雨量(672.9 mm)的 54%;五龙口停车场附近的中原区政府站(距离 4.3 km)283.0 mm(见表 2-17)。

表 2-17　"21·7"暴雨洪水代表站最大降雨量历时关系　单位:mm

降雨历时/h	郑州	尖岗	常庄	王宗店	官山	新村
1	201.9	156.7	192.1	107.2	46	93.8
3	311	343.4	364.6	217	118.8	223.7
6	391	485.3	470.3	301.6	215.2	341.5
12	506	618.1	574	455.6	315.8	400.3
24		754.4	715.9	626.4	444.8	583.6

21 日 8 时至 22 日 8 时,流域降水特征值见表 2-18。

表 2-18　7 月 18—22 日流域降水特征值

区间	面雨量/mm	250 mm 以上降水笼罩面积/万 km^2	累计最大点雨量/mm
海河流域	68.4(全流域)	2.1	龙水梯 1 159
黄河流域	16.8(全流域)	1.3	刘河 861
淮河流域	41.6(全流域)	1.4	尖岗水库 990

7 月 18—22 日逐日降雨特征统计见表 2-19,累计面雨量分别见图 2-45~图 2-49。

表 2-19　7 月 18—22 日逐日降雨特征统计

项目	7 月 18 日	7 月 19 日	7 月 20 日	7 月 21 日	7 月 22 日
暴雨笼罩面积/万 km^2	2.3	6.8	8.1	9.3	0.7
大暴雨笼罩面积/万 km^2	0.2	2.1	3.1	3.5	0
最大点雨量/mm	海河流域	黄河流域	淮河流域	海河流域	黄河流域
	南坪 235	小关 399	尖岗 719.3	新村 615	尖角 232

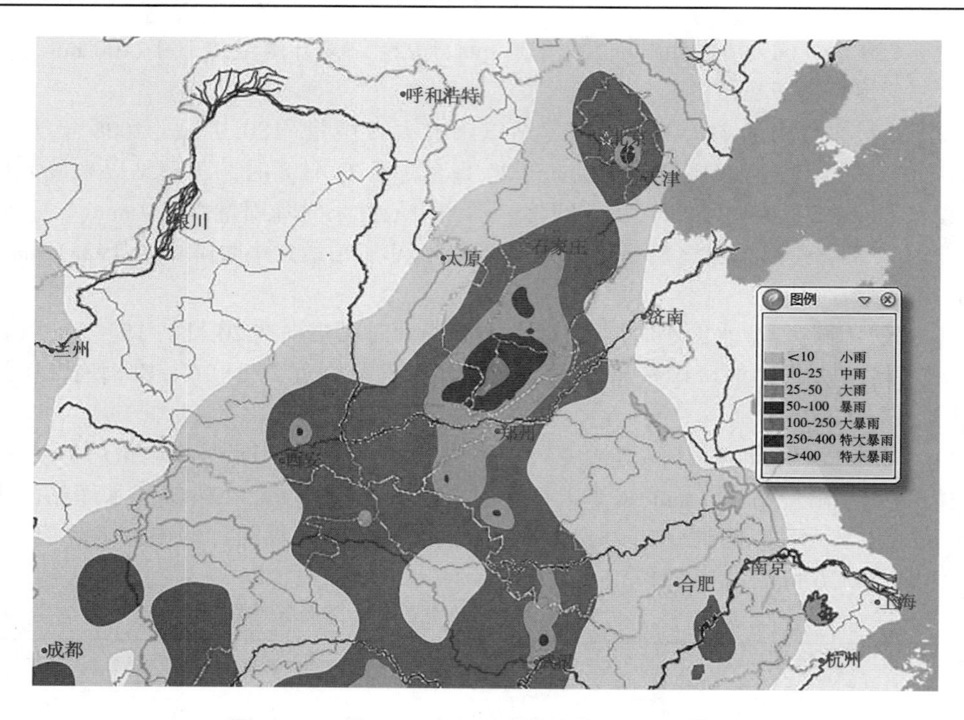

图 2-45　7 月 18 日降雨累计面雨量　（单位：mm）

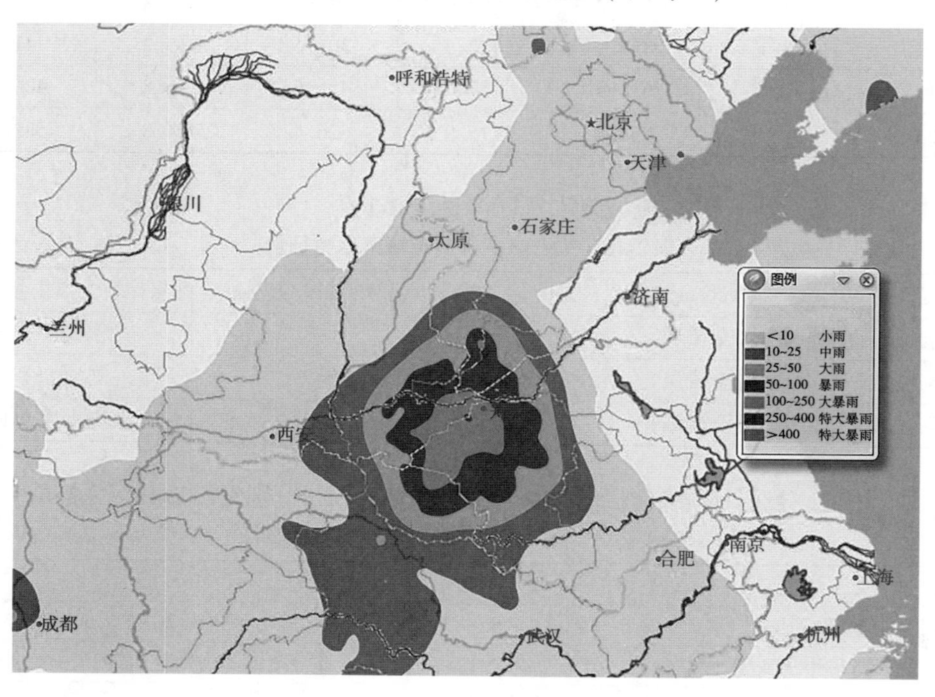

图 2-46　7 月 19 日降雨累计面雨量　（单位：mm）

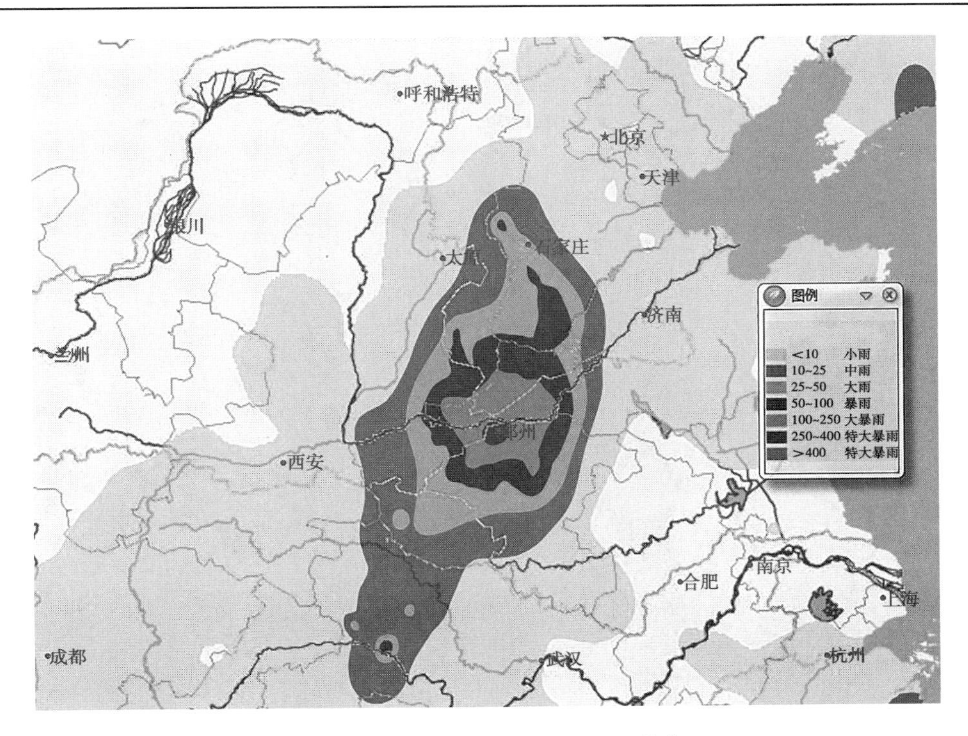

图 2-47　7 月 20 日降雨累计面雨量　（单位:mm）

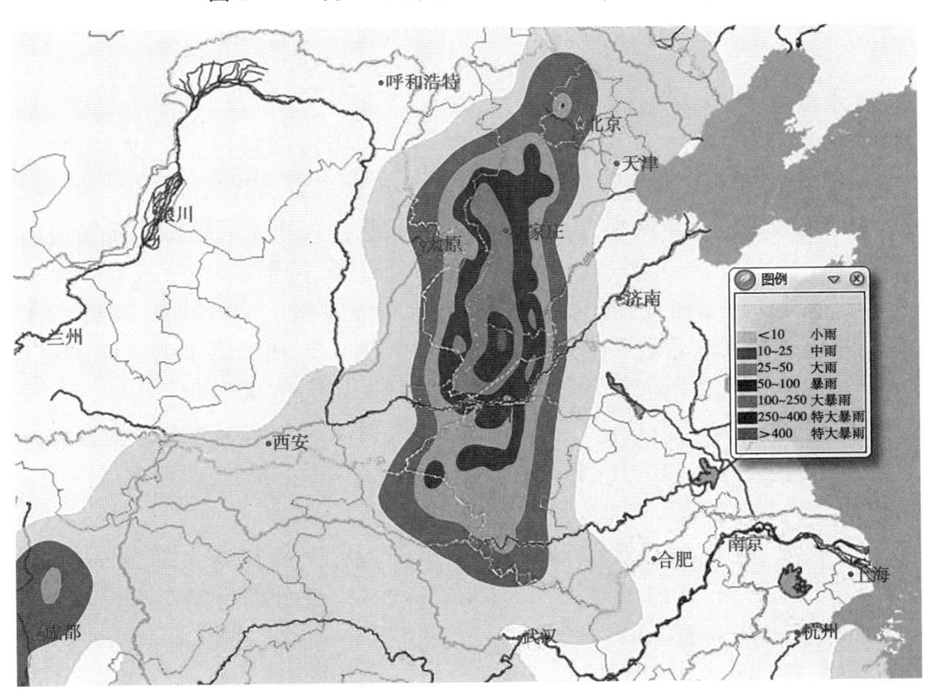

图 2-48　7 月 21 日降雨累计面雨量　（单位:mm）

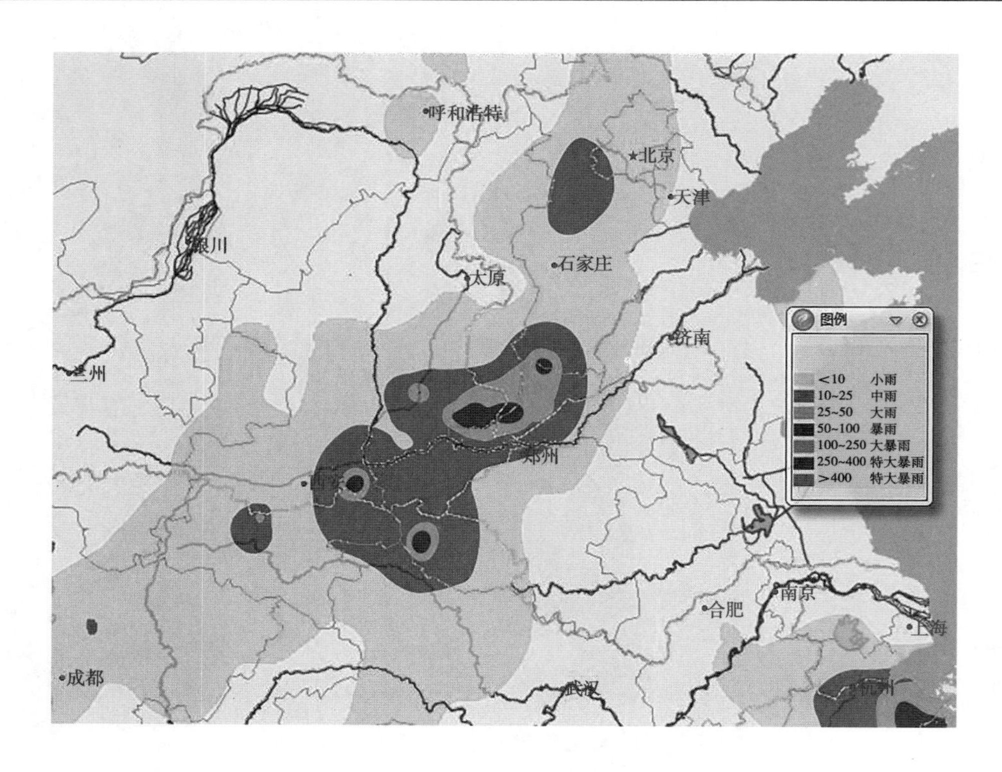

图 2-49　7 月 22 日降雨累计面雨量　（单位：mm）

（三）洪水概况

7 月中下旬，卫河淇门以上出现大洪水，卫河上游出现区域性特大洪水，贾鲁河出现大洪水，贾鲁河上游出现区域性特大洪水，卫河、共产主义渠、淇河、安阳河、伊洛河、澧河、小洪河 7 条河道出现超保证洪水，沁河、沙河、颍河、惠济河 4 条河道出现超警洪水。卫河流域相继启用了广润坡、崔家桥、良相坡、共渠西、长虹渠、柳围坡、白寺坡和小滩坡 8 个蓄滞洪区分滞洪水。9 月下旬，白河上游出现区域性特大洪水。全省共有 14 处水文站出现了有实测记录以来最大流量或最高水位。鸭河口大型水库和尖岗中型水库超设计水位，孤石滩、小南海、河口村 3 座大型水库超全赔水位，17 座大型水库和 52 座中型水位超汛限水位。盘石头、小南海、窄口、河口村、燕山、前坪、鸭河口 7 座大型水库和唐岗、坞罗、尖岗、常庄、丁店、楚楼、后胡、纸坊（登封）、五星、李湾、佛耳岗、安沟、彭河 13 座中型水库出现建库以来最高库水位。

修武、合河、汲县（现为卫辉市）、黄土岗、淇门、刘庄、新村水文站分别超保证水位 0.15 m、0.99 m、1.55 m、2.17 m、1.63 m、1.05 m、2.13 m，分别超保证水位历时 15 h、97 h、92 h、164 h、77 h、76 h、203 h。

中牟、新郑、扶沟水文站分别超保证水位 0.95 m、0.02 m、1.54 m，分别超保证水位历时 42 h、47 min、258 h（见表 2-20）。

表 2-20　“21·7”洪水主要河道控制站最高水位(最大流量)超历史极值及超警(超保)情况统计

流域/水系	河流	站名	最高水位/m	最大流量/(m^3/s)	设防水位/m		超设防水位幅度/m		超设防水位历时/h	
					警戒	保证	超警	超保	超警	超保
卫河	大沙河	修武	83.65	510	82	83.50	1.65	0.15	121	15
	共产主义渠	合河(共)	76.79	1 420	74	75.80	2.79	0.99	377	97
	共产主义渠	黄土岗	73.67	1 120	70	71.50	3.67	2.17	278	164
	卫河	汲县	72.75	270	69.20	71.20	3.55	1.55	288	92
	共产主义渠	刘庄	67.25	558	64.44	66.20	2.81	1.05	308	76
	卫河	淇门	68.03	477	64.1	66.40	3.93	1.63	328	77
	卫河	五陵	56.44	861	56	57.89	0.44	—	120	—
	卫河	元村	47.98	926	47.68	49.68	0.30	—	76	—
	淇河	新村	100.53	965	—	99.50	—	1.03	—	203
	安阳河	安阳	75.01	2040	73.18	75.18	1.83	—	8	—
沙颍河	贾鲁河	中牟	79.40	610	77.50	78.45	1.90	0.95	59	42
	双洎河	新郑	103.14	1 470	101.00	103.12	2.14	0.02	31	1
	贾鲁河	扶沟	59.54	331	—	58.00	—	1.54	—	258
	颍河	周口	48.16	2 000	46.10	49.83	2.06	—	162	—
	颍河	槐店	37.94	2 250	37.86	40.43	0.08	—	21	—
洪汝河	小洪河	杨庄	64.53	283	64.50	67.30	0.03	—	8	—
	小洪河	桂李	60.95	277	60.50	63	0.45	—	22	—
	小洪河	五沟营	55.67	273	55.29	56.49	0.38	—	25	15
涡河	惠济河	大王庙	58.65	107	57.40	59.40	1.25	—	10	—
黄河	沁河	武陟	106.01	1 510	105.67	—	0.34	—	22	—

"21 · 7"径流系数分析，豫北卫河流域径流系数基本上为 0.2~0.3，贾鲁河上游径流系数为 0.311~0.366，中下游不到 0.2，白河鸭河口上游径流系数平均 0.551 左右(见表 2-21)。

表 2-21　"21 · 7"洪水主要水文断面径流系数统计

河流	控制站	流域面积/km^2	径流量/亿 m^3	径流深/mm	面雨量/mm	径流系数 α
卫河(共产主义渠)	修武	1 287	1.454	113.0	476.0	0.237
	合河	4 061	6.089	149.9	572.0	0.262
	黄土岗	5 050	6.102	120.8	598.0	0.202
	汲县	330	1.54	466.7	900.0	0.519
	淇门	8 427	13.93	165.3	603.0	0.274
	五陵	9 393	13.21	140.6	580.0	0.242
	元村	14 286	17.08	119.6	557.0	0.215
淇河	盘石头	1 915	3.311	172.9	606.4	0.285
	新村	2 118	3.762	177.6	622.0	0.286
安阳河	横水	562	0.531	94.5	464.0	0.204
	小南海	850	0.815	95.9	496.4	0.193
	安阳	1 484	2.226	150.0	599.0	0.250
贾鲁河	尖岗	113	0.290	256.6	825.9	0.311
	常庄	82	0.213	259.8	710.0	0.366
	中牟	2 106	2.332	110.7	592.0	0.187
	新郑	1 079	1.062	98.4	611.5	0.161
	扶沟	5 710	2.772	48.5	456.6	0.106
沙颍河	白沙	985	1.387	140.8	434.5	0.324
	昭平台	1 430	2.762	193.1	375.6	0.514
	白龟山	2 740	4.723	172.4	309.2	0.558
	孤石滩	286	0.193	67.5	207.8	0.325
	燕山	1 169	0.757	64.8	167.5	0.387
白河	白土岗	1 134	0.764	67.3	231.9	0.29
	李青店	613	1.145	186.8	325.3	0.574
	口子河	421	0.633	150.4	274.0	0.549
	鸭河口	3 030	4.260	140.6	255.2	0.551

1. 卫河水系

受暴雨影响，卫河淇门以上出现大洪水，上游出现区域性特大洪水；卫河、共产主义渠、淇河、安阳河4条河流出现超保证洪水，大沙河修武站，共产主义渠合河站、黄土岗站、刘庄站，卫河汲县站、淇门站、五陵站，安阳河横水站出现有实测记录以来最高水位或最大流量。

1）卫河

（1）修武站。7月18日8时起涨水位79.19 m，相应流量5.05 m^3/s，20日23时40分水位涨至82.01 m，超过警戒水位（82.00 m）0.01 m，流量104 m^3/s；22日14时29分水位涨至83.51 m，超过保证水位（83.50 m）0.01 m，流量410 m^3/s；22日18时出现洪峰流量510 m^3/s，超有实测记录以来最大流量（203 m^3/s）307 m^3/s，超保证流量（230 m^3/s）280 m^3/s，洪峰水位83.65 m，超有实测记录以来最高水位（83.02 m）0.63 m，超保证水位0.15 m，超警戒水位1.65 m；23日5时30分，水位落至保证水位，超保证水位历时15 h；25日23时30分，水位落至警戒水位，超警戒水位历时121 h。最大3 d洪量0.867亿 m^3，最大7 d洪量1.24亿 m^3，最大15 d洪量1.451亿 m^3，最大30 d洪量1.608亿 m^3（见图2-50）。

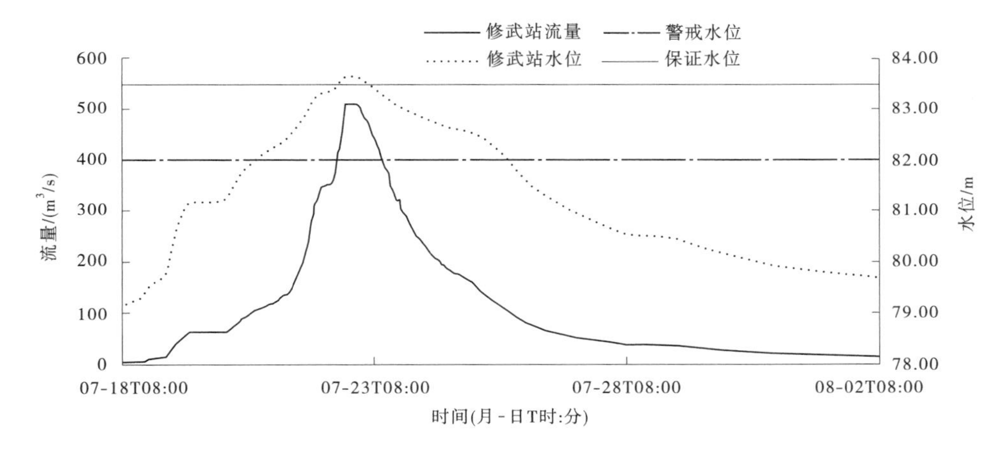

图2-50　2021年大沙河修武站“21·7”洪水水位-流量过程线

（2）汲县站。7月19日8时起涨水位67.07 m，相应流量6.65 m^3/s；20日18时30分水位涨至警戒水位69.20 m，22日13时水位涨至保证水位71.20 m；24日4时洪峰流量涨至270 m^3/s，超有实测记录以来最大流量（260 m^3/s），超保证流量（160 m^3/s）110 m^3/s，洪峰水位72.75 m，超过有实测记录以来最高水位（70.77 m）1.98 m，超保证水位（71.20 m）1.55 m，超警戒水位（69.20 m）3.55 m；26日19时水位落至71.19 m，低于保证水位0.01 m，相应流量195 m^3/s；8月1日18时30分水位落至警戒水位69.20 m，相应流量46.5 m^3/s；超保证水位历时92 h，超警戒水位历时288 h。最大3 d洪量0.624亿 m^3，最大7 d洪量1.125亿 m^3，最大15 d洪量1.51亿 m^3，最大30 d洪量1.666亿 m^3（见图2-51）。

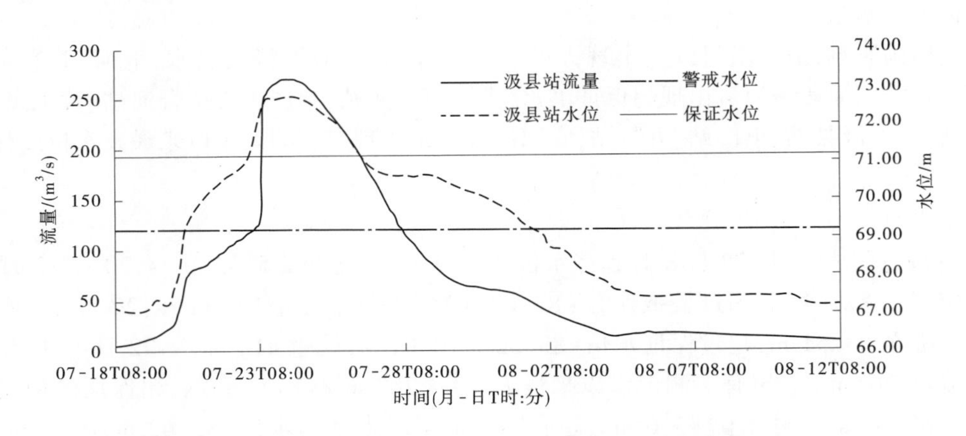

图 2-51　2021 年卫河汲县站“21 · 7”洪水水位-流量过程线

(3)淇门站。7 月 18 日 20 时起涨水位 60.45 m,相应流量 26.5 m^3/s;21 日 18 时水位涨至警戒水位 64.10 m,相应流量 156 m^3/s;22 日 9 时 50 分水位涨至保证水位 66.40 m,相应流量 309 m^3/s;23 日 0 时洪峰水位 68.03 m,超有实测记录以来最高水位(67.45 m)0.58 m,超保证水位(66.40 m)1.63 m,超警戒水位(64.10 m)3.93 m,相应流量 466 m^3/s;23 日 2 时 40 分洪峰流量 477 m^3/s,相应水位 67.92 m;25 日 15 时水位落至 66.39 m,低于保证水位 0.01 m,相应流量 327 m^3/s;8 月 4 日 10 时水位落至警戒水位 64.10 m,相应流量 108 m^3/s;超保证水位历时 77 h,超警戒水位历时 328 h。最大 3 d 洪量 0.988 亿 m^3,最大 7 d 洪量 1.916 亿 m^3,最大 15 d 洪量 3.03 亿 m^3,最大 30 d 洪量 4.074 亿 m^3(见图 2-52)。

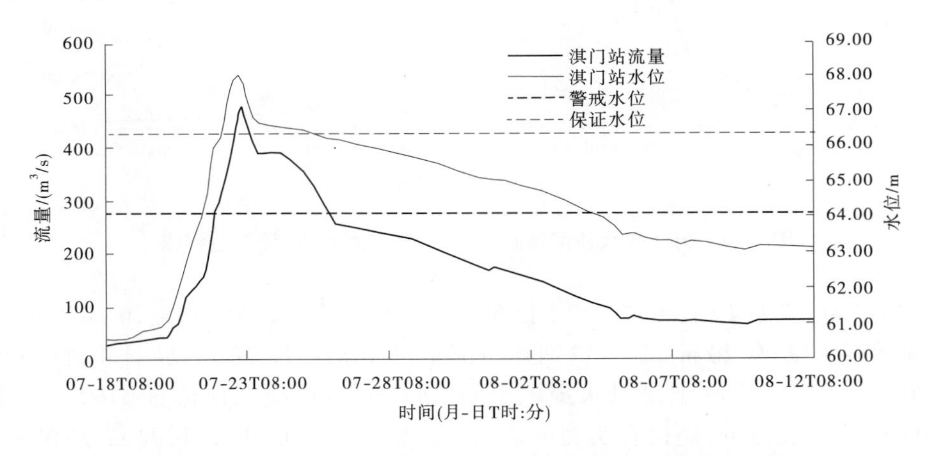

图 2-52　2021 年卫河淇门站“21 · 7”洪水水位-流量过程线

(4)五陵站。7 月 18 日 10 时起涨水位 48.99 m,相应流量 26.0 m^3/s;29 日 10 时 41 分水位涨至警戒水位 56.00 m,相应流量 733 m^3/s;31 日 11 时洪峰水位 56.44 m,超警戒水位 0.44 m,相应流量 860 m^3/s,16 时洪峰流量 861 m^3/s,超有实测记录以来最大流量(749 m^3/s)112 m^3/s;8 月 3 日 10 时水位落至 55.99 m,低于警戒水位 0.01 m,超警戒历

时 120 h。最大 3 d 洪量 2.203 亿 m^3,最大 7 d 洪量 4.768 亿 m^3,最大 15 d 洪量 8.981 亿 m^3,最大 30 d 洪量 13.25 亿 m^3(见图 2-53)。

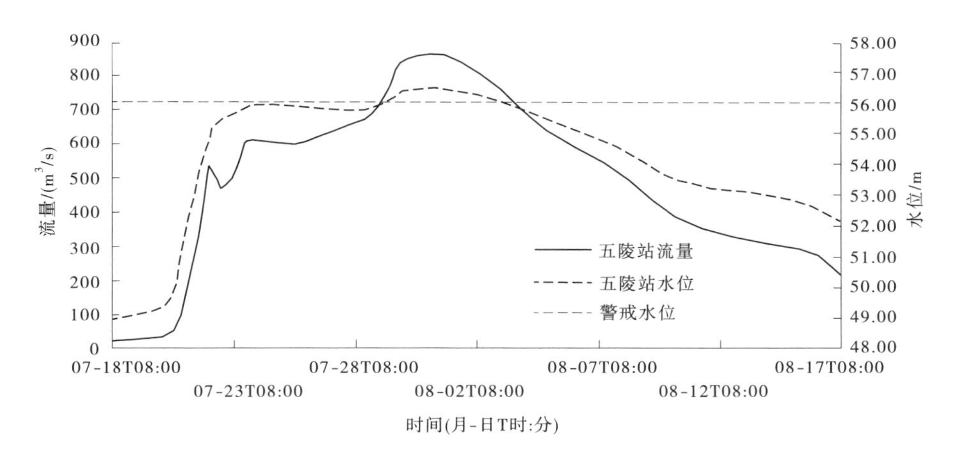

图 2-53 2021 年卫河五陵站“21 · 7”洪水水位-流量过程线

(5)元村站。7 月 18 日 18 时起涨水位 39.83 m,相应流量 36.0 m^3/s;23 日 23 时 30 分水位涨至警戒水位 47.68 m,相应流量 878 m^3/s;25 日 5 时洪峰水位 47.98 m,超警戒水位(47.68 m)0.30 m,洪峰流量 926 m^3/s;27 日 3 时水位落至警戒水位 47.68 m,相应流量 878 m^3/s,超警戒历时 76 h。最大 3 d 洪量 2.354 亿 m^3,最大 7 d 洪量 5.319 亿 m^3,最大 15 d 洪量 11.01 亿 m^3,最大 30 d 洪量 16.21 亿 m^3(见图 2-54)。

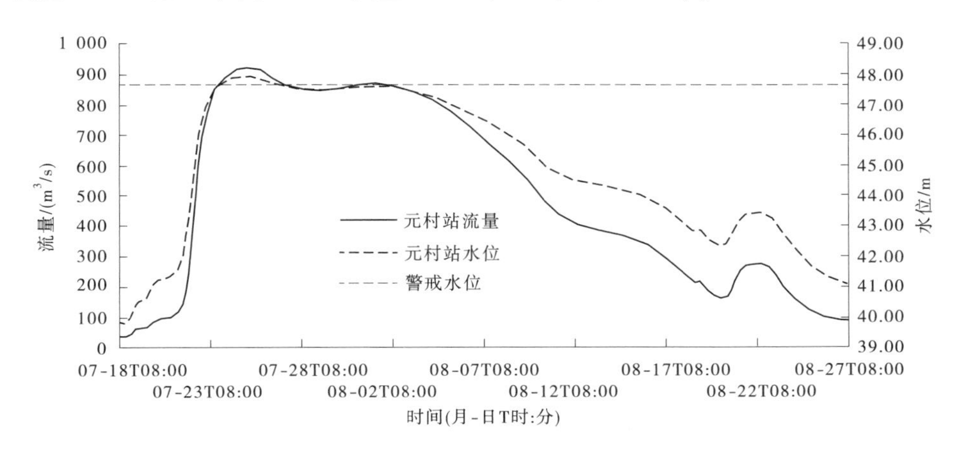

图 2-54 2021 年卫河元村站“21 · 7”洪水水位-流量过程线

2)共产主义渠

(1)合河站。7 月 18 日 8 时起涨水位 72.54 m,相应流量 7.87 m^3/s,20 日 3 时水位涨至警戒水位 74.00 m,相应流量 45.5 m^3/s;22 日 6 时 45 分水位涨至保证水位 75.80 m,相应流量 567 m^3/s;23 日 3 时洪峰流量 1 420 m^3/s,10 时洪峰水位 76.79 m,超有实测记录以来最高水位(75.90 m)0.89 m,超保证水位 0.99 m,超警戒水位(74.00 m)2.79 m;

26 日 7 时水位落至保证水位 75.80 m,相应流量 668 m^3/s;8 月 4 日 20 时水位落至警戒水位 74.00 m,相应流量 55.5 m^3/s;超保证水位历时 97 h,超警戒历时 377 h。最大 3 d 洪量 2.962 亿 m^3,最大 7 d 洪量 4.928 亿 m^3,最大 15 d 洪量 6.089 亿 m^3,最大 30 d 洪量 6.572 亿 m^3(见图 2-55)。

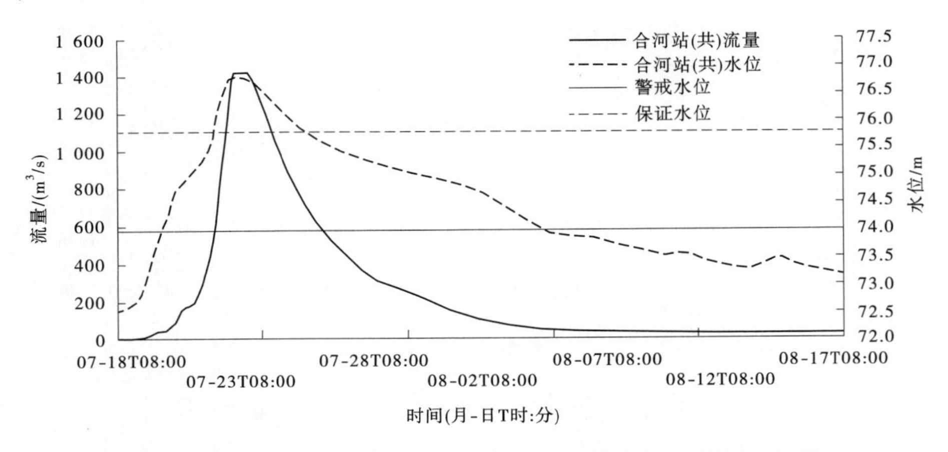

图 2-55　2021 年共产主义渠合河站"21 · 7"洪水水位-流量过程线

(2)黄土岗站。7 月 18 日 8 时起涨水位 67.07 m,相应流量 8.61 m^3/s,21 日 20 时 38 分水位涨至警戒水位 70.00 m,相应流量 129 m^3/s;22 日 7 时 30 分水位涨至保证水位 71.50 m,相应流量 255 m^3/s;24 日 0 时洪峰流量 1 120 m^3/s,洪峰水位 73.67 m,超保证水位 2.17 m,超警戒水位 3.67 m,超有实测记录以来最高水位(71.48 m)2.19 m;29 日 3 时水位落至保证水位 71.50 m,相应流量 440 m^3/s;8 月 2 日 10 时水位降至警戒水位 70.00 m,相应流量 184 m^3/s;超保证水位历时 164 h,超警戒历时 278 h。最大 3 d 洪量 2.482 亿 m^3,最大 7 d 洪量 4.457 亿 m^3,最大 15 d 洪量 5.956 亿 m^3,最大 30 d 洪量 6.662 亿 m^3(见图 2-56)。

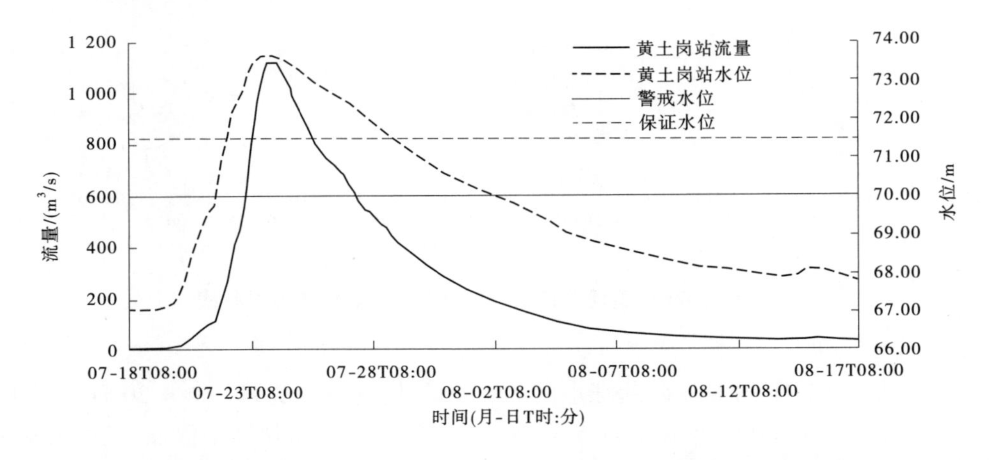

图 2-56　2021 年共产主义渠黄土岗站"21 · 7"洪水水位-流量过程线

(3)刘庄站。7月18日20时起涨,流量6.50 m^3/s,水位60.71 m;21日18时40分达到警戒水位64.44 m,相应流量194 m^3/s;22日9时30分达到保证水位66.20 m,相应流量368 m^3/s;22日19时洪峰水位67.25 m,相应流量526 m^3/s,超保证水位1.05 m,超警戒水位(64.44 m)2.81 m,超有实测记录以来最高水位(66.24 m)1.01 m;23日6时30分洪峰流量558 m^3/s,相应水位66.92 m;25日13时水位回落至保证水位66.20 m,相应流量501 m^3/s;8月3日14时水位回落至警戒水位64.44 m,相应流量211 m^3/s;超保证水位历时76 h,超警戒历时308 h。最大3 d洪量1.342亿 m^3,最大7 d洪量2.847亿 m^3,最大15 d洪量4.709亿 m^3,最大30 d洪量6.185亿 m^3(见图2-57)。

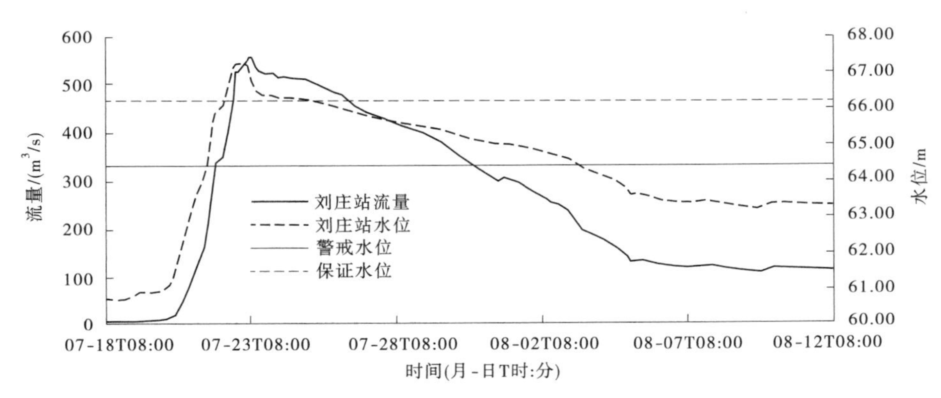

图2-57 2021年共产主义渠刘庄站“21·7”洪水水位—流量过程线

3)淇河

淇河新村站7月20日8时起涨水位97.14 m,流量1.90 m^3/s,21日13时33分水位涨至保证水位98.40 m,相应流量40.0 m^3/s;22日8时洪峰流量965 m^3/s,洪峰水位100.53 m,超保证水位2.13 m;30日1时水位落至保证水位98.40 m,相应流量35.7 m^3/s,超保证水位历时203 h。最大3 d洪量0.567亿 m^3,最大7 d洪量1.134亿 m^3,最大15 d洪量1.478亿 m^3,最大30 d洪量2.88亿 m^3(见图2-58)。

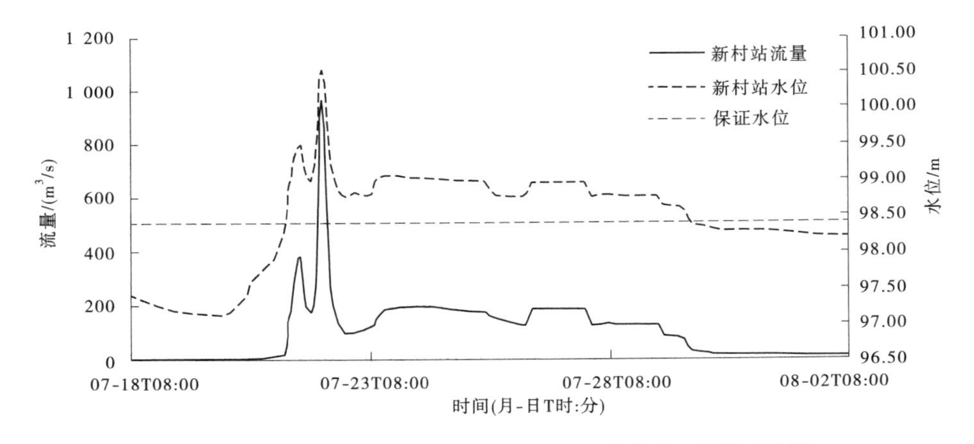

图2-58 2021年淇河新村站“21·7”洪水水位-流量过程线

4)安阳河

(1)横水站。7 月 20 日 8 时起涨水位 4.02 m,相应流量 35.0 m^3/s,22 日 7 时洪峰流量 592 m^3/s,洪峰水位 6.94 m,超有实测记录以来最高水位(6.80 m)0.14 m。最大 3 d 洪量 0.414 亿 m^3,最大 7 d 洪量 0.531 亿 m^3,最大 15 d 洪量 0.595 亿 m^3,最大 30 d 洪量 0.664 亿 m^3(见图 2-59)。

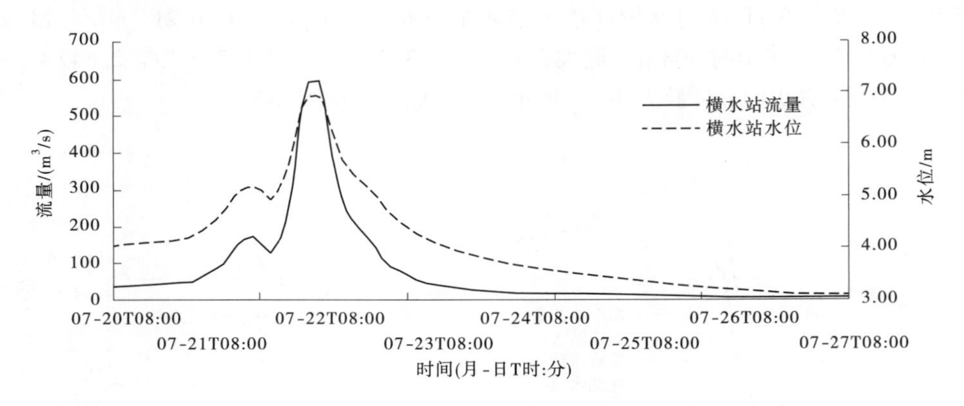

图 2-59　2021 年安阳河横水站"21·7"洪水水位-流量过程线

(2)安阳站。7 月 20 日 8 时起涨水位 67.50 m,相应流量 18.8 m^3/s;22 日 8 时 24 分水位涨至 73.21 m,超警戒水位(73.18 m)0.03 m,相应流量 1 200 m^3/s,12 时 30 分洪峰流量 2 040 m^3/s,洪峰水位 75.01 m,超警戒水位 1.83 m,16 时 30 分水位落至 72.88 m,低于警戒水位,超警戒水位历时 8 h。最大 3 d 洪量 1.379 亿 m^3,最大 7 d 洪量 1.632 亿 m^3,最大 15 d 洪量 1.91 亿 m^3,最大 30 d 洪量 2.216 亿 m^3(见图 2-60)。

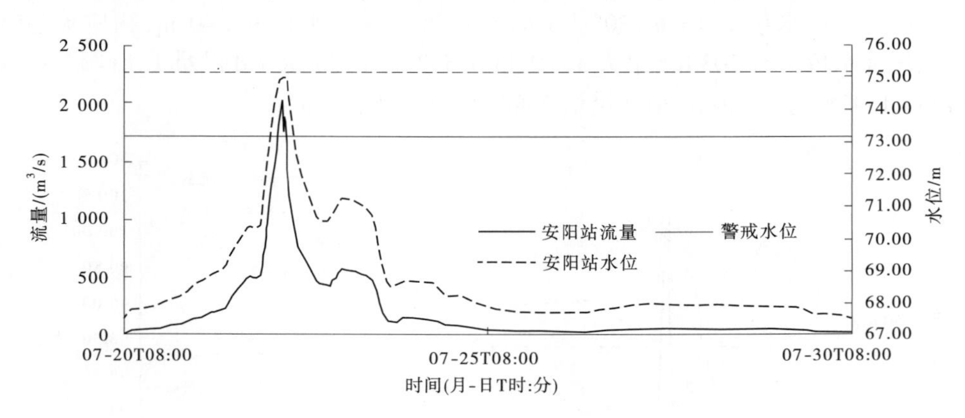

图 2-60　2021 年安阳河安阳站"21·7"洪水水位-流量过程线

2. 淮河支流水系

1)贾鲁河

(1)中牟站。7 月 18 日 8 时起涨水位 74.20 m,相应流量 32.0 m^3/s,20 日 16 时水位

涨至 77.56 m,超警戒水位(77.50 m)0.06 m,相应流量 338 m^3/s;20 日 20 时水位涨至 78.47 m,超保证水位(78.45 m)0.02 m,相应流量 485 m^3/s;21 日 6 时洪峰流量 610 m^3/s,超有实测记录以来最大流量(245 m^3/s)365 m^3/s,14 时洪峰水位 79.40 m,超有实测记录以来最高水位(77.69 m)1.71 m,超保证水位 0.95 m,超警戒水位 1.90 m;22 日 15 时 28 分水位落至 78.41 m,低于保证水位 0.04 m,相应流量 437 m^3/s;23 日 3 时水位落至警戒水位 77.50 m,相应流量 332 m^3/s;超保证水位历时 42 h,超警戒水位历时 59 h。最大 3 d 洪量 1.163 亿 m^3,最大 7 d 洪量 1.841 亿 m^3,最大 15 d 洪量 2.332 亿 m^3,最大 30 d 洪量 3.219 亿 m^3(见图 2-61)。

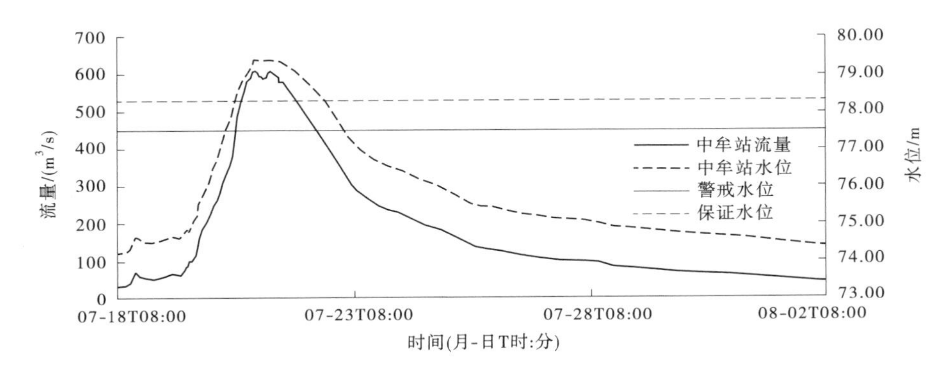

图 2-61　2021 年贾鲁河中牟站“21·7”洪水水位-流量过程线

(2)新郑站。7 月 19 日 16 时 30 分起涨水位 99.16 m,相应流量 6.00 m^3/s,20 日 9 时 20 分水位涨至 101.10 m,超警戒水位(101.00 m)0.10 m,相应流量 92 m^3/s;21 日 5 时洪峰流量 1 470 m^3/s,洪峰水位 103.14 m,超保证水位(103.12 m)0.02 m,超警戒水位 2.14 m;21 日 16 时水位落至警戒水位 101.00 m,相应流量 505 m^3/s;超警戒水位历时 31 h。最大 3 d 洪量 1.062 亿 m^3,最大 7 d 洪量 1.200 亿 m^3,最大 15 d 洪量 1.337 亿 m^3,最大 30 d 洪量 1.508 亿 m^3(见图 2-62)。

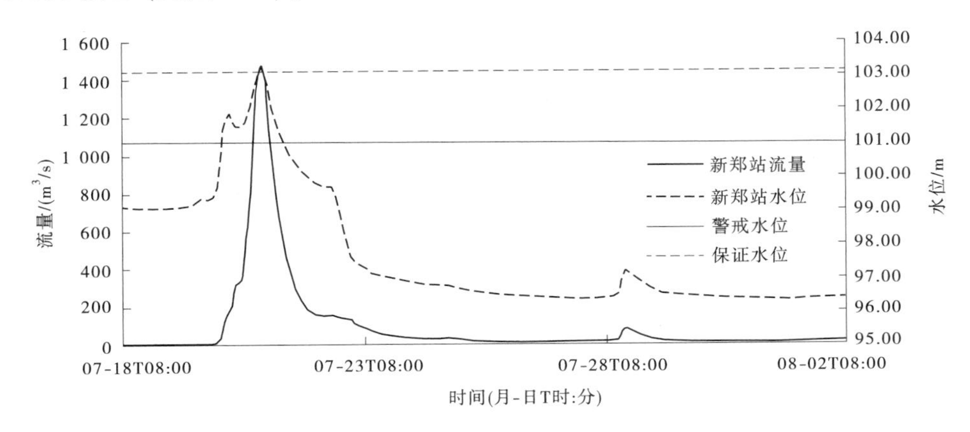

图 2-62　2021 年双洎河新郑站“21·7“洪水水位-流量过程线

(3)扶沟站。7 月 18 日 22 时(闸上)起涨水位 56.53 m,相应流量 50.1 m^3/s,22 日 8 时水位涨至 58.12 m,超保证水位(58.00 m)0.12 m,相应流量 163 m^3/s;24 日 16 时洪峰流量 331 m^3/s,17 时洪峰水位 59.54 m,超保证水位 1.54 m,超有实测记录以来最高水位(58.78 m)0.76 m;8 月 2 日水位落至 57.99 m,低于保证水位 0.01 m;超保证水位历时 258 h。最大 3 d 洪量 0.816 亿 m^3,最大 7 d 洪量 1.671 亿 m^3,最大 15 d 洪量 2.772 亿 m^3,最大 30 d 洪量 3.662 亿 m^3(见图 2-63)。

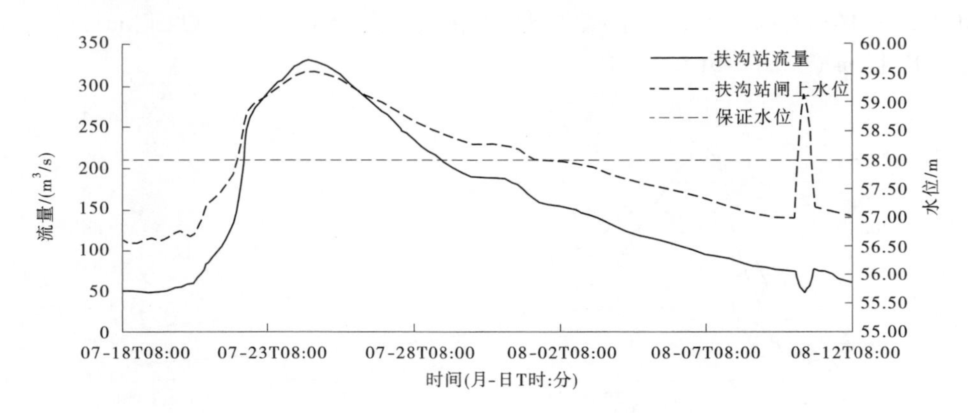

图 2-63　2021 年贾鲁河扶沟站“21·7”洪水水位-流量过程线

2)北汝河

紫罗山站 7 月 18 日 16 时起涨水位 288.25 m,相应流量 8.46 m^3/s,20 日 8 时洪峰水位 289.88 m,洪峰流量 1 150 m^3/s;汝州站 7 月 18 日 8 时起涨水位 193.50 m,相应流量 0.45 m^3/s,20 日 8 时洪峰水位 193.68 m,13 时 30 分洪峰流量 773 m^3/s;大陈站 7 月 19 日 20 时起涨,21 日 8 时 46 分最大流量 1 240 m^3/s(见图 2-64)。

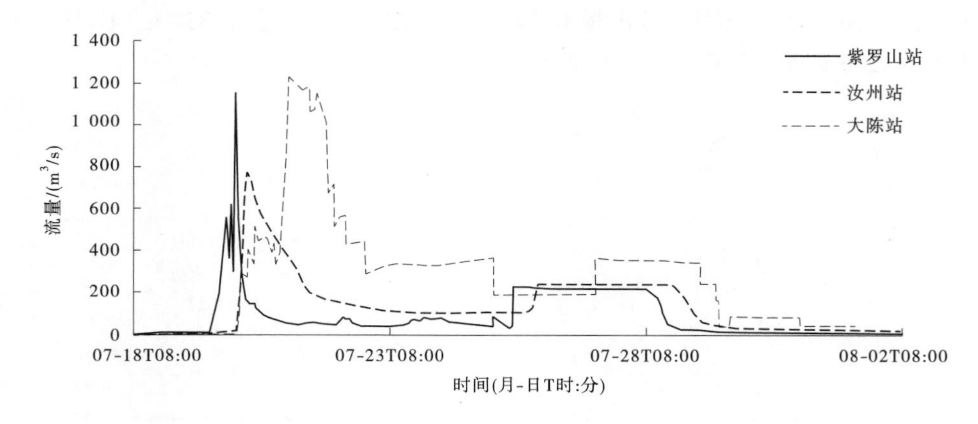

图 2-64　2021 年北汝河紫罗山站、汝州站、大陈站“21·7”洪水流量过程线

3)沙河

下孤山站 7 月 19 日 0 时起涨水位 206.73 m,相应流量 0.301 m^3/s,20 日 4 时 30 分洪

峰流量 988 m^3/s,洪峰水位 209.33 m;沙河中汤站 7 月 19 日 13 时起涨水位 208.98 m,相应流量 38.0 m^3/s,20 日 4 时 30 分洪峰流量 2 470 m^3/s,洪峰水位 211.97 m;马湾闸 20 日 8 时开闸,闸前水位 65.52 m,过闸流量 92.2 m^3/s,22 日 4 时 51 分最大过闸流量 1 610 m^3/s,闸前最高水位 66.52 m;漯河站 20 日起涨水位 55.52 m,相应流量 12.0 m^3/s,22 日 14 时洪峰流量 1 560 m^3/s,16 时洪峰水位 58.71 m,低于警戒水位(59.50 m,见图 2-65)。

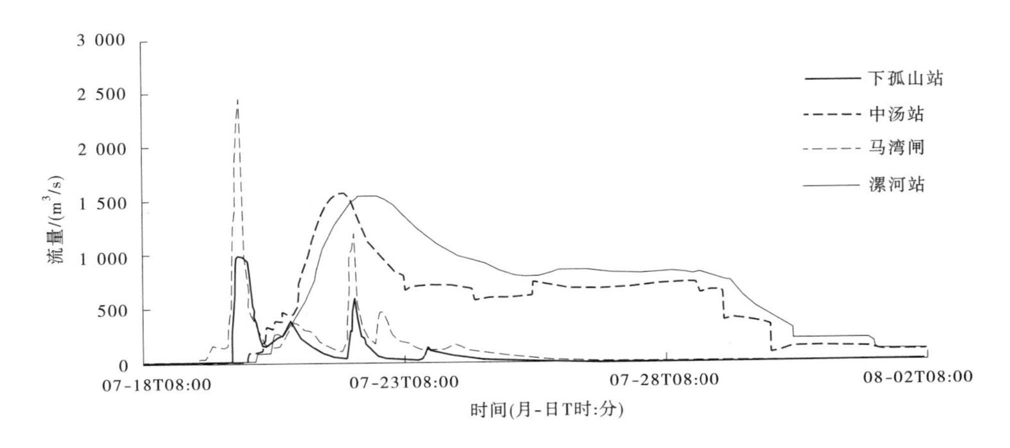

图 2-65　2021 年下孤山站、沙河中汤站、马湾闸、漯河站"21·7"洪水流量过程线

4) 颍河

告成站 7 月 18 日 8 时起涨水位 238.34 m,相应流量 0.30 m^3/s,20 日 13 时 50 分洪峰流量 941 m^3/s,洪峰水位 241.95 m;化行闸站 21 日 8 时起涨闸前水位 75.07 m,相应过闸流量 13.8 m^3/s,23 时闸前最高水位 78.02 m,最大过闸流量 350 m^3/s;黄桥闸站 20 日 9 时起涨闸前水位 48.05 m,相应过闸流量 28.7 m^3/s,23 日 2 时闸前最高水位 50.29 m,最大过闸流量 640 m^3/s(见图 2-66)。

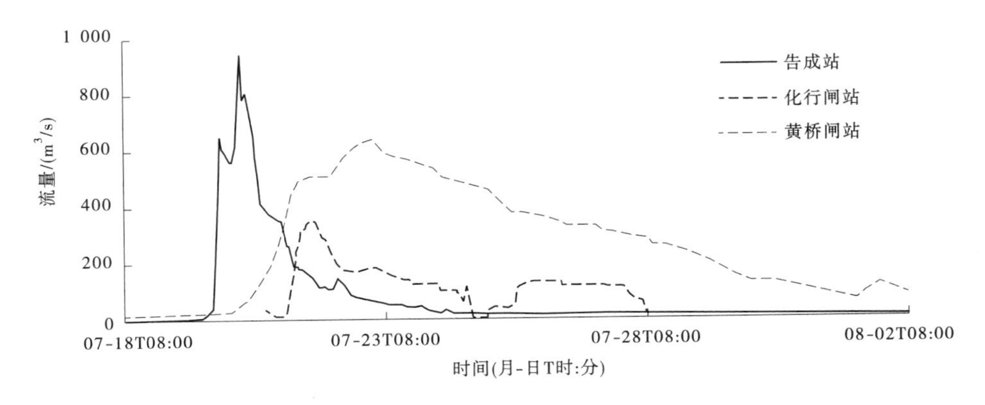

图 2-66　2021 年颍河告成站、化行闸站、黄桥闸站"21·7"洪水流量过程线

周口站 7 月 19 日 18 时 40 分起涨水位 56. 11 m,相应流量 56. 1 m^3/s;22 日 6 时水位涨至 46. 20 m,超警戒水位(46. 10 m)0. 10 m,相应流量 1 480 m^3/s;23 日 5 时洪峰流量 2 000 m^3/s,6 时 16 分洪峰水位 48. 16 m,超警戒水位 2. 06 m;29 日 0 时水位落至 46. 09 m,低于警戒水位,相应流量 1 340 m^3/s,超警戒历时 162 h;最大 3 d 洪量 4. 761 亿 m^3,最大 7 d 洪量 9. 962 亿 m^3,最大 15 d 洪量 14. 03 亿 m^3,最大 30 d 洪量 16. 65 亿 m^3(见图 2-67)。

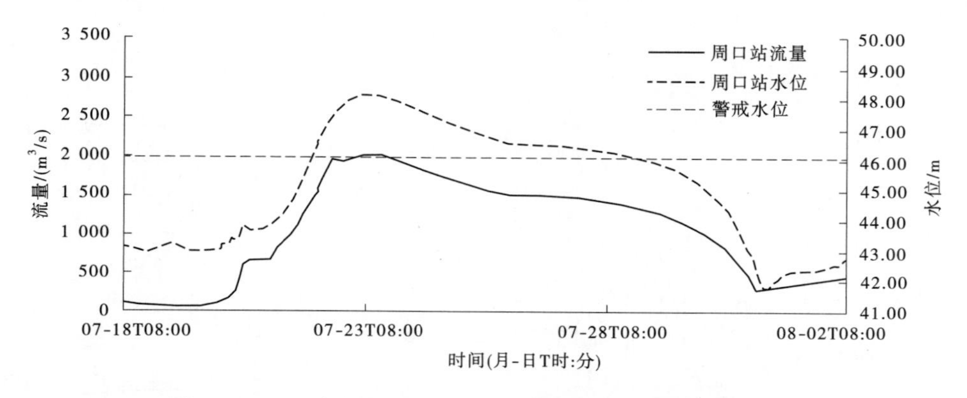

图 2-67　2021 年颍河周口站"21 · 7"洪水水位-流量过程线

槐店站 7 月 19 日 8 时起涨水位 31. 73 m,相应流量 7. 64 m^3/s;23 日 14 时出现洪峰流量 2 250 m^3/s,相应水位 37. 72 m,19 时水位涨至警戒水位 37. 86 m;24 日 14 时出现洪峰水位 37. 94 m,相应流量 2 160 m^3/s,超过警戒水位 0. 08 m;24 日 16 时水位落至 37. 84 m,低于警戒水位,相应流量 2 040 m^3/s,超警戒历时 21 h;30 日水位落至正常(见图 2-68)。

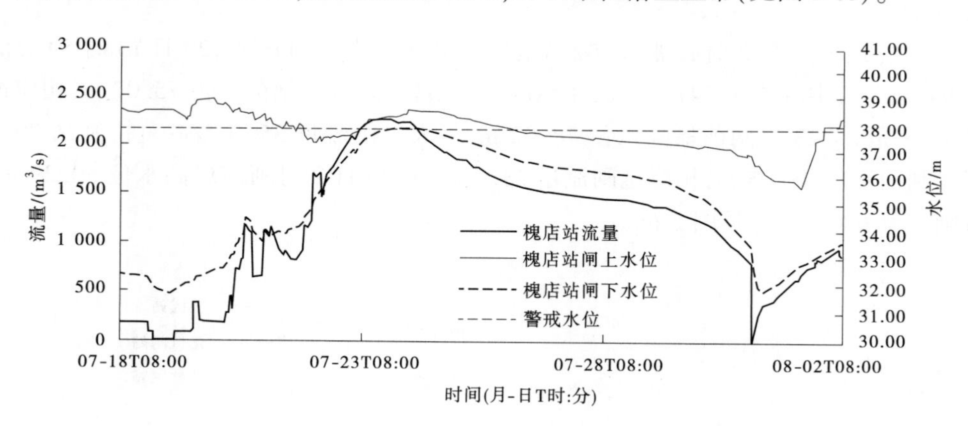

图 2-68　2021 年颍河槐店站"21 · 7"洪水水位-流量过程线

界首站 7 月 19 日 11 时起涨水位 31. 84 m,相应流量 22. 0 m^3/s;24 日 3 时 36 分洪峰流量 2 120 m^3/s,14 时洪峰水位 35. 79 m;最大 3 d 洪量 5. 305 亿 m^3,最大 7 d 洪量 11. 25 亿 m^3,最大 15 d 洪量 16. 74 亿 m^3,最大 30 d 洪量 19. 98 亿 m^3(见图 2-69)。

5) 洪河

杨庄站 7 月 18 日 19 时起涨水位 57. 78,相应流量 3. 28 m^3/s;22 日 5 时 20 分洪峰流

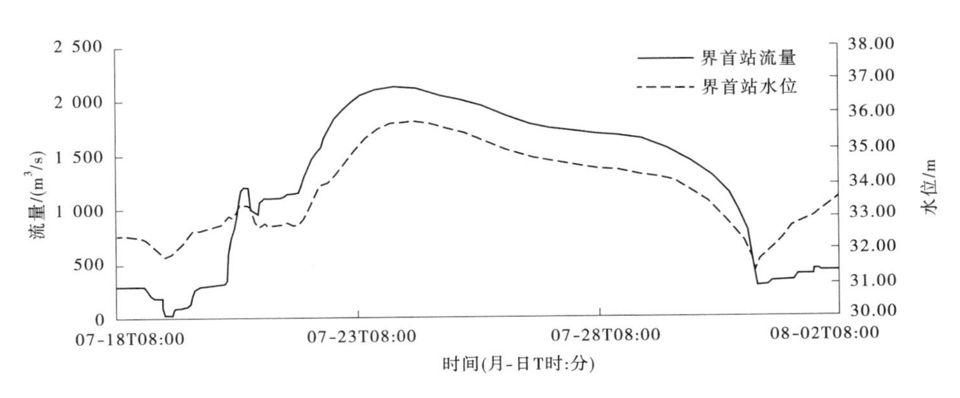

图 2-69　2021 年颍河界首站"21·7"洪水水位-流量过程线

量 283 m^3/s,相应水位 64.45 m,6 时 40 分水位涨至警戒水位 64.50 m,相应流量 283 m^3/s,11 时 20 分洪峰水位 64.53 m,相应流量 267 m^3/s;22 日 15 时水位落至 64.49 m,超警戒水位历时 8 h。

桂李站 7 月 19 日 8 时起涨水位 57.50 m,相应流量 5.60 m^3/s;22 日 4 时水位涨至警戒水位 60.50 m,相应流量 254 m^3/s;22 日 10 时 30 分洪峰流量 277 m^3/s,16 时洪峰水位 60.95 m,超警戒水位 0.45 m;23 日 6 时 20 分水位落至 60.49 m,超警戒水位历时 22 h。

五沟营站 7 月 19 日 12 时起涨水位 49.57 m,相应流量 5.60 m^3/s;22 日 8 时水位涨至 55.33 m,超警戒水位(55.29 m)0.04 m,相应流量 235 m^3/s;22 日 19 时洪峰流量 273 m^3/s,洪峰水位 55.67 m,超警戒水位 0.38 m;23 日 9 时 38 分水位落至 55.28 m,超警戒水位历时 25 h。

班台站 7 月 20 日 6 时 25 分起涨水位 27.78 m,相应流量 268 m^3/s;24 日 13 时洪峰流量 906 m^3/s,最高水位 32.05 m;最大 3 d 洪量 2.082 亿 m^3,最大 7 d 洪量 3.769 亿 m^3,最大 15 d 洪量 5.407 亿 m^3,最大 30 d 洪量 7.464 亿 m^3(见图 2-70)。

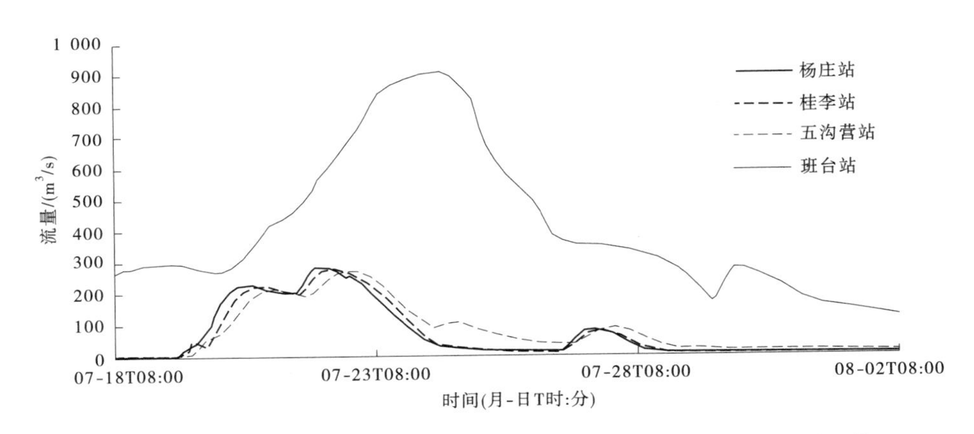

图 2-70　2021 年杨庄站、桂李站、五沟营站、班台站"21·7"洪水流量过程线

6)惠济河

大王庙站 7 月 19 日 20 时起涨水位 55.96 m,相应流量 12.2 m^3/s;21 日 13 时 15 分水

位涨至警戒水位 57.40 m,相应流量 50.0 m^3/s;22 日 19 时洪峰流量 107 m^3/s,洪峰水位 58.65 m,超警戒水位 1.25 m;26 日 12 时水位落至警戒水位 57.40 m,相应流量 50.0 m^3/s,超警戒水位历时 10 h(见图 2-71)。

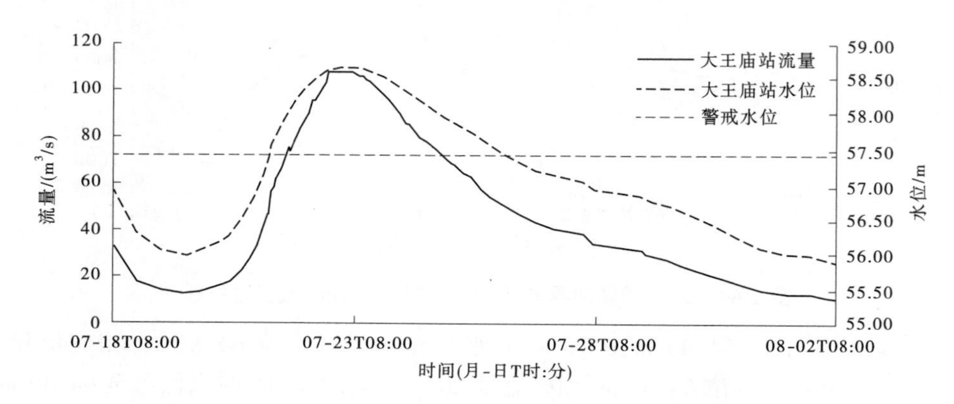

图 2-71 2021 年惠济河大王庙站"21 · 7"洪水水位-流量过程线

3. 黄河支流水系

1) 伊洛河

支流洛河卢氏站 7 月 22 日 8 时起涨水位 550.91 m,相应流量 77.4 m^3/s,23 日 18 时 54 分洪峰流量 2 610 m^3/s,洪峰水位 553.76 m;洛河白马寺站 19 日 8 时起涨水位 112.93 m,相应流量 74.0 m^3/s,21 日 2 时 18 分洪峰流量 573 m^3/s,洪峰水位 114.87 m。

支流伊河潭头站 7 月 22 日 18 时起涨水位 468.99 m,相应流量 76.0 m^3/s,23 日 1 时洪峰流量 192 m^3/s,洪峰水位 469.57 m;伊河龙门站 18 日 17 时 45 分起涨水位 147.42 m,相应流量 12.0 m^3/s,20 日 13 时 12 分洪峰流量 1 320 m^3/s,洪峰水位 149.75 m。

伊洛河黑石关站 7 月 18 日 8 时起涨水位 105.56 m,相应流量 84.8 m^3/s,21 日 3 时洪峰流量 1 050 m^3/s,5 时洪峰水位 110.04 m(见图 2-72)。

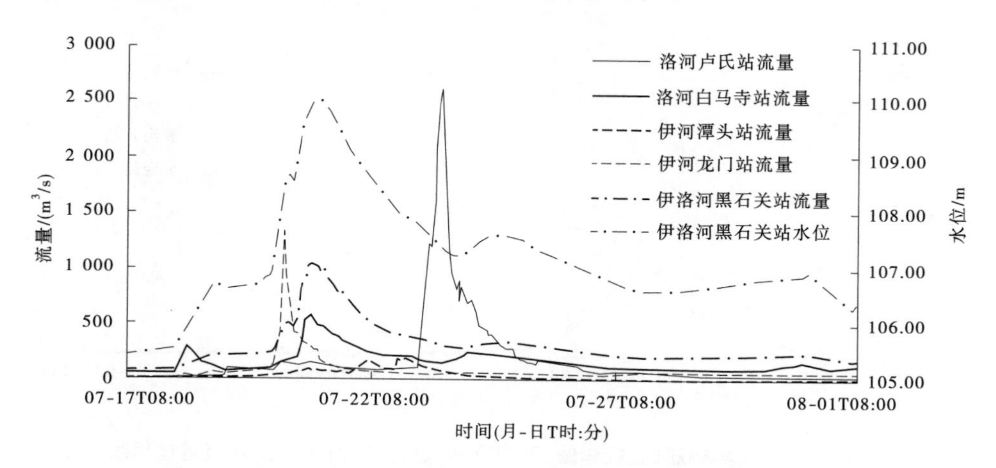

图 2-72 2021 年伊洛河"21 · 7"洪水水位-流量过程线

2) 沁河

支流丹河山路坪站7月20日4时起涨水位201.60 m,相应流量80.0 m^3/s,22日14时42分洪峰水位204.90 m,5时12分洪峰流量1 020 m^3/s。

沁河武陟站7月19日8时起涨水位99.05 m,相应流量30.4 m^3/s,22日22时30分水位涨至警戒水位105.67 m,相应流量1 060 m^3/s;23日3时12分出现洪峰流量1 510 m^3/s,4时出现洪峰水位106.01 m,超警戒水位0.34 m;23日19时57分水位落至警戒水位,超警戒水位历时22 h(见图2-73)。

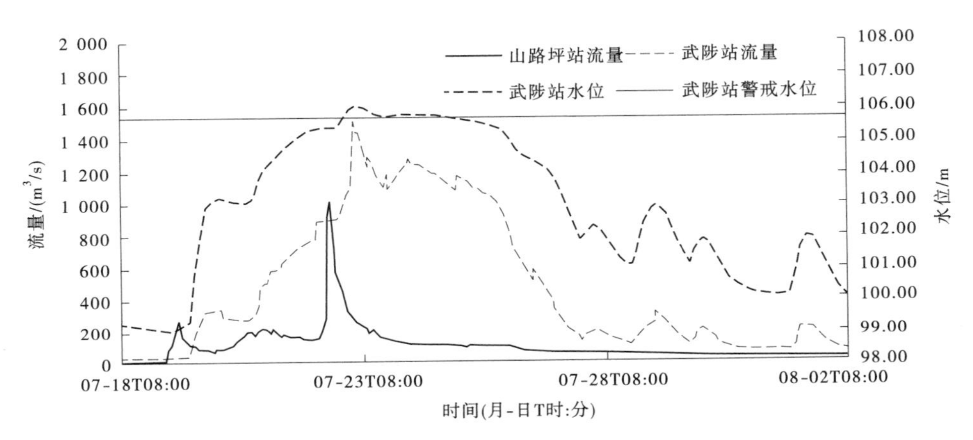

图2-73　2021年沁河山路坪站、武陟站"21·7"洪水水位-流量过程线

4. 汉江支流水系

1) 丹江

荆紫关站7月下旬出现3次涨水过程。7月23日14时起涨水位210.17 m,相应流量51.8 m^3/s,24日16时12分出现第1次洪峰水位212.20 m,洪峰流量469 m^3/s;25日2时水位回落至210.96 m后再次起涨,21时30分出现第2次洪峰水位211.97 m,流量389 m^3/s;26日2时水位回落至211.23 m后再次起涨,21时30分出现第3次洪峰水位211.74 m,流量328 m^3/s;29日水位回落至正常。

支流灌河米坪站7月20日5时起涨水位3.2 m,流量30.8 m^3/s,22日2时30分出现洪峰水位3.74 m,流量106 m^3/s,27日水位回落至正常;西峡站20日18时起涨水位74.34 m,相应流量64.0 m^3/s,22日21时出现洪峰水位76.97 m,流量745 m^3/s,28日水位回落至正常(见图2-74)。

2) 白河

上游(鸭河口水库以上)白土岗站7月19日8时起涨水位177.80 m,相应流量4.65 m^3/s,21日19时洪峰水位179.76 m,洪峰流量348 m^3/s,28日水位回落至正常。

支流黄鸭河李青店站19日8时起涨水位197.40 m,相应流量3.90 m^3/s,20日3时50分出现第1次洪峰水位200.79 m,洪峰流量2 450 m^3/s,21日10时出现第2次洪峰水位200.17 m,洪峰流量1 260 m^3/s,26日水位回落至正常。

支流留山河留山站19日8时起涨水位209.98 m,相应流量0.51 m^3/s,20日4时出

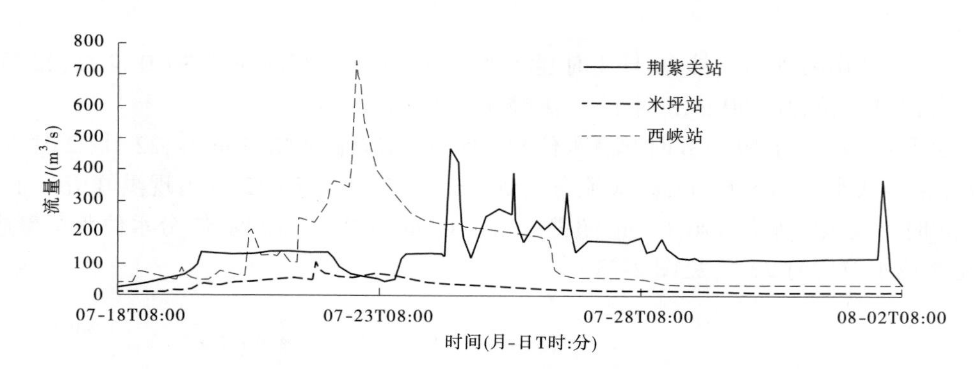

图 2-74　2021 年丹江荆紫关站、米坪站、西峡站“21 · 7”洪水流量过程线

现第 1 次洪峰水位 214.15 m,洪峰流量 714 m^3/s,21 日 10 时 30 分出现第 2 次洪峰水位 214.17 m,洪峰流量 720 m^3/s,28 日水位回落至正常。

支流鸭河口子河站 19 日 20 时起涨水位 91.41 m,相应流量 13.2 m^3/s,20 日 7 时 24 分出现第 1 次洪峰水位 93.61 m,洪峰流量 824 m^3/s,21 日 12 时 30 分出现第 2 次洪峰水位 93.62 m,洪峰流量 830 m^3/s,26 日水位回落至正常(见图 2-75)。

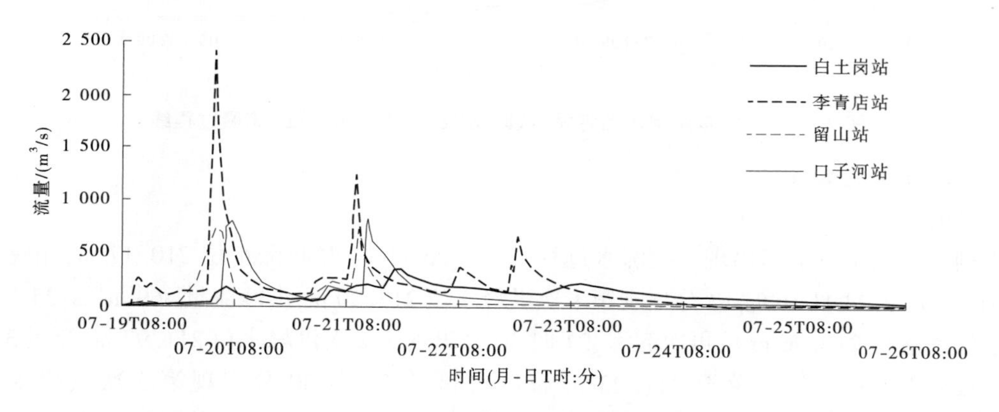

图 2-75　2021 年白河白土岗站、李青店站、留山站、口子河站“21 · 7”洪水流量过程线

南阳站 7 月 19 日 8 时起涨水位 109.60 m,相应流量 21.0 m^3/s,受上游鸭河口水库泄水影响,22 日 12 时洪峰水位 112.08 m,洪峰流量 865 m^3/s,28 日水位回落至正常。

支流湍河内乡站 21 日 8 时起涨水位 96.18 m,相应流量 36.0 m^3/s,21 日 13 时 18 分洪峰水位 96.48 m,洪峰流量 754 m^3/s,26 日水位回落至正常;急滩站 19 日 20 时起涨水位 92.37 m,相应流量 10.9 m^3/s,22 日 6 时洪峰水位 94.55 m,8 时洪峰流量 680 m^3/s,28 日水位回落至正常。

支流西赵河棠梨树站 20 日 0 时起涨水位 222.62 m,相应流量 4.73 m^3/s,4 时洪峰水位 225.22 m,洪峰流量 354 m^3/s,25 日水位回落至正常(见图 2-76)。

3)唐河

社旗站 7 月 20 日 14 时起涨水位 107.16 m,相应流量 12.5 m^3/s,20 日 17 时出现第 1 次洪峰水位 109.59 m,洪峰流量 155 m^3/s,22 日 0 时出现第 2 次洪峰水位 109.64 m,洪峰

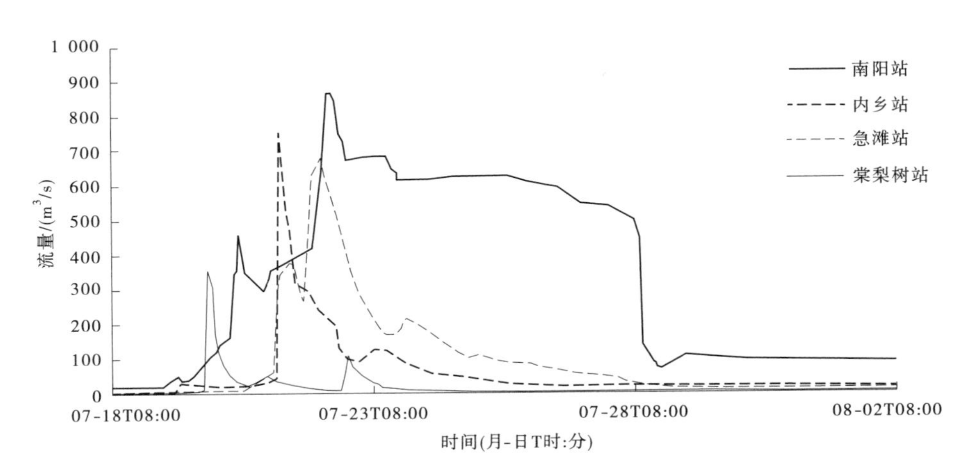

图 2-76　2021 年白河南阳站、内乡站、急滩站、棠梨树站“21·7”洪水流量过程线

流量 158 m^3/s,24 日水位回落至正常。唐河站 20 日 9 时起涨水位 89.67 m,相应流量 11.4 m^3/s,21 日 20 时出现第 1 次洪峰水位 90.84 m,洪峰流量 200 m^3/s,22 日 11 时出现第 2 次洪峰水位 91.02 m,洪峰流量 255 m^3/s,26 日水位回落至正常(见图 2-77)。

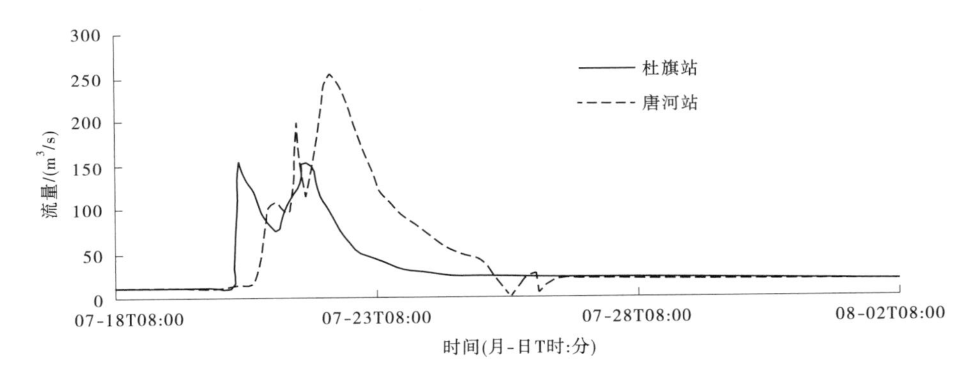

图 2-77　2021 年唐河社旗站、唐河站“21·7”洪水流量过程线

二、模拟移植

(一)沙颍河流域暴雨移植洪水模拟

1. 雨量移植方法及雨量计算

将“21·7”暴雨郑州暴雨中心置于昭平台水库坝址,以此为中心将“21·7”暴雨面分布平移至沙河水系,降雨量级、时程分布不变(见图 2-78)。对“21·7”暴雨降雨时段取 7 月 17 日 8 时至 21 日 8 时,共 4 d。前期影响雨量按一般干旱情况处理,也符合“21·7”暴雨期间各流域蓄水情况。

在沙颍河水系暴雨移植后,累计雨量大于 800 mm 的笼罩面积为 115 km^2,累计雨量大于 600 mm 的笼罩面积为 1 950 km^2,累计雨量大于 400 mm 的笼罩面积为 4 770 km^2,累计雨量大于 200 mm 的笼罩面积为 12 000 km^2(见图 2-79)。

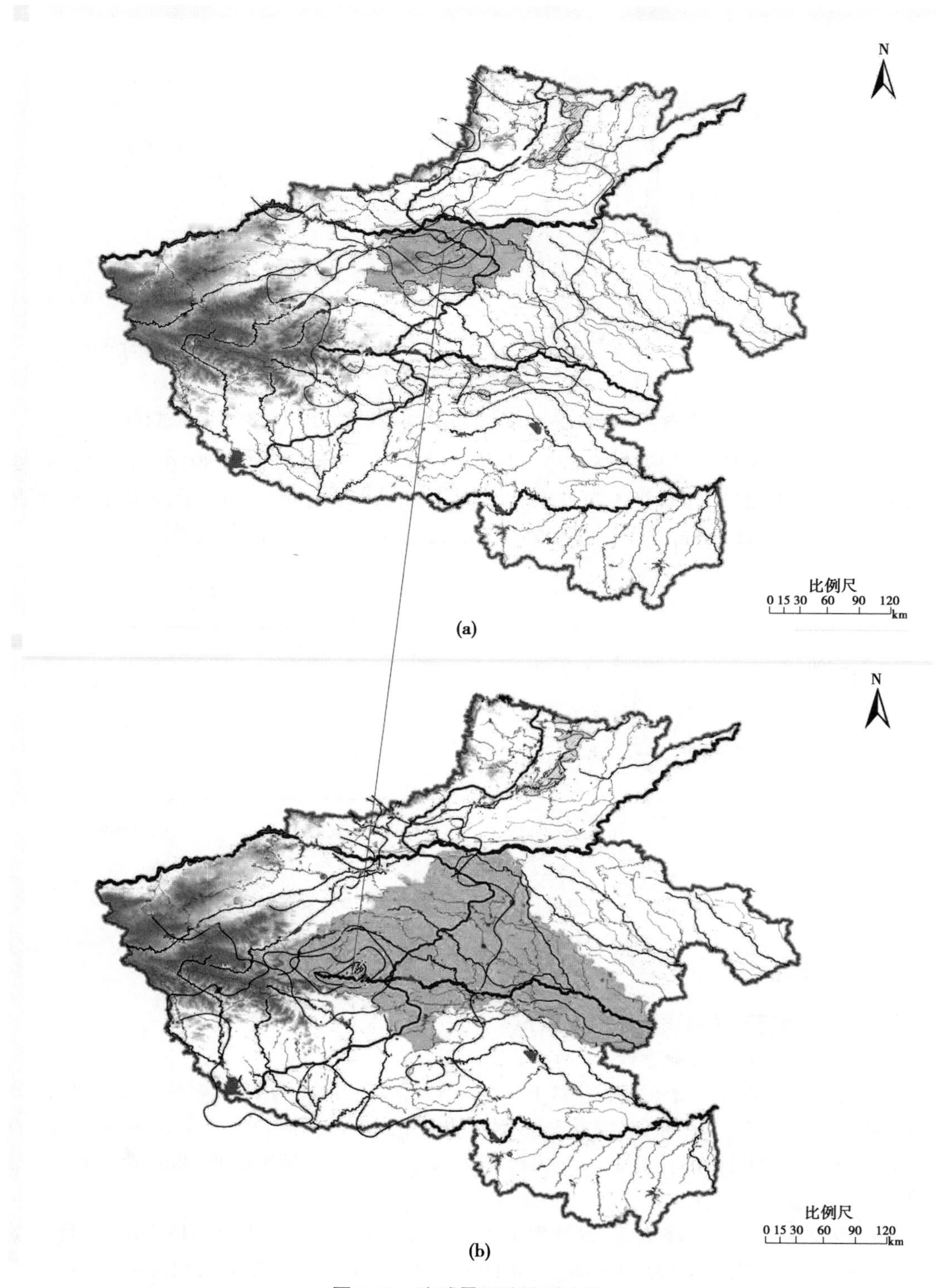

图 2-78　流域暴雨移植对应图

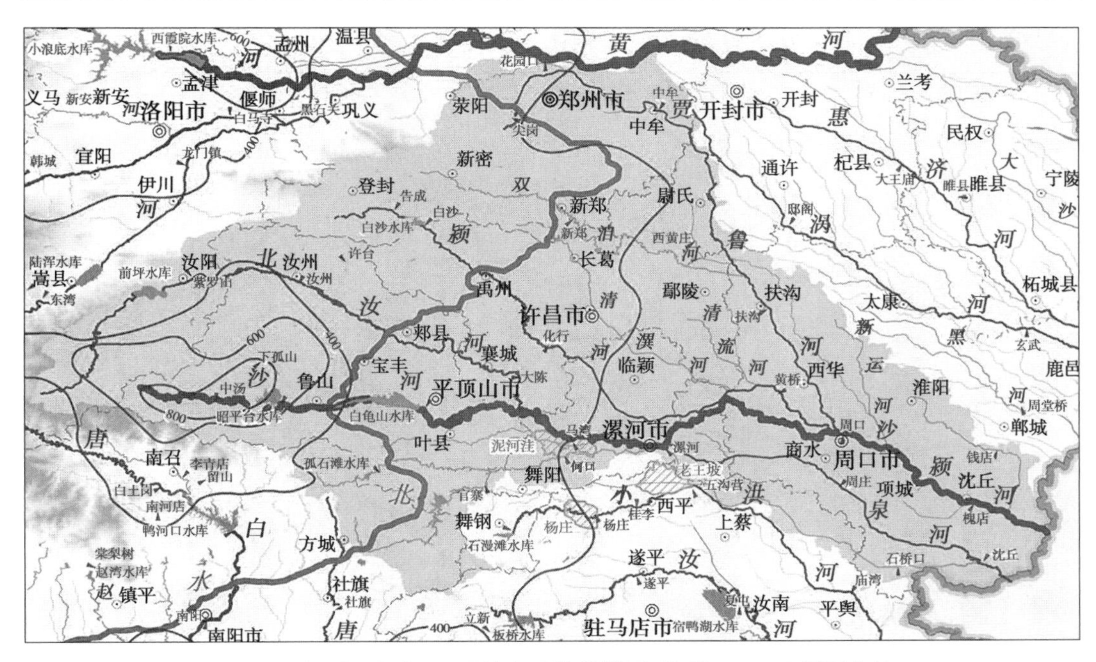

图 2-79 沙颍河流域 4 d 累计降雨等值线图(郑州"7·20"暴雨移植)

据此,沙颍河各主要汇流单元的 4 d 累计面平均雨量取值为:沙河昭平台水库以上 614 mm,昭平台水库至白龟山水库区间 351 mm,北汝河前坪水库以上 374 mm,前坪水库至大陈区间 358 mm,澧河孤石滩水库以上 264 mm,干江河燕山水库以上 300 mm,孤石滩水库至燕山河口 298 mm。

2. 模拟结果

1)沙河

昭平台水库下泄 3 600 m^3/s,昭平台水库至白龟山水库区间河段基本安全;白龟山水库下泄 3 000 m^3/s,白龟山水库至北汝河口区间河段基本安全;马湾控制断面 4 850 m^3/s,为保证漯河不超 3 000 m^3/s,马湾最大过流流量为 1 500 m^3/s,其余洪水需向霍堰和泥河洼分洪。其中,霍堰分洪洪峰流量 1 860 m^3/s,洪量 2.46 亿 m^3;向泥河洼分洪洪峰流量 1 030 m^3/s,洪量 2.35 亿 m^3。在沙颍河水系暴雨移植后,累计雨量大于 800 mm 的笼罩面积为 115 km^2,累计雨量大于 600 mm 的笼罩面积为 1 950 km^2,累计雨量大于 400 mm 的笼罩面积为 4 770 km^2,累计雨量大于 200 mm 的笼罩面积为 12 000 km^2。

2)北汝河

大陈闸以上河段基本安全,大陈闸控制断面流量为 4 100 m^3/s,大于保证流量 3 000 m^3/s,多余洪水需由西河沿分洪,分洪洪峰流量 1 080 m^3/s,洪量 0.45 亿 m^3。

3)澧河

孤石滩水库下泄 250 m^3/s,河口控制断面流量 1 800 m^3/s,小于安全泄量 1 900 m^3/s,河道安全。

4)干江河

燕山水库下泄 300 m^3/s,流量较小,河道安全。

详细预报结果及洪水淹没范围分别见图 2-80 及表 2-22~表 2-25。

沙颍河流域郑州“21·7”特大暴雨洪水淹没图

大片区	河名	河段范围	洪峰流量	洪量/亿m³	淹没情况					说明
					面积/km²	最大水深/m	县	乡镇办事处/个	涉及人口/万人	
沙颍河	北汝河	西河沿分洪	1 080	0.45	23	4.3	襄城县	2	2.3	淹没范围涉及襄城县紫云镇(古庄村、河西村)、山头店镇(南坛村、乔柿园村、党庙村、蔡冯村、马庄村、双张村、乔庄村、陈庄、胡岗、杨树孙、圪挞王),共计约2.3万人
	沙河	霍堰分洪	1 860	2.45	332	4.4	许昌襄城,漯河舞阳、临颍、郾城区,周口西华	14	58	淹没范围涉及许昌襄城,漯河舞阳、临颍、郾城区,周口西华14个乡镇办事处、172个村庄共约58万人

图 2-80　沙颍河流域洪水淹没范围图(水系)

3. 结论与建议

本次模拟洪水漯河站以上流域总产水量 34.98 亿 m³。昭平台水库最大入库流量超过 100 年一遇设计洪水,白龟山水库最大入库流量低于 100 年一遇设计洪水,孤石滩水库最大入库流量约等于 5 年一遇设计洪水,燕山水库最大入库流量不足 20 年一遇设计洪水;北汝河大陈站、沙河马湾站洪峰流量超过 20 年一遇设计洪水洪峰流量,沙河漯河站、颍河周口站洪峰流量超过 50 年一遇设计洪水洪峰流量。

通过模拟分析计算,在“21·7”暴雨情势下,流域内昭平台水库、白龟山水库处于暴雨中心,昭平台水库最高水位超设计水位,白龟山水库最高水位接近设计水位,前坪水库、孤石滩水库、燕山水库最高库水位均远低于设计水位。水库自身安全能够得到保证。

沙河白龟山水库以下全线超保,须启用泥河洼滞洪区分滞洪水,经演算,通过向泥河洼分洪,在控制马湾流量不超过 2 850 m³/s 的情况下,沙河洪水和澧河洪水遭遇,漯河、周口仍超保证流量,流量在 4 000 m³/s 左右,因此根据超标准洪水防御预案,须相机在北汝河西河沿分洪入湛河洼、沙河左堤襄城县霍堰处扒口分洪入沙颍河夹河套,以确保漯河洪峰流量不超过 3 000 m³/s。

北汝河大陈洪峰流量 4 100 m³/s,略超保证流量(3 700 m³/s)400 m³/s。澧河来水较小,主要为区间洪水。泥河洼滞洪区分洪洪峰流量 1 030 m³/s,洪量 2.35 亿 m³。西河沿分洪洪峰流量 1 080 m³/s,洪量 0.45 亿 m³。霍堰分洪洪峰流量 1 860 m³/s,洪量 2.46 亿 m³。

表 2-22　沙颍河流域暴雨区大型水库模拟结果

河流	水库	入库洪水总量/亿 m^3	最大入库		最大出库		最高水位		移民高程/m	设计水位/m
			流量/(m^3/s)	出现时间(月-日T时:分)	流量/(m^3/s)	出现时间(月-日T时:分)	水位/m	出现时间(月-日T时:分)		
沙河	昭平台	7.02	20 900	07-20T18:00	3 600	07-21T04:00	178.49	07-21T04:00	177.10	177.89
沙河	白龟山	9.49	6 100	07-21T12:00	3 000	07-21T22:00	105.82	07-22T10:00		106.19
北汝河	前坪	3.15	3 950	07-20T16:00	1 000	07-21T10:00	412.96	07-22T00:00		417.28
澧河	孤石滩	0.69	1 410	07-21T08:00	250	07-20T10:00	152.69	07-20T18:00	155.50	157.05
干江河	燕山	2.36	4 220	07-21T08:00	300	07-20T08:00	108.14	07-22T08:00	109.61	114.60

表 2-23　沙颍河流域暴雨区主要河道水文断面模拟结果

河流	站名	洪峰			保证水位/m	保证流量/(m^3/s)	说明
		水位/m	流量/(m^3/s)	出现时间(月-日T时:分)			
北汝河	汝州	193.81	1 500	07-20T18:00			
北汝河	大陈	79.85	3 000	07-21T12:00	80.60	3 700	分洪后
沙河	马湾	66.10	1 500	07-20T16:00	69.10	2 850	分洪后
澧河	何口	69.15	1 800	07-21T08:00	70.40	2 400	
沙河	漯河	61.70	3 000	07-21T08:00	61.70	3 000	分洪后
颍河	黄桥	49.15	380	07-22T22:00			
贾鲁河	扶沟	58.52	170	07-24T06:00			
沙颍河	周口	49.68	3 190	07-22T18:00	49.83	3 250	分洪后

表 2-24　沙颍河流域暴雨区滞洪区模拟结果

滞洪区	最高滞洪			顶高程/m	最大进洪		滞洪历时/d
	水位/m	发生时间（月-日 T 时:分）	滞洪量/亿 m^3		流量/（m^3/s）	发生时间（月-日 T 时:分）	
泥河洼	68.00	07-24T06:00	2.35	70.00	1 030	07-24T06:00	10

表 2-25　沙颍河水系洪水模拟淹没区域及涉及人口

河名	河段范围	洪量/亿 m^3	淹没情况					
			面积/km^2	最大水深/m	县(区)	乡(镇、街道办事处)	村庄/个	需转移人口/万人
北汝河	西河沿分洪	0.45	23	4.30	襄城县	紫云镇、山头店镇	13	2.30
沙河	霍堰分洪	2.46	332	4.40	许昌市襄城县，漯河市舞阳县、临颍县、郾城区，周口市西华县	丁营乡、姜庄乡、麦岭镇、侯集镇、裴城镇、新店镇、龙城镇、城关镇、孙庄镇、黑龙潭镇、孟庙镇、大郭镇、纸坊镇、逍遥镇	172	58.00

南水北调中线工程由南至北横穿干江河、澧河、澎河、沙河、北汝河等较大河流21条，主要河道穿越位置在中下游河段。经水库调蓄后，交叉河道洪水量级均在20~50年一遇，低于交叉河渠工程设计标准，南水北调中线工程与河渠交叉的建筑物是安全的，但应注意巡查。

郑州"7·20"特大暴雨若在沙颍河水系发生，其产生的洪水超过部分防洪工程标准，灾害造成的损失将十分严重。应对这样的超标准暴雨洪水从工程措施和非工程措施方面提出如下几点建议：一是做好水库调度，根据雨水情发展变化，发挥水库拦洪削峰作用，尽可能减轻下游防洪压力。二是提前做好滞洪区淹没区群众转移安置工作，保障迁安群众安全撤离和妥善安置。三是加强水库大坝及河道堤防巡查值守，及时发现险情，并妥善处置。四是关注山洪灾害易发区降雨情况，及时发布山洪预警，提前组织群众转移，躲避山体滑坡、泥石流等次生地质灾害。五是充分发挥水文系统的"耳目""尖兵"功能，及时准确对水文信息进行监测和传输，及时滚动发布洪水预报，为工程调度提供依据。六是暴雨区雨量站、水文站自动监测没有实现设施设备双配套，在极端暴雨洪水条件下可能出现通信中断情况，应加快北斗双信道建设。

(二)洪汝河流域暴雨移植洪水模拟

1.雨量移植方法及雨量计算

将"21·7"暴雨郑州暴雨中心置于板桥水库上游"75·8"暴雨中心发生地林庄，以此为中心将"21·7"暴雨面分布平移至洪汝河水系，降雨量级、时程分布不变。将"21·7"暴雨降雨时段取7月17日8时至21日8时，共4 d。前期影响雨量按一般干旱情况处理，也符合"21·7"暴雨期间各流域蓄水情况。

在洪汝河水系暴雨移植后，累计雨量大于800 mm的笼罩面积为115 km^2，累计雨量大于600 mm的笼罩面积为710 km^2，累计雨量大于400 mm的笼罩面积为3 760 km^2，累计雨量大于200 mm的笼罩面积为10 780 km^2(见图2-81)。

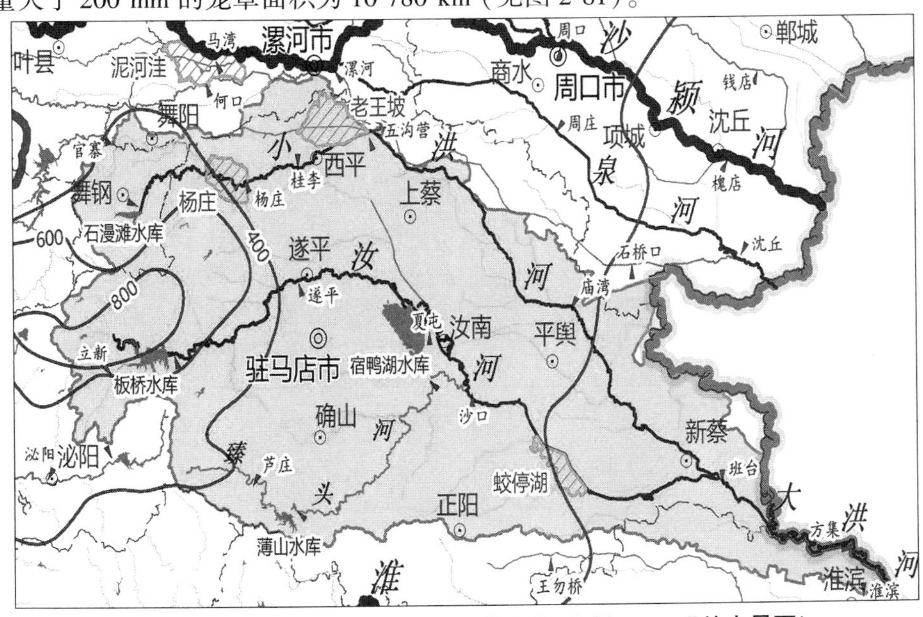

图2-81　洪汝河水系4 d累计降雨等值线(郑州"7·20"特大暴雨)

据此，洪汝河各主要汇流单元的 4 d 累计面平均雨量分别为：汝河板桥水库以上 628 mm，薄山水库以上 446 mm，宿鸭湖至板桥、薄山区间 377 mm，汝河宿鸭湖至班台区间 264 mm，小洪河石漫滩水库以上 494 mm，石漫滩至田岗区间 492 mm，田岗至杨庄区间 603 mm，五沟营至班台区间 340 mm。

2. 模拟结果

经模拟计算结果如下。

1) 小洪河

田岗水库出库流量 2 700 m^3/s，田岗水库至杨庄河道超保证流量，沿河道两岸漫流；淹没面积 14 km^2，最大水深 1.98 m，涉及村庄 17 个、人口 3.1 万人。

杨庄以下控泄流量 650 m^3/s，河道安全。

2) 汝河

板桥水库下泄流量 2 000 m^3/s，遂平控制断面流量 5 240 m^3/s，板桥至遂平区间部分河段超保证流量，洪水漫溢行洪；淹没面积 26.2 km^2，最大水深 2.85 m，涉及村庄 31 个、人口 5.86 万人。

遂平断面保证流量 2 800 m^3/s，多余洪水需在遂平附近的孙沟分洪，分洪洪峰流量 2 440 m^3/s，洪量 0.97 亿 m^3；淹没面积 67 km^2，最大水深 4.00 m，涉及村庄 12 个、人口 3.6 万人。

宿鸭湖水库下泄流量 6 740 m^3/s，沙口段保证流量为 1 850 m^3/s，故需在沙口处左岸分洪，分洪流量 4 890 m^3/s，洪量 1.73 亿 m^3；淹没面积 126 km^2，最大水深 5.3 m，涉及村庄 18 个、人口 8.3 万人。

详细预报结果及洪水淹没范围分别见图 2-82 及表 2-26～表 2-29。

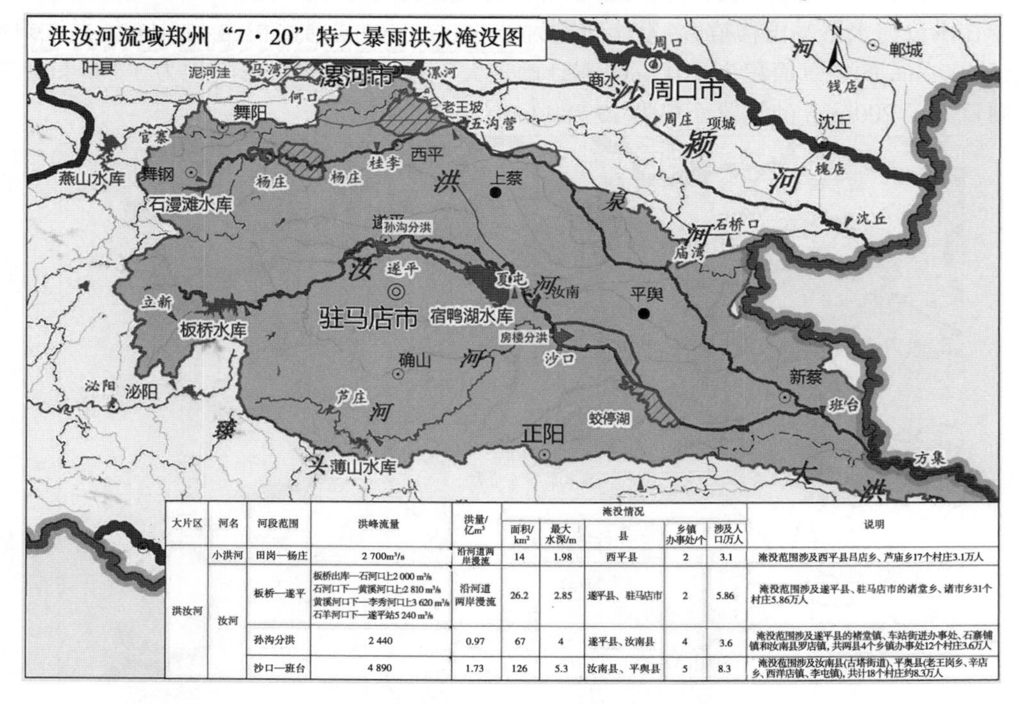

大片区	河名	河段范围	洪峰流量	洪量/亿m^3	淹没情况					说明
					面积/km^2	最大水深/m	县	乡镇办事处/个	涉及人口/万人	
洪汝河	小洪河	田岗—杨庄	2 700m^3/s	沿河道两岸漫流	14	1.98	西平县	2	3.1	淹没范围涉及西平县吕店乡、芦庙乡17个村庄3.1万人
	汝河	板桥—遂平	板桥出库—石河口上2 000 m^3/s 石河口下—黄溪河口上2 810 m^3/s 黄溪河口下—李秀河口上3 620 m^3/s 石羊河口下—遂平站5 240 m^3/s	沿河道两岸漫流	26.2	2.85	遂平县、驻马店市	2	5.86	淹没范围涉及遂平县、驻马店市的诸堂乡、诸市乡31个村庄5.86万人
		孙沟分洪	2 440	0.97	67	4	遂平县、汝南县	4	3.6	淹没范围涉及遂平县的褚堂镇、车站街进办事处、石寨铺镇和汝南县罗店镇，共两县4个乡镇办事处12个村庄3.6万人
		沙口—班台	4 890	1.73	126	5.3	汝南县、平舆县	5	8.3	淹没范围涉及汝南县(古塔街道)、平舆县(老王岗乡、辛店乡、西洋店镇、李屯镇)，共计18个村庄约8.3万人

图 2-82　洪汝河流域郑州“7・20”特大暴雨洪水淹没(水系)

表 2-26　洪汝河水系洪水模拟主要水库计算成果

河流	水库 水库	入库洪水总量/亿 m^3	最大入库		最大出库		最高水位		移民高程/m	设计水位/m
			流量/(m^3/s)	出现时间(月-日 T时:分)	流量/(m^3/s)	出现时间(月-日 T时:分)	水位/m	出现时间(月-日 T时:分)		
汝河	板桥	4.91	8 480	07-20T22:00	2 000	07-21T04:00	117.04	07-21T10:00	115.30	117.50
臻头河	薄山	2.46	2 420	07-20T02:00	1 000	07-21T08:00	121.50	07-21T08:00	118.09	122.10
汝河	宿鸭湖	14.86	14 100	07-21T08:00	6 740	07-22T12:00	57.11	07-22T12:00	56.50	57.39
滚河	石漫滩	1.07	2 700	07-20T18:00	2 030	07-20T18:00	109.96	07-20T18:00	110.00	110.65
滚河	田岗	1.25	2 730	07-20T18:00	2 700	07-20T20:00	88.50	07-20T20:00	89.33	87.35

表 2-27　洪汝河水系洪水模拟主要河道水文断面计算成果

河流	站名	洪峰			保证水位/m	保证流量/(m^3/s)	说明
		水位/m	流量/(m^3/s)	出现时间(月-日 T时:分)			
小洪河	桂李	63.00	630	07-21T04:00	63.00	420	
	五沟营	56.49	380	07-22T04:00	56.49	380	分洪后
	庙湾	41.8	470	07-22T14:00	43.00	645	分洪后
汝河	遂平	66.25	5 240	07-21T06:00	65.00	2 800	
洪河	班台	37.4	4 500	07-23T14:00	35.63	2 200	

表 2-28　洪汝河水系洪水模拟滞洪区运用计算成果

滞洪区	最高滞洪			堤顶高程/m	最大进洪		滞洪历时/d
	水位/m	发生时间（月-日T时:分）	滞洪量/亿 m^3		流量/（m^3/s）	发生时间（月-日T时:分）	
杨庄	68.00	07-21T18:00	0.246	73.5	1 340	07-21T08:00	2
老王坡	55.80	07-21T18:00	0.216	59.00~64.5	260	07-21T18:00	5
蛟停湖	41.48	07-22T08:00	0.540	43.00~46.5	300	07-22T08:00	8

表 2-29　洪汝河水系洪水模拟淹没区域及涉及人口计算成果

河名	河段范围	洪量/亿 m^3	淹没情况					
			面积/km^2	最大水深/m	市、县	乡(镇、街道办事处)	村庄/个	需转移人口/万人
小洪河	田岗—杨庄	沿河道两岸漫流	14.0	1.98	西平县	吕店乡、芦庙乡	17	3.10
汝河	板桥—遂平	沿河道两岸漫流	26.2	2.85	遂平县、驻马店市	诸堂乡、诸市乡	31	5.86
	孙沟分洪	0.97	67.0	4.00	遂平县、汝南县	褚堂镇、车站街道办事处、石寨铺镇、罗店镇	12	3.60
	沙口分洪	1.73	126.0	5.30	汝南县、平舆县	古塔街道办、老王岗乡、辛店乡、西洋店镇、李屯镇	18	8.30

3. 结论与建议

通过分析计算,洪汝河班台站以上产水量 25.7 亿 m^3。洪汝河全线超保证水位或保证流量,部分河道发生漫溢,杨庄、老王坡、蛟停湖 3 个滞洪区启用。汝河来水较大,洪水沿汝河左堤外洼地行洪。板桥水库最大入库流量超过 50 年一遇设计洪水,薄山水库最大入库流量低于 20 年一遇设计洪水,石漫滩水库最大入库流量超过 20 年一遇设计洪水,宿鸭湖水库最大入库流量接近 100 年一遇设计洪水,4 座大型水库均超移民高程,接近设计水位,田岗水库超设计水位。班台站洪峰流量低于 50 年一遇设计洪水流量。

汝河板桥水库最大下泄流量 2 000 m^3/s,经区间其他河段汇流,下游遂平控制断面最大流量达 5 240 m^3/s,板桥至遂平区间部分河段超保证水位,洪水漫溢行洪;遂平断面保证流量 2 800 m^3/s,多余洪水需在遂平附近的孙沟分洪,最大分洪流量 2 440 m^3/s,分洪量 0.97 亿 m^3;宿鸭湖水库最大下泄流量 6 740 m^3/s,下游沙口段保证流量为 1 850 m^3/s,故需在沙口处左岸分洪,最大分洪流量 4 890 m^3/s,分洪量 1.73 亿 m^3。

(三)淮河干流暴雨移植模拟

1. 雨量移植方法及雨量计算

将郑州“7·20”特大暴雨的暴雨中心置于淮河干流息县县城,将“21·7”暴雨面分布平移至淮河干流,降雨量级、时程分布不变。对“21·7”暴雨降雨时段取 7 月 17 日 8 时至 21 日 8 时,共 4 d。前期影响雨量按一般干旱情况处理,也符合“21·7”暴雨期间各流域蓄水情况。

在淮河干流暴雨移植后,累计雨量大于 800 mm 的笼罩面积为 115 km^2,累计雨量大于 600 mm 的笼罩面积为 2 300 km^2,累计雨量大于 400 mm 的笼罩面积为 4 150 km^2,累计雨量大于 200 mm 的笼罩面积为 21 900 km^2(含淮滨以上、北庙集以上、史灌河,不含洪汝河水系)。

据此,淮河干流各主要汇流单元的 4 d 累计面平均雨量为:出山店水库以上 191 mm,南湾水库以上 264 mm,石山口水库以上 226 mm,五岳水库以上 235 mm,泼河水库以上 253 mm,鲇鱼山水库以上 127 mm,大坡岭以上 139 mm,平桥区以上 249 mm,竹竿铺以上 483 mm,息县区间 528 mm,新县以上 186 mm,潢川县以上 483 mm,北庙集以上 212 mm,淮滨区间 379 mm,蒋家集以上 168 mm。

2. 模拟结果

模拟计算结果如下所述。

淮河干流:出山店水库最大下泄流量 2 960 m^3/s,水库最高水位 87.99 m,高于汛限水位(85.80 m),但不超设计水位(95.78 m),水库安全;息县控制断面流量 21 900 m^3/s,大于保证流量 6 000 m^3/s,息县以下河道超保证流量,淮滨控制断面 19 600 m^3/s,大于保证流量 7 000 m^3/s。

小潢河:石山口水库下泄流量 400 m^3/s,流量小,河道安全。

寨河:五岳水库下泄流量 444 m^3/s,流量小,河道安全(见表 2-30)。

表 2-30　主要水库模拟成果

水库名称	入库洪水总量/亿 m^3	最大流量/(m^3/s) 出现时间(月-日 T时:分)		最高水位/m 出现时间(月-日 T时:分)	移民高程/m	设计水位/m
		入库	出库			
出山店	4.71	4 400 07-20T20:00	2 960 07-21T06:00	87.99 07-21T06:00		95.78
南湾	2.49	3 300 07-20T6:00	400 07-21T12:00	105.06 07-21T12:00	106.90	108.89
石山口	0.89	789 07-20T16:00	400 07-20T22:00	79.22 07-21T04:00	80.50	80.91
五岳	0.67	842 07-20T18:00	444 07-21T0:00	90.42 07-21T00:00	90.35	90.09
泼河	1.07	1 470 07-21T06:00	1 090 07-21T16:00	82.77 07-21T16:00	82.50	83.10

竹竿河:竹竿铺控制断面流量 5 950 m^3/s,大于保证流量 2 200 m^3/s,竹竿铺以下河道超保证流量。

潢河:潢川控制断面流量 5 590 m^3/s,大于保证流量 1 900 m^3/s,潢川以下河道超保证流量。

白露河:北庙集流量 1940 m^3/s,北庙集以下河道超保证流量。

史灌河:蒋家集控制断面 1 870 m^3/s,不超保证流量(见表 2-31)。

3. 结论与建议

本次洪水模拟,淮滨以上流域总产水量 41.70 亿 m^3。出山店水库入库洪峰流量 4 400 m^3/s,南湾水库入库洪峰流量 3 300 m^3/s,接近 10 年一遇;石山口水库入库洪峰流量 3 950 m^3/s,超 100 年一遇;五岳水库入库洪峰流量 296 m^3/s,5 年一遇;泼河水库入库洪峰流量 4 220 m^3/s,超 1 000 年一遇。

息县水文站洪峰流量 21 900 m^3/s,超 100 年一遇;淮滨站洪峰流量 19 600 m^3/s,超 100 年一遇;平桥站洪峰流量 1 470 m^3/s,接近 10 年一遇;新县站洪峰流量 552 m^3/s,接近 5 年一遇;潢川站洪峰流量 5 590 m^3/s,超 100 年一遇;北庙集站洪峰流量 1 940 m^3/s,超 10 年一遇。

表 2-31　主要河道水文控制断面模拟成果

站名	洪峰			警戒水位/m	保证水位/m	保证流量/(m^3/s)	说明
	水位/m	流量/(m^3/s)	出现时间(月-日T时:分)				
大坡岭	98.60	1 330	07-20T22:00				
息县	57.80	21 900	07-21T12:00	41.50	43.00	6 000	流量超保证流量
淮滨	39.50	19 600	07-22T16:00	29.50	32.80	7 000	水位、流量超保证数值
平桥		1 470	07-20T10:00				
竹竿铺	50.80	5 950	07-21T06:00	45.70	47.20	2 200	水位、流量超保证数值
新县	83.40	552	07-21T06:00				
潢川	44.30	5 590	07-21T06:00	37.80	39.00	1 900	水位、流量超保证数值
北庙集	33.80	1 940	07-21T22:00	31.00	32.50	1 300	右堤顶 34.88 m，水位、流量超保证数值
蒋家集	30.40	1 870	07-22T04:00	32.00	33.24	3 580	

通过模拟分析计算，淮河干流淮滨至息县河段全线超保证流量，河段出现漫溢，淮南支流除史灌河外，竹竿河、潢河、白露河全线超保证水位。淮南支流大型水库除五岳水库超设计水位外，其他大型水库均不超设计水位。安徽省王家坝滞洪区需要分洪，河南省需要及时提出建议。

(四)淮南支流潢河暴雨移植模拟

1. 雨量移植方法及雨量计算

将“21·7”暴雨郑州暴雨中心置于淮南支流潢河上游新县县城，将“21·7”暴雨面分布平移至淮河干流，降雨量级、时程分布不变。对“21·7”暴雨降雨时段取 7 月 17 日 8 时至 21 日 8 时，共 4 d。前期影响雨量按一般干旱情况处理，也符合“21·7”暴雨期间各流域蓄水情况。

在淮河干流暴雨移植后，累计雨量大于 800 mm 的笼罩面积为 1 15 km²，累计雨量大于 600 mm 的笼罩面积为 2 300 km²，累计雨量大于 400 mm 的笼罩面积为 4 150 km²，累计雨量大于 200 mm 的笼罩面积为 2.19 万 km²(含淮滨以上、北庙集以上、史灌河，不含洪汝河水系)(见图 2-83)。

据此，淮河干流各主要汇流单元的 4 d 累计面平均雨量为：石山口水库以上 379 mm，五岳水库以上 652 mm，泼河水库以上 691 mm，鲇鱼山水库以上 367 mm，竹竿铺以上 347 mm，息县区间 370 mm，新县以上 761 mm，潢川以上 362 mm，北庙集以上 368 mm，淮滨区间 388 mm，蒋家集以上 228 mm。

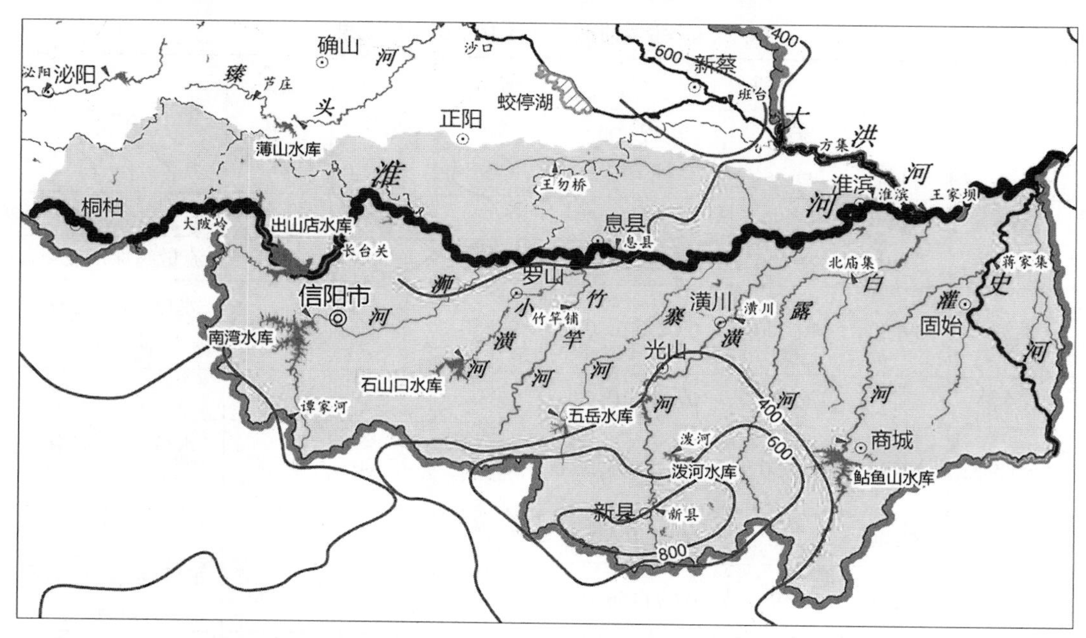

图 2-83　淮河干流 4 d 累计降雨等值线(郑州“7 · 20”特大暴雨)

2. 模拟结果

模拟计算结果如下：

小潢河：石山口水库下泄流量 400 m^3/s，流量小，河道安全。

寨河：五岳水库下泄流量 444 m^3/s，流量小，河道安全(见表 2-32)。

表 2-32　主要水库模拟成果

水库名称	入库洪水总量/亿 m^3	最大流量/(m^3/s) 出现时间 (月-日 T 时:分)		最高水位/m 出现时间 (月-日 T 时:分)	移民高程/m	设计水位/m
		入库	出库			
石山口	0.89	789 07-20T16:00	400 07-20T22:00	79.22 07-21T0:00	80.50	80.91
五岳	0.67	842 07-20T18:00	444 07-21T00:00	90.42 07-21T00:00	90.35	90.09
泼河	1.07	1 470 07-21T06:00	1 090 07-21T16:00	82.77 07-21T16:00	82.50	83.10
鲇鱼山	2.7	2 180 07-20T14:00	500 07-21T20:00	109.15 07-21T20:00	111.10	111.40

竹竿河：竹竿铺控制断面 3 590 m^3/s，大于保证流量 2 200 m^3/s，竹竿铺以下河道超保证水位。

潢河：暴雨中心位于潢河上游的新县，新县—入淮河口河道超保证水位。

白露河:双轮河闸—入淮河口河道超保证水位。

史灌河:蒋家集控制断面 4 450 m^3/s,加强防洪可通过(见表 2-33)。

表 2-33　主要河道水文控制断面模拟成果

站名	洪峰			警戒水位/m	保证水位/m	保证流量/(m^3/s)	说明
	水位/m	流量/(m^3/s)	出现时间(月-日T时:分)				
竹竿铺	48.00	3 590	07-21T02:00	45.70	47.20	2 200	水位、流量超保证数值
新县	85.40	2 270	07-20T22:00				流量超历史记录极值
潢川	41.20	3 400	07-21T12:00	37.80	39.00	1 900	水位、流量超保证数值
北庙集	35.50	3 690	07-21T06:00	31.00	32.50	1 300	右堤顶 34.88 m,水位、流量超保证数值
蒋家集	33.50	4 450	07-21T22:00	32.00	33.24	3 580	水位、流量超保证数值
息县	40.10	6 370	07-22T00:00	41.50	43.00	6 000	流量超保证数值
淮滨	34.80	9 530	07-22T06:00	29.50	32.80	7 000	水位、流量超保证数值

竹竿河:竹竿铺以下河段,沿河道两岸漫流,淹没面积 17.2 km^2,最大淹没水深 5.40 m,光山县、罗山县、息县的 5 个村庄被淹,需转移人口 0.75 万人。

潢河:新县以下河段,沿河道两岸漫流,淹没面积 107 km^2,最大淹没水深 5.10 m,潢川县、光山县、新县的 55 个村庄被淹,需转移人口 31.0 万人。

白露河:双轮河闸分洪道,沿河道两岸漫流,淹没面积 80 km^2,最大淹没水深 4.60 m,光山县、商城县、潢川县的 177 个村庄被淹,需转移人口 26.50 万人;李香铺圩区进洪量 0.52 亿 m^3,淹没面积 33 km^2,最大淹没水深 7.00 m,淮滨县的 9 个村庄被淹,需转移人口 3.0 万人(见表 2-34)。

表 2-34　洪水模拟淹没区域及涉及人口汇总

河名	河段范围	洪量/亿 m^3	淹没情况					
			面积/km^2	最大水深/m	县	乡(镇、街道办事处)	村庄/个	需转移人口/万人
竹竿河	竹竿铺以下	沿河道两岸漫流	17.2	5.40	光山县、罗山县、息县	孙铁铺镇、竹竿镇、东铺镇、八里岔乡	5	0.75
潢河	新县以下	沿河道两岸漫流	107.0	5.10	潢川县、光山县、新县	上油岗乡、谈店乡、老城街道办、弋阳街道办、卜塔集镇、斛山乡、槐店乡、弦山街道办、文殊乡、泼陂河镇、晏河乡、吴陈河镇、浒湾乡、新集镇	55	31.00
白露河	双轮河闸分洪道	沿河道两岸漫流	80.0	4.60	光山县、商城县、潢川县	白雀园镇、观庙乡、汪桥镇、双柳树镇、传流店乡、伞陂镇、黄寺岗镇、谈店镇、上油岗镇、桃林铺镇	177	26.50
	李香铺圩区	0.52	33.0	7.00	淮滨县	王店乡	9	3.00

3. 结论与建议

本次洪水模拟,淮滨以上流域总产水量 36.01 亿 m^3。石山口水库入库洪峰流量 789 m^3/s,接近 5 年一遇;五岳水库入库洪峰流量 842 m^3/s,超 10 年一遇,不到 20 年一遇;泼河水库入库洪峰流量 1 470 m^3/s,超 20 年一遇,不到 50 年一遇;鲇鱼山水库入库洪峰流量 2 180 m^3/s,接近 5 年一遇。

新县站洪峰流量 2 270 m^3/s,超 100 年一遇;潢川站洪峰流量 3 400 m^3/s,超 20 年一遇;北庙集站洪峰流量 3 690 m^3/s,超 20 年一遇;蒋家集站洪峰流量 4 450 m^3/s,超 20 年一遇;息县站洪峰流量 6370 m^3/s,接近 10 年一遇;淮滨站洪峰流量 9 530 m^3/s,接近 20 年一遇。

通过模拟分析计算,淮南支流竹竿河、潢河、白露河、史灌河全线超保证水位,淮河干流淮滨至息县河段全线超保证水位,部分河段出现漫溢。淮南支流大型水库除五岳水库超设计水位外,其他大型水库均不超设计水位。安徽省王家坝滞洪区需要分洪,河南省需要及时提出建议。

(五)淮南支流浉河暴雨移植模拟

1. 雨量移植方法及雨量计算

将"21·7"暴雨郑州暴雨中心置于南湾水库大坝以上,将"21·7"暴雨面分布平移至信阳市淮河流域,降雨量级、时程分布不变。对"21·7"暴雨降雨时段取7月17日8时至21日8时,共4 d。前期影响雨量按一般干旱情况处理,基本符合"21·7"暴雨期间各流域蓄水情况。

在暴雨移植后,累计雨量大于800 mm的笼罩面积为80 km^2,累计雨量大于600 mm的笼罩面积为1 460 km^2,累计雨量大于400 mm的笼罩面积为2 430 km^2,累计雨量大于200 mm的笼罩面积为1.13万km^2(含淮滨以上、北庙集以上,不含史灌河、洪汝河水系)。

据此,淮河干流各主要汇流单元的4 d累计面平均雨量为:南湾水库以上629 mm,出山店水库以上336 mm,石山口水库以上323 mm,五岳水库以上254 mm,泼河水库以上223 mm,鲇鱼山水库以上64 mm,竹竿铺以上284 mm,息县区间357 mm,潢川以上238 mm,北庙集以上138 mm,淮滨区间235 mm,蒋家集以上33 mm,信阳市主城区620 mm。

2. 模拟结果

模拟计算结果如下:

信阳市中心城区平均降雨量621 mm。

浉河:南湾水库下泄流量1 800 m^3/s,最高水位107.58 m,距离设计水位(108.89 m)1.31 m。

淮河干流:出山店水库下泄6 300 m^3/s,最高水位92.43 m,距离设计水位(95.78 m)3.35 m。

小潢河:石山口水库下泄流量400 m^3/s,流量小,河道安全。

寨河:五岳水库下泄流量162 m^3/s,流量小,河道安全(见表2-35)。

表2-35　主要水库模拟成果

水库名称	入库洪水总量/亿m^3	最大流量/(m^3/s)出现时间(月-日T时:分)		最高水位/m出现时间(月-日T时:分)	移民高程/m	设计水位/m
		入库	出库			
南湾	5.34	7 070 07-20T20:00	1 800 07-20T22:00	107.58 07-21T04:00	106.90	108.89
出山店	9.56	8 300 07-21T06:00	6 300 07-21T06:00	92.43 07-21T16:00		95.78
石山口	0.89	647 07-20T17:00	400 07-20T23:00	79.31 07-21T02:00	80.50	80.91
五岳	0.23	232 07-20T20:00	162 07-21T02:00	89.16 07-21T02:00	90.35	90.09
泼河	0.45	294 07-21T08:00	230 07-21T18:00	81.59 07-21T18:00	82.50	83.10

竹竿河:竹竿铺控制断面3 100 m^3/s,大于保证流量2 200 m^3/s,竹竿铺以下河道超保

证流量。

潢河:潢川控制断面 2 510 m^3/s,大于保证流量 1 900 m^3/s,新县—入淮河口河道超保证流量。

白露河:北庙集控制断面 1 180 m^3/s,大于保证流量 1 300 m^3/s,全线不超保证流量。

史灌河:史灌河不超保证流量,加强防洪可通过(见表 2-36)。

表 2-36 主要河道水文控制断面模拟成果

站名	洪峰			警戒水位/m	保证水位/m	保证流量/(m^3/s)	说明
	水位/m	流量/(m^3/s)	出现时间(月-日 T 时:分)				
竹竿铺	47.68	3 100	07-21T04:00	45.70	47.20	2 200	水位、流量超保证数值
潢川	40.52	2 510	07-21T12:00	37.80	39.00	1 900	水位、流量超保证数值
北庙集	31.87	1 180	07-21T10:00	31.00	32.50	1 300	水位、流量不超保证数值
息县	44.10	10 670	07-22T02:00	41.50	43.00	6 000	水位、流量超保证数值
淮滨	33.07	10 930	07-22T22:00	29.50	32.80	7 000	水位、流量超保证数值

3. 结论与建议

本次洪水模拟,淮滨以上流域总产水量 35.7 亿 m^3。南湾水库入库洪峰流量 7 060 m^3/s,接近 100 年一遇;出山店水库入库洪峰流量 8 300 m^3/s,接近 100 年一遇。

竹竿铺站洪峰流量 3 100 m^3/s,超 10 年一遇,不到 20 年一遇;潢川站洪峰流量 2 510 m^3/s,接近 10 年一遇;息县站洪峰流量 10 670 m^3/s,超 20 年一遇,不到 50 年一遇;淮滨站洪峰流量 10 930 m^3/s,超 20 年一遇。

通过模拟分析计算,淮南支流竹竿河、潢河全线超保证数值,淮河干流淮滨至息县河段全线超保证数值,部分河段出现漫溢。大型水库均不超设计水位。安徽省王家坝滞洪区需要分洪,河南省需要及时提出建议。

第三章　海河流域暴雨洪水模拟研究

第一节　海河流域概况

一、自然地理

(一)地理位置

卫河地跨山西、河南、河北、山东4省9市19县(市、区),位于东经113°15′~115°16′、北纬35°32′~36°28′,地处太行山以东,南部、西部、东南部与黄河流域为邻,北靠漳河流域,东接马颊河流域、北靠漳河,流域面积15 223 km^2(河南省境内12 921 km^2)。

河流流经山西省陵川县、壶关县,河南省焦作、新乡、鹤壁、安阳、濮阳5个省辖市的13个县(市、区)和河北省魏县、大名县、馆陶县及山东省冠县,河道总长373.70 km,其中河南省境内河长313.2 km。

卫河上源大沙河于修武县西村乡影寺村入境,流经博爱县、焦作县(现为焦作市)、武陟县、修武县、获嘉县、辉县,在新乡西永康北与共产主义渠汇流,河长115.50 km,河南省境内河长95.30 km。

(二)地形、地貌

河南省海河流域主要为卫河流域,卫河流域呈西南—东北向,北傍太行山脉,南为黄河冲积平原,地形总的趋势是西高东低、南高北低。京广铁路以西基本上是山区,山区面积约占流域面积的60%。

上游深山区有一定林木覆盖,浅山区、丘陵区土层较厚,植被很差,耕垦指数高,水土流失比较严重,水源很缺,是历史上严重的缺水地区。

(三)土壤、植被

流域内山丘地区以黏质砾土为主,部分地区兼有壤土及沙壤土。太行山山区多为灰岩,裂隙溶洞发育,地下水很深,坡度陡,土层薄。卫河左岸是山前洪积冲积平原,除部分地区为沙壤土外,其他均以砾质土为主。卫河右岸为黄河冲积平原,以沙壤土为主,在黄河故道所经之处与黄河决口处多为沙土,并分布有沙丘和分散的黏质土。卫河堤基土质主要为粉质壤土,分布粉土、粉沙夹层或透镜体;堤身填筑土以粉质壤土为主,其次为粉质沙壤土及少量粉质黏土。堤身土密实度普遍较低,土质不均匀。

(四)河流水系

卫河是海河流域漳卫河水系的一大支流,发源于山西省陵川县夺火镇,其南部、西部、东南部与黄河流域为邻,北靠漳河流域,东接马颊河流域。流域面积15 229 km^2,跨焦作、新乡、鹤壁、安阳、濮阳等市,在河南省的流域面积为12 921 km^2,占全流域面积的85%,是豫北地区重要的泄洪排涝河道。卫河干流长310 km,在河北省馆陶县徐万仓与漳河汇合后称漳卫河(见图3-1)。

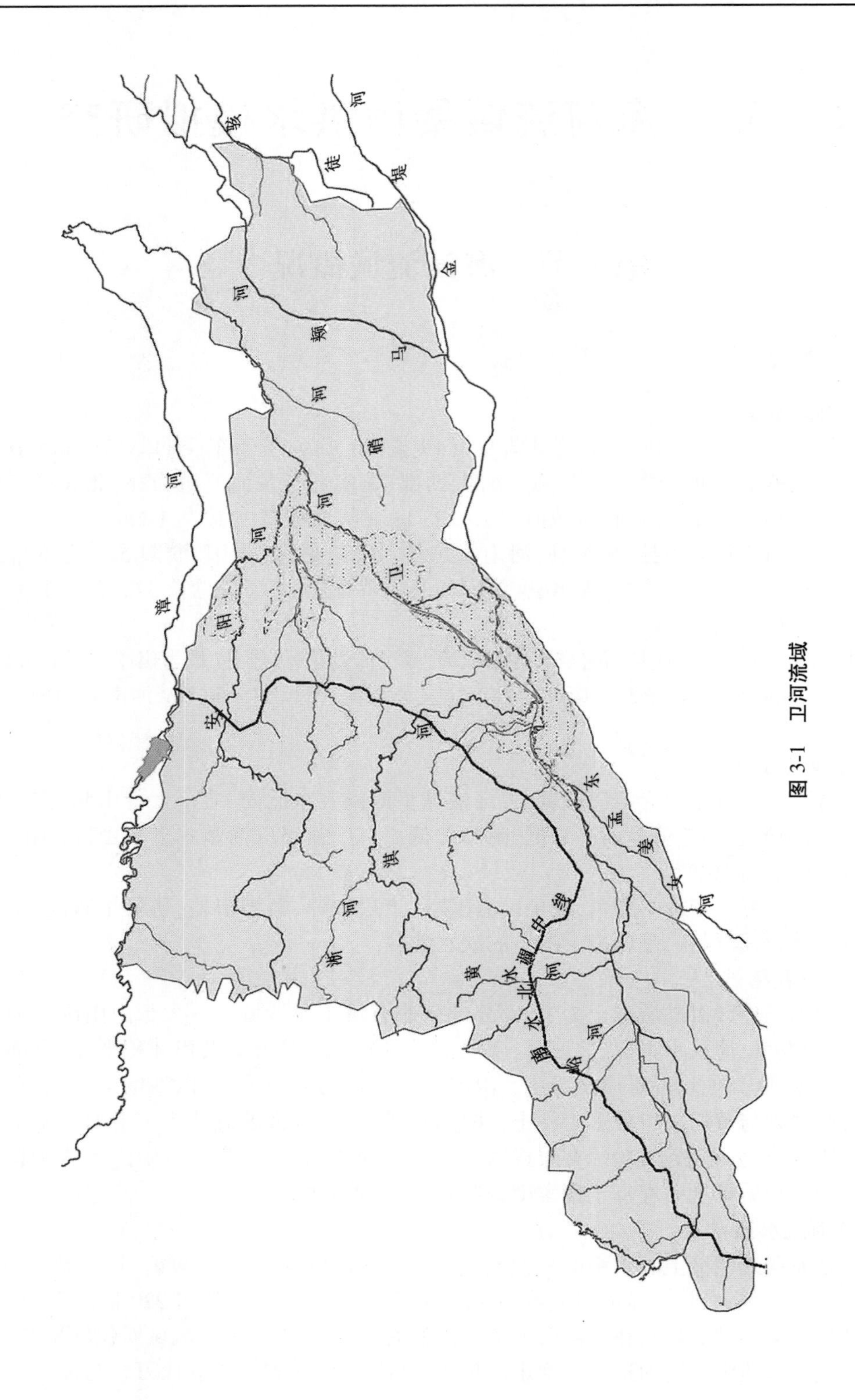

图 3-1　卫河流域

卫河左岸多为山区，支流均发源于太行山东麓，如梳齿状平行汇入干流，较大支流有峪河、石门河、沧河、淇河、汤河、安阳河等。右岸全为平原，主要支流有东孟姜女河、西孟姜女河、长虹渠、杏园沟、硝河、志节沟等。卫河合河以上称大沙河，1958年为引黄灌溉修建了共产主义渠，在合河穿断卫河，沿卫河左岸向下至老观嘴入卫河，承纳左岸山区来水，大沙河不再直接入卫河，而改入共产主义渠。1962年引黄停灌后，共产主义渠已成为卫河老观嘴以上的主要泄洪河道。

卫河是半悬式河床，两岸中游有多处洼地，如良相坡、白寺坡、长虹渠、小滩坡、任固坡等。卫河左岸支流均发源于太行山区，地形陡峻，各支流源短流急，每遇暴雨，集流迅速，而卫河干流槽小坡缓，泄洪能力小，洪水稍大即宣泄不及，常沿两岸洼地行洪，且洪水期间河道水位长期高出两岸地面，涝水无法排泄，经常造成洪涝灾害。

卫河流域洪灾主要发生在卫(共)、淇河汇合口以下至五陵段，淇河洪水来势迅猛，洪峰常早于共产主义渠先行到达，叠加共产主义渠来水后，下游宣泄不及，造成洪涝灾害。淇河新村站、共产主义渠合河站至淇门洪峰传播时间分别为4~6 h、26 h(见图3-2)。

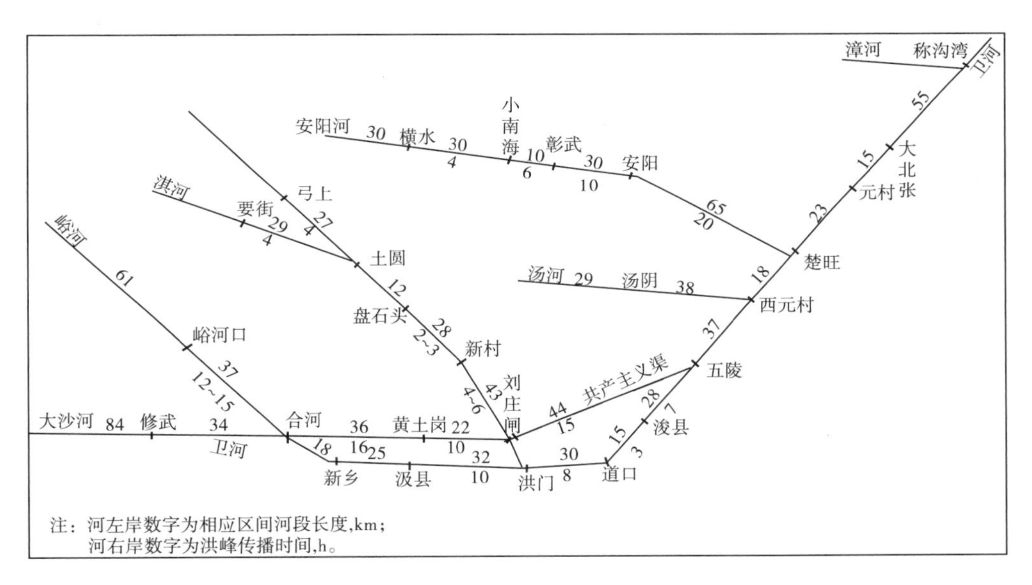

图3-2　卫河洪峰传播时间示意

二、社会经济

卫河流域内有焦作、新乡、鹤壁、安阳、濮阳5个地级市和辉县、卫辉、滑县、浚县、淇县、内黄等县级城镇，煤炭、电力、钢铁、化工、建材、纺织、电子等行业已成为该区域经济的支柱产业，乡镇企业发展迅速，流域内有京广铁路、京广高铁、郑济高铁、新菏铁路等重要的铁路干线通过；107国道及京珠高速公路穿越新乡、卫辉、淇县、鹤壁、汤阴、安阳等市(县)，106国道从滑县、濮阳、清丰、南乐境内穿过；省道濮阳—济源、安阳—濮阳、鹤壁—台前、鹤(壁)濮(阳)高速、鹤(壁)辉(县)高速、济(源)东(明)高速、大(庆)广(州)高速等公路从流域内穿过，县(乡)公路四通八达。

流域内总人口 1 100 万人,耕地面积 863 万亩,流域内国民生产总值 5 171.03 亿元(2017 年数据,仅参考)。农作物以小麦、谷子、玉米为主,并种有花生、棉花等经济作物,是河南省粮、棉、油等作物的主要生产基地。其工业、农业、第三产业发展迅速,在河南省国民经济发展中占有重要的地位。南水北调中线总干渠沿太行山东麓山前平原、京广铁路西侧自南向北依次穿越卫河流域的焦作、新乡、鹤壁、安阳 4 市。总干渠以明渠输水为主,明渠段与交叉河流全部立交。总干渠河南省卫河流域段长约 220 km,占河南省境内全长 731 km 的 30%。做好卫河流域内南水北调中线总干渠的防汛工作十分重要。

三、水文气象

(一)气候概况

卫河流域地处华北平原的南部,属季风型大陆性气候,冬季受北方冷气团控制,寒冷干燥,降水量少。夏季受太平洋副热带高压影响,西南及东南方向的暖湿气流向本流域输送,降雨主要集中在 7 月、8 月,约占全年降水量的 80%,而又往往集中在几天之内或几次降雨过程中,极易形成洪涝灾害。这一特点是造成本流域春旱秋涝的主要原因。

卫河流域内最大风速 20 m/s,年平均气温 14 ℃,最高气温 41.7 ℃,最低气温 -14.7℃,全年无霜期 201 d。

(二)降水、径流和水资源

卫河流域多年平均降水量为 633.3 mm,山丘区约为 800 mm,平原地区约为 600 mm,多年平均径流深 107 mm。降水量年内变化很大,旱年有的地区仅有 200 mm,涝年可达 1 000~1 400 mm。山区的辉县关山、林州土圈一带是暴雨中心,主汛期经常出现 3 d 均值在 180 mm 以上的暴雨,不仅频次高,而且量很大,是卫河流域洪水的主要发源地。

(三)暴雨与洪水

卫河洪水主要由夏季季风暴雨产生,其共同特点:一是较强的经向环流,使暖湿空气较易北上;二是副热带高压位置偏北,平均脊线位置在 32°N 左右,平均西伸脊点在山东半岛至朝鲜半岛间,使东南气流强盛;三是印度低压和贝加尔湖低槽势力较强,印度低压东伸较多,有利于印度洋上的水汽通过西南气流向本流域输送,也有利于副热带高压南侧的东南气流向东北方向输送,使本流域的水汽来源充足。贝加尔湖低槽的势力强,南伸多,则使本流域处于冷暖气流交锋地带,提供产生暴雨的动力。

在有利的环流形势下,造成流域暴雨的天气系统主要有西风槽、西南涡、西北涡、东蒙低涡、切变线、热带风暴(台风)及其倒槽等。“63 · 8”特大暴雨便是由西风槽和西南涡叠加合并而形成的。

卫河流域暴雨具有以下特征:①年内集中。流域降水量年内分配非常集中,汛期(6—9 月)雨量占全年降水量的 80%左右,全年降水量的多少常取决于一场或几场暴雨。暴雨主要发生在 7 月、8 月两月,尤其是 7 月下旬至 8 月上旬为最多。②年际变化大。卫河流域是我国暴雨年际变化最大的地区之一,以年最大 24 h 暴雨为例,其变差系数(C_v)达到 0.6~0.8。③暴雨强度大。汛期暴雨日雨量常在 100 mm 左右,超过 200 mm 的也不罕见,个别地区 24 h 雨量可达到 600 mm 以上。④空间分布受地形影响明显。太行山迎风坡是卫河流域的大暴雨区,也是全国的大暴雨区之一。由此向东南平原区,降雨量明显减少。

卫河洪水主要来自太行山区,左岸支流坡陡流急,洪水来势猛,干流淇门以下槽小坡缓,泄洪能力低。如“63·8”最大暴雨量达755 mm(小南海水库),淇河新村站出现洪峰流量5 590 m^3/s,而淇河、卫河汇口处只能过800 m^3/s,造成各坡洼临时扒口,从上到下逐个滞蓄洪水,洪涝灾害严重。卫河流域历史上曾发生过多次洪水,每次洪水都给沿河的城镇和村庄造成很大的经济损失。新中国成立以来,卫河发生较大洪水的年份有1963年、1970年、1976年、1982年、1996年等。发源于太行山南麓的卫河干支流,洪水场次少,洪水突发性强,预见期短,存在人与水争地的现象,下游河道滩地高秆作物和林木增多,峪河、黄水河等下游河段逐年萎缩,河道过水能力受到严重影响。

第二节　海河流域工程现状

一、水库工程

卫河流域共建有18座大中型水库、160余座小型水库,总库容12多亿m^3。这些水库大都建于20世纪五六十年代,其中许多水库为病险水库,进入80年代以后,国家投资对宝泉水库、南海水库、彰武水库进行了除险加固,近年来,对双泉、琵琶寺、正面、陈家院等水库进行了除险加固,对保护下游的焦作、新乡、安阳、鹤壁新区等重要城市及京广铁路、京广高铁安全运行起到了积极作用(见表3-1)。

盘石头水库工程已经完工,达到100年一遇设计、2 000年一遇校核标准。因库区林州市境内262 m高程以下还有700人尚未搬迁,工程不能按照初步设计方案正常运行。2018年河南省水利厅批复盘石头水库汛限水位237 m高程,按照初步设计调度运行方式运行。

二、河道堤防工程

河南省卫河流域主要河道有卫河、共产主义渠、淇河、安阳河、汤河和大沙河,共有河道堤防1 692.55 km。

(一)卫河

卫河干流自合河至徐万仓与漳河汇合,全长274 km(其中河南省境内合河至大北张223 km)。卫河干流迂回蜿蜒,槽小坡缓,一般上口宽60~100 m,槽深4~7 m,比降1/10 000~1/5 734,两岸均有堤防,堤距100~500 m。老观嘴以上河段基本上没有滩地,靠两堤束水,主要排泄右岸平原涝水,汛期排水不畅,两岸极易形成洪涝灾害。

卫河合河至淇门段由新乡市卫河共产主义渠管理处及有关县(市)水利局管理,该段有穿堤闸涵35座、桥梁51座、险工12处,长7 440 m;险段3处,长4 270 m;电灌站106处。1993年,新乡市组织获嘉县、卫辉市、原阳县、新乡县、新乡郊区、北站区及新乡市市区各企事业单位对卫河合河至淇门段进行了全面清淤,并对卫辉城区段进行了裁弯,缩短卫河长度2 km。同时,对东孟姜女河下游河段进行了改道,减轻了卫河涝水对卫辉城区的压力。2018年,新乡市组织卫辉市、新乡县、获嘉县、卫滨区、红旗区、牧野区、凤泉区及高新区对后河头村橡胶坝到小河口村淇河入口段进行了清淤复堤治理,治理长度为48.55 km,清淤土方330.96万m^3,复堤土方19.78万m^3,工程按除涝3年一遇、防洪20年一遇标准实施。

表 3-1　卫河流域大中型水库基本情况

序号	水库	河流	类型	集水面积/km²	总库容/亿 m³	设计洪水位/m	校核洪水位/m	最大泄量/(m³/s)	汛限水位/m	防洪库容/亿 m³	设计标准/a	设计洪峰/(m³/s)	说明
1	盘石头	淇河	大型	1 915.0	6.080 0	270.70	275.00	2374	设计 248，实际 237	5.320 0	100	6 650	
2	南海	安阳河	大型	850.0	1.075 0	179.88	187.80	7 235	160.0	0.9070	100	4 300	
3	双泉	安阳河	中型	171.0	0.179 1	219.54	224.13	2 275	214.0	0.144 1	50	1 370	
4	彰武	安阳河	中型	120.0	0.783 0	132.12	137.14	4 989	127.0	0.538 0	50	2 097	
5	汤河	汤河	中型	162.0	0.561 5	118.35	120.33	1 977	114.2	0.340 2	100	2 412	
6	琵琶寺	永通河	中型	30.0	0.205 4	123.26	124.82	191	121.0	0.014 7	100	834	
7	弓上	淅河	中型	605.0	0.319 1	506.39	509.95	7 850	498.0	0.160 0	100	5 060	
8	陈家院	淇河	中型	117.0	0.137 0	782.77	785.00	3 000	788.4	0.026 4	50	1 794	
9	三郊口	淇河	中型	215.0	0.307 0	646.66	649.45	4 036	640.0	0.104 5	50	2 485	
10	石门	欠十步沟	中型	43.0	0.185 8	385.24	386.44	1 586	380.0	0.105 7	50	1 268	
11	夺丰	思德河	中型	57.7	0.113 2	197.85	199.44		193.5	0.041 2	100	1 659	
12	正面	沧河	中型	88.5	0.153 7	398.67	400.53	3 288	395.0	0.040 2	50	2 045	
13	狮豹头	沧河	中型	147.2	0.194 7	309.33	313.67		302.5	0.093 7	50	2 051	
14	塔岗	沧河	中型	234.0	0.176 4	181.65	184.84	4 946	177.0	0.080 9	50	2 426	
15	石门	石门河	中型	132.0	0.277 1	305.70	308.00	3 224	303.2	0.028 7	50	2 850	除险加固，未验收空库运行
16	宝泉	峪河	中型	538.4	0.675 0	264.04	268.16	6 670	257.5	0.148 6	100	4 160	
17	马鞍石	大沙河	中型	90.0	0.105 7	421.89	423.98	1 780	152.5	0.042 0	50	1 315	
18	群英	大沙河	中型	165.0	0.166 0	481.75	485.20		477.0	0.036 6	50	980	

卫河淇门至南乐大北张段由水利部海河水利委员会漳卫南运河卫河河务局管理，沿程流经鹤壁、安阳、濮阳3市的浚县、滑县、汤阴、内黄、清丰和南乐等6县，河道长153 km。历史上进行了分段治理，其中浚内沟至大北张段1978年进行了扩大治理，淇门至老观嘴段1982年进行了清淤复堤，老观嘴至浚内沟段进行了清淤处理。目前，淇门至老观嘴段堤防堤顶宽度6 m，老观嘴以下段堤顶宽度8 m。沿河各段行洪能力不一，其中淇门至老观嘴段设计流量400 m^3/s，老观嘴至浚内沟段设计流量1 500 m^3/s，浚内沟至安阳河口段设计流量2 000 m^3/s，安阳河口以下设计流量2 500 m^3/s。

该段有闸涵422座，已除险加固（包括改建或废除）的有136座。现有险工102处，长25 683 m，堤防险段37处，新堤穿老河24处，各种桥梁48座。

（二）共产主义渠

共产主义渠是1958年为引黄灌溉所修建的。开挖共产主义渠后，卫河左岸合河至老观嘴段支流改入共产主义渠。1962年停止引黄后，共产主义渠大沙河入口以上基本废除，仅用于排除两岸的涝水，成为平原支流河道。共产主义渠自合河至老观嘴注入卫河，全长102 km，是卫河上中游地区的主要泄洪排涝河道之一。

共产主义渠与淇河交汇处下游约200 m建有刘庄闸一座，原是引黄输水节制闸。该闸建于1960年，1963年大水时被冲毁，1964年改建。刘庄闸设计流量400 m^3/s，共9孔，其中6孔5 m×3.5 m，2孔2.7 m×3.5 m，1孔2.6 m×3.5 m，闸底板高程为60.0 m（大沽标高，减0.7 m为黄海标高）。

大李庄闸位于淇县良相坡境内大李庄西南部的共产主义渠上，系1993年淇县为解决良相坡灌溉而兴建的拦河蓄水节制闸。该闸采用井柱桩基，实体砌墩与开敞式闸门的钢筋混凝土结构。全闸共7孔，孔高10.5 m，单孔净宽4 m，墩宽0.8 m。闸底板设计高程58.9 m，设计排涝流量80 m^3/s，5年一遇排涝水位63.20 m，设计蓄水位63.20 m，校核蓄水位64.00 m。当良相坡滞洪时，闸身将被淹没。

共产主义渠合河至刘庄闸段全线无左堤，合河至下马营段的右岸堤防经多次整修，堤身完整。该段共产主义渠共有穿堤闸涵22处、险工10处，长16 330 m。共产主义渠新乡市区段10.5 km进行了砌石护坡。1996年大水后，新乡市对合河至下马营段的河道进行了清淤，对堤防进行了加高培厚。合河至李士屯桥段堤防加高1.3~2.0 m，顶宽7~13 m，李士屯桥至下马营段加高0.3~1.0 m，顶宽7~8 m。思德河口至刘庄闸段无右堤，且河道行洪能力不足，当遇较大洪水时，共产主义渠、卫河河道、滩地及良相坡共同行洪。

共产主义渠刘庄闸至老观嘴段，其左岸与共产主义渠西行洪道毗邻，刘庄闸上下只有4.3 km长生产埝，以下基本为弃土并有豁口，标准较低，行洪时，自然漫溢；右堤较完整，也是白寺坡的围堤。共产主义渠基本上可以通过原设计流量400 m^3/s，但部分河段超高不足。

老观嘴以下接卫河左堤。该段共产主义渠有涵闸99座，已进行除险加固及改建的有28座。

（三）淇河

淇河是卫河的重要支流。发源于山西省陵川县方脑岭，流经陵川县、辉县、林州市、鹤壁市、淇县、浚县等市（县），于淇门注入卫河，干流长度160 km。流域面积2 142 km^2，其中山区面积占92%,比降为1/200~1/100,又处于卫河暴雨的高值区。比降陡,流程短,每遇暴雨,洪水迅速集中,洪峰高,来势猛,加之下游河道宣泄不畅,洪水位长时间高出地面,极易形成堤防决口,威胁两岸安全。盘石头水库修建后,将有效地控制上游山区洪水,减轻下游河道的防洪压力。

淇河河道自上而下由宽变窄,滩地从有到无。堤防逐渐升高,过流能力逐渐减小。

淇河石河岸以下筑有堤防,石河岸至淇门段河道全长26 km,其中左岸堤防22.7 km,右岸堤防20.4 km。其中,石河岸至青龙镇段,除石河岸向良相坡分洪处堤防超高不足1.5 m外,其余堤段堤高在1.5 m左右时行洪能力约为5 000 m^3/s;青龙镇至后交卸段,当堤防超高为1.5 m左右时,河道行洪能力约为4 100 m^3/s;后交卸至阎村段,当堤防超高为1.5 m左右时,河道行洪能力约为2 200 m^3/s;阎村至淇门段,阎村以下河道的左、右岸分别是共西行洪道和良相坡,其右堤断续不全,标准较低,且在阎村处右岸留有500 m宽固定分洪口门,是良相坡的一个进洪口。进洪口处地面高程67.75 m(黄海)。左岸的枋城附近设有300 m的口门标志,是扒口分淇河洪水入共产主义渠西滞洪区上片的位置。当堤防超高为1.5 m时,行洪能力可达1 500~1 600 m^3/s。

沿淇河两岸共有险工险段26处,这些险工大部分没有得到治理,两岸有涵闸50处。

(四)安阳河

安阳河又名洹河,是卫河的第二大支流,干流自林州市姚村乡清泉寺起,流经安阳县、安阳市区,至内黄县范阳口入卫河,全长164 km,流域面积1 920 km^2,其中山区占47%,盆地占18%,平原占35%。上游建有南海、彰武水库。现状河道上宽下窄,呈倒葫芦形。河槽泄洪能力上大下小。安阳河市区以下现有桥梁27座、浮体闸1座、橡胶坝2座、节制闸4座(于曹橡胶坝改为节制闸,新增西湖、东湖节制闸)、排水沟涵闸27处。目前,河槽安全泄量:彰武至京广铁路桥河段长29 km,行洪能力2 300~3 600 m^3/s;京广铁路桥至于曹沟河段长8.57 km,已按2 300 m^3/s进行了治理;于曹至曹马分洪口4.43 km,设计行洪能力2 300 m^3/s,曹马分洪口至郭盆闸河段长6.3 km,设计行洪能力1 100 m^3/s,正在进行河道开挖;郭盆闸至安内界河段长32.13 km,大部分河段行洪能力仅能达到300 m^3/s。安内界以下至卫河口河段长8 km,行洪能力为600 m^3/s。

(五)汤河

汤河是卫河的主要支流之一,发源于鹤壁市太行山东麓、牟山脚下的孙圣沟,经汤阴县至内黄县西元村入卫河,全长60 km。汤河流域面积1 287 km^2,其中京广铁路以上628 km^2,占49%,京广铁路以下659 km^2,占51%。汤河干流控制面积较小,面积为287.7 km^2。它有两条大支流:一是羑河,流域面积625.3 km^2,长度50 km,于四伏厂汇入汤河;二是永通河,流域面积374 km^2,长度约37 km,于双石桥汇入汤河。汤河干流铁路桥以上平槽泄量可达1 000 m^3/s,下游四伏厂平槽泄量仅80 m^3/s左右,最大安全泄量也只有120~150 m^3/s。永通河及羑河下段安全泄量100 m^3/s。上游建有汤河水库,库容5 615万m^3。永通河上修建了琵琶寺水库,库容2 054万m^3。汤河干流河道弯曲,堤防断断续续,不整齐,且无人管理。河道修建两处翻板拦河闸,断面达不到行洪流量要求,亟待改建。目前,当汤河干流在双石桥水位达63.00 m时,泄洪流量为120 m^3/s,四伏厂桥以下泄洪流量为150 m^3/s。

(六)大沙河

大沙河发源于山西省陵川县夺火镇,流经博爱县、中站区、解放区、城乡一体化示范区、修武县、获嘉县、辉县,于新乡市永康北入共产主义渠,控制流域面积 2 688 km^2,河道总长 115.5 km,其中焦作市流域面积 1 623 km^2,河道长度 74 km。大沙河右岸堤防 46.5 km,左岸堤防 35 km,设计防洪标准 50 年一遇,设计行洪能力 2 750 m^3/s,多年平均径流量 2.3 亿 m^3。上游建有一座中型水库(群英水库,总库容 1 660 万 m^3,控制流域面积 165 km^2),沿河有公路桥、生产桥 23 座,涵 25 座,闸 9 座。

自 2013 年开始,对大沙河出山口至蒋沟河入大沙河口下游河道进行全面治理。一是大沙河出山口至南水北调中线工程倒虹吸,治理段河道长 12 km,包括主槽清淤疏浚、生态护坡、左右岸新筑堤防及堤防加固等。治理范围内防洪标准 20 年一遇,其中焦温高速至南水北调中线工程倒虹吸段为 50 年一遇,目前治理已结束。二是南水北调中线工程倒虹吸起至蒋沟河入大沙河口下游 900 m 处,治理长度 18.5 km,按 50 年一遇防洪标准治理,设计流量 2 750 m^3/s,左右堤防距离 300 m,设计主槽底宽 80~105 m,堤防采用均质土堤,堤顶宽 6 m,建设内容包括清淤疏浚主槽、右岸堤防加高培厚、新筑左岸堤防等,目前两岸堤防已建成,但穿河生产路(7 条)、公路(3 条)没有开挖,穿堤路口堤防没有合拢,影响行洪。三是修武县马道河段完成河道治理 4.5 km,左右岸堤防加高培厚,清淤疏浚主槽,治理标准 20 年一遇,目前治理已完成(见表 3-2)。

表 3-2　卫河干支流主要河段现有泄洪能力

河流	河段	排水能力/(m^3/s)		说明
		排涝	行洪	
卫河	合河—淇门	50~108	100~160	
	淇门—老观嘴	130~150	400	
	老观嘴—浚内沟口	700	1 500	
	浚内沟口—安阳河口	700	2 000	
	安阳河口—徐万仓	1 000	2 500	
共产主义渠	合河—刘庄闸		900~1 000	
	刘庄闸—老观嘴	250	400	
淇河	石河岸—青龙镇		5 000	
	青龙镇—后交卸		4 100	
	后交卸—阎村		2 200	
	阎村以下		1 500~1 600	

续表 3-2

河流	河段	排水能力/(m^3/s)		说明
		排涝	行洪	
安阳河	彰武水库—市区		2 300~3 600	
	市区—曹马		2 300	安阳桥除外
	曹马—郭盆闸		300~1 100	
	郭盆闸—入卫口		300~600	
汤河	双石桥		120	
	四伏厂桥		150	
大沙河	鹿村—民主南路		115~260	主槽过流
	民主南路—蒋沟入口		27~67	主槽过流
	蒋沟入口—大沙河末端		150~350	主槽过流

三、蓄滞洪区

卫河、共产主义渠淇门以上过流能力和老观嘴以下泄洪能力都比较大,但中游淇门—老观嘴是卡口段,与上下游的过水能力不相适应,每遇洪水,必须启用两岸的蓄滞洪区。卫河干流中游的蓄滞洪区主要有良相坡、长虹渠、共产主义渠西、白寺坡、小滩坡、任固坡,安阳河上有崔家桥滞洪区,汤河上有广润坡滞洪区(见表 3-3)。

(一)良相坡滞洪区

位于卫辉市和淇县境内,处于淇河、卫河、共产主义渠的交汇处,为历史自然滞洪区,进洪地点在共产主义渠左岸豁口和淇河阎村分洪口,其滞洪机遇为 2~3 年。

(二)长虹渠滞洪区

位于卫辉市、浚县、滑县境内的卫河右岸与古阳堤之间的低洼地带。20 世纪 50 年代中期为防御卫河超标准洪水,在淇门分洪口以上修建有申店隔堤,将卫河右侧的低洼地带分为上、下两块,即形成柳围坡与长虹渠两个滞洪区,由于申店隔堤已被拆除,柳围坡也就失去了独立蓄洪的能力,只能成为长虹渠加大滞洪量的倒灌区。长虹渠滞洪区进洪地点在淇门,出口为曹湾溢洪堰和退水闸。其运用机遇为 3~5 年。

(三)共产主义渠西滞洪区

位于共产主义渠刘庄闸以下的西侧,由上、下两片洼地组成,上片用于分滞淇河洪水,又称枋城坡;下片用于分滞共产主义渠洪水。共产主义渠西滞洪区上片运用机遇为 5~10 年,下片运用机遇为 2~3 年。上片的进洪方式为扒口进洪,扒口地点在枋城,上、下片泄洪方式均为自然泄洪。

表 3-3　各蓄滞洪区围堤情况统计

名称	所在河流	围堤高程/m
良相坡	淇河、共产主义渠	西岗堤 68.30~69.19,卫河右堤 67.20~69.70,城关防洪堤 68.30~69.19
长虹渠	卫河	卫河右堤 63.3~70.10,古阳堤 0.90~63.50
共产主义渠西	淇河、共产主义渠	淇河左堤 67.05~74.06,共产主义渠左堤 64.53~67.53
白寺坡	卫河	付庄堤 60.74~61.28,卫河左堤 62.50~65.50,共产主义渠右堤 62.20~62.80
小滩坡	卫河	卫河右堤 59.15~60.80,东防洪堤 58.30~60.59
任固坡	卫河	卫河左堤 56.56~59.52,汤河右堤 56.50~60.96
崔家桥	安阳河	现状为自然洼地,西部边界为自然高地,北、东部较低且无边界堤防,安阳河左堤系蓄滞洪区的南边界,总长度为 14.9 km,其中仅曹马桥—西柴村段 5.5 km 有堤,但高度不够,其他段均无堤
广润坡	汤河	东防洪堤南瓦店到四伏厂长 8.85 km,现状堤顶高程为 57.94~58.48;南瓦店至西报德长 3.10 km 无堤。西防洪堤汪流屯到将台长 10.90 km,现状堤顶高程为 57.72~58.74;将台至开信段、汪流屯至黎官屯段无堤。汤河左堤后高汉村到西元村,长 25.60 km,现状堤顶高程为 52.75~63.15。安阳河右堤武家门到范阳村,长 21.10 km,现状堤顶高程为 53.10~58.80。卫河左堤西元村至安阳河入卫河口的范阳村,长 9.60 km,现状堤顶高程为 55.50~55.90

(四)白寺坡滞洪区

位于淇门以下的卫河、共产主义渠之间,地处浚县、滑县境内,兴建于 1955 年。1960 年开挖共产主义渠下段后,将原白寺坡分为共产主义渠东和共产主义渠西两部分,共产主义渠东即为现在的白寺坡,共产主义渠西即为现在的共产主义渠西滞洪区。白寺坡的进洪方式为扒口进洪,扒口地点在卫河左岸浚县和滑县交界处的王湾村西。出流靠自然泄洪,地点在盐土庄,边界堤防为卫河左堤、共产主义渠右堤及付庄堤,运用机遇为 5~10 年。

(五)小滩坡滞洪区

位于卫河中游,地处浚县城以下卫河右岸的浚县、内黄境内,是 1955 年为弥补老观嘴以上良相坡、柳围坡、长虹渠、白寺坡等滞洪区的容积不足而兴建的。进洪方式为扒口进洪,扒口地点在卫河右岸圈里,退水地点在浚内沟入卫河口,运用机遇为 10 年。

(六)任固坡滞洪区

位于卫河中游左岸汤阴、内黄县境内。设计滞洪水位 56.40 m,相应滞洪量 1.86 亿 m^3,淹没面积 152.07 km^2。运用条件为当卫河浚内沟口过水流量超过 2 000 m^3/s 时,在汤阴北五陵东扒卫河左堤分洪入任固坡滞洪区。

(七)崔家桥蓄滞洪区

位于安阳河左岸,现状北、东较低,且无边界堤防,汛期洪水漫过边界行洪,退水主要依靠梨园沟和位于永和桥上游左岸无堤段退入安阳河,一部分洪水沿地势向东漫溢。当安阳河郭盆闸以上来水流量超过 300 m^3/s 时,启用崔家桥蓄滞洪区。

(八)广润坡滞洪区

位于汤河中下游,分一级滞洪区和二级滞洪区,运用条件为:①当汤河双石桥处水位达到或超过 63.00 m(大沽高程,相应黄海标高 61.84 m)时,扒汤河左堤入广润坡一级滞洪区;②汤河双石桥与洪河汪流屯、茶店坡河内黄至安阳快速通道桥 3 处河道来水流量合计大于 300 m^3/s,洪水自然漫溢入广润坡一级滞洪区。当一级滞洪区蓄洪水位超过 56.90 m 时,在王贵庄溢洪堰漫流入广润坡二级滞洪区。一级滞洪区涉及汤阴县、安阳县和文峰区,二级滞洪区涉及安阳、内黄两县。

当安阳河流量大于 600 m^3/s(不足 10 年一遇)时,必须利用郭盆闸控泄才能满足卫河限泄要求。安阳河河道全段治理后,配合蓄滞洪区规划的实施,蓄滞洪区与河道联合运用,可减轻卫河的洪水压力。

崔家桥蓄滞洪区 20 年一遇最高洪水位 64.54 m,滞洪水量 3 260 万 m^3;50 年一遇洪水,最高滞洪水位 65.96 m,滞洪总水量 11 017 万 m^3。

沿卫河的滞洪区除长虹渠滞洪区有一座退水闸外,其他所有滞洪区均无控制工程,依靠扒口进洪,破堤退洪。这样不但进洪、退洪不能控制,且汛后恢复很困难。运用时采用自然倒坡行洪方式,洪水由上坡倒下坡,一坡倒一坡,形成一水多淹、小水大淹,加重了滞洪区灾情。

为有效地分滞卫河洪水,保护卫河坡洼内群众生命财产的安全,在 20 世纪 50 年代中期成立滞洪区时,各滞洪区均建有围村堤、救生台等救生设施。由于种种原因,这些设施大多已被破坏。进入 20 世纪 90 年代,国家又投资对良相坡、长虹渠及白寺坡等滞洪区救生设施进行整修加固,部分群众得到妥善的安置,但进展速度缓慢。

第三节 海河流域“63·8”暴雨洪水模拟移植

一、“63·8”暴雨洪水概述

(一)暴雨

1963 年 7 月下旬,副热带高压北挺,暖湿空气加强,冷空气南下在贵阳附近产生低涡,沿副热带高压边缘向北移动,8 月 1 日在宜昌一带形成雨区,迅速进入河南省,经南阳、许昌,3 日到达安阳,然后在豫北维持,从 4 日开始,康藏高原高压东移到河套一带,副热带高压仍稳定控制着东南沿海,在河南省上空形成连续暴雨,6 日又有新的冷空气侵入,低涡波动加强、辐合抬升作用更加剧烈,致使 8 月 8 日在豫北出现特大暴雨。暴雨中心河北省滏阳河獐么站 7 d 降雨量 2 050 mm,创我国大陆最高纪录。豫北大部分地区的降雨量达 400~700 mm。这次暴雨的特点是雨量大、范围广、强度高,多数地区的大暴雨是出现在降雨过程的中后期,前期降雨已使土壤饱和,后期降雨产生的径流量很大。

从淇河新村、共产主义渠合河站面雨量过程(见图 3-3~图 3-5)可以看出,存在 3 个比较

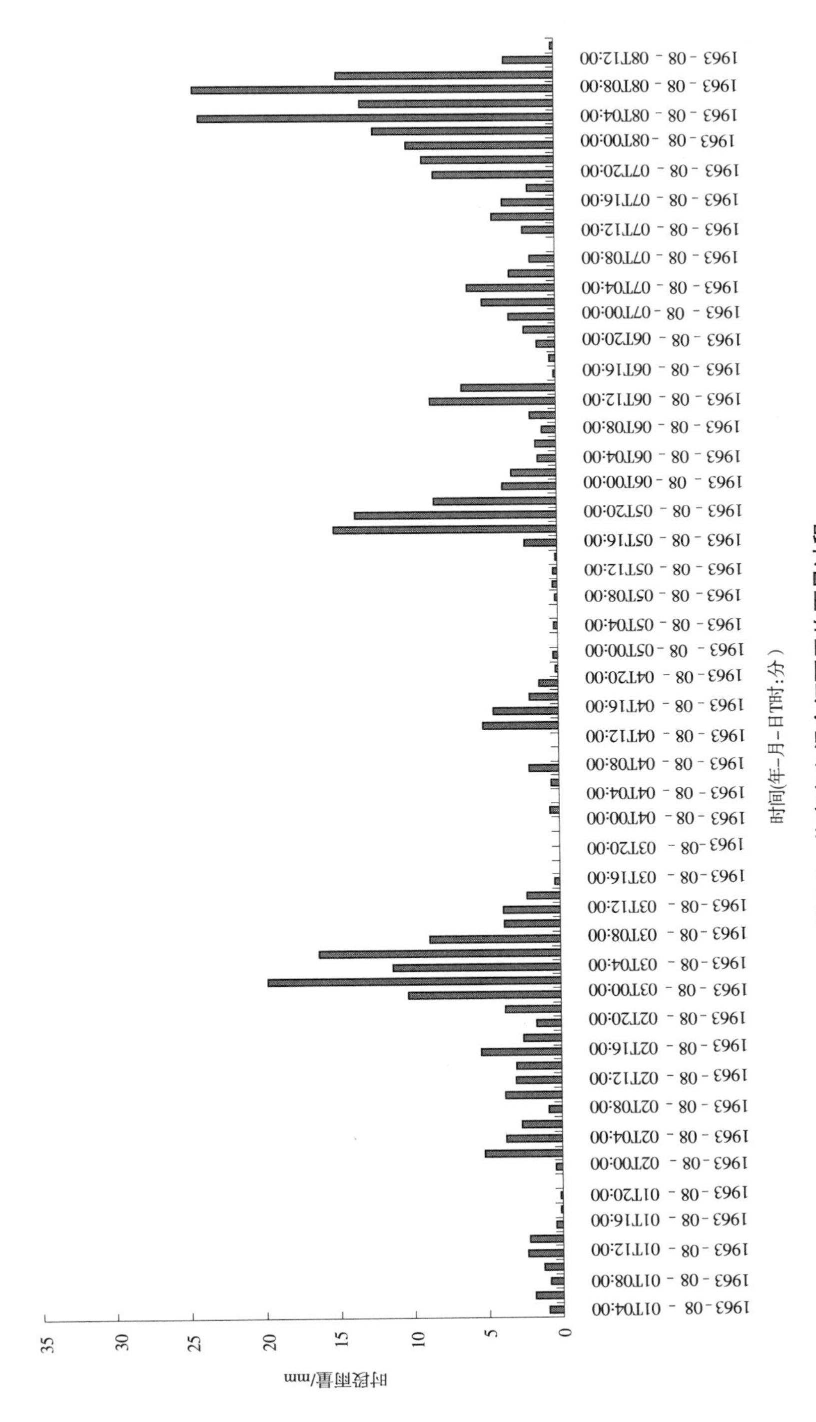

图 3-3　共产主义渠合河面平均雨量过程

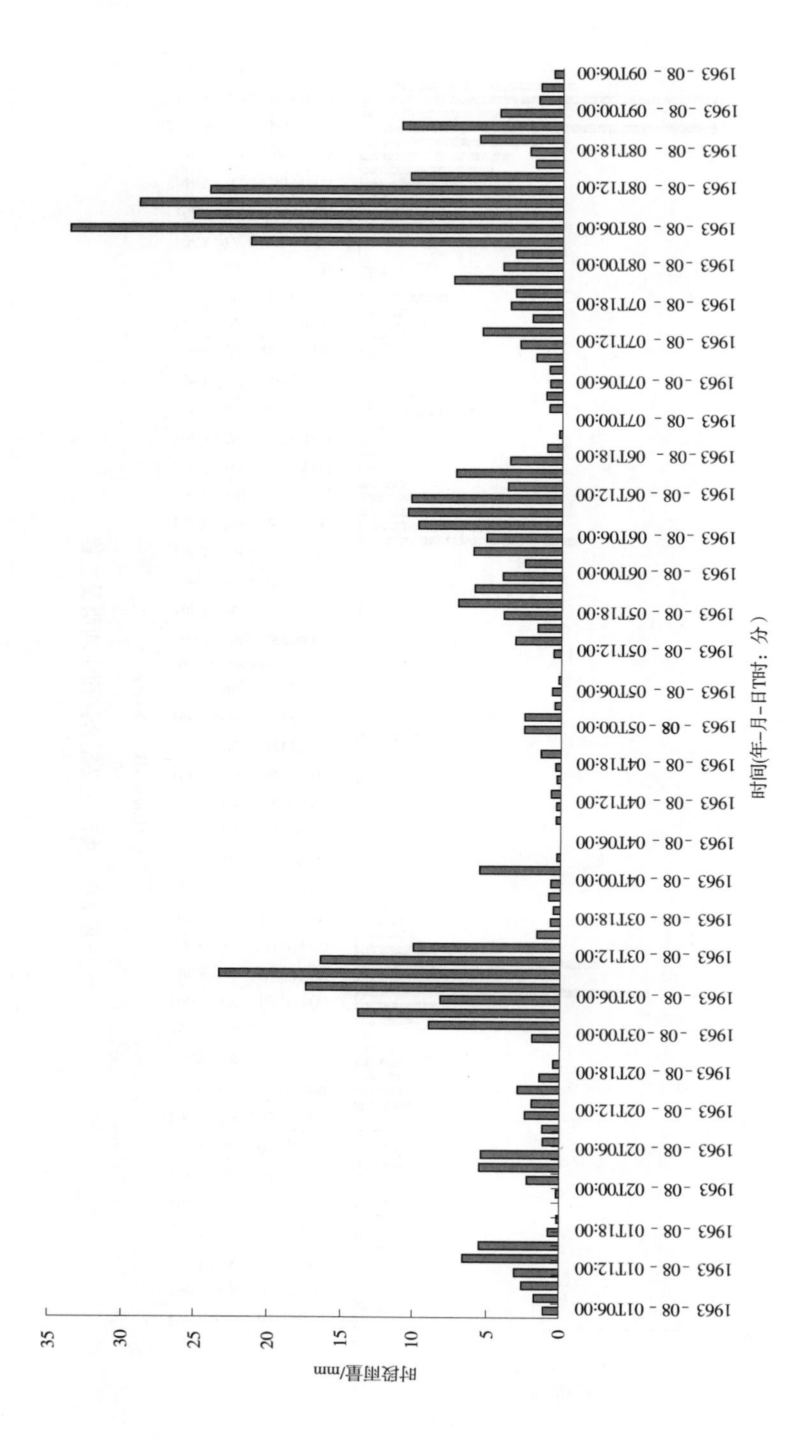

图 3-4　淇河新村面平均雨量过程

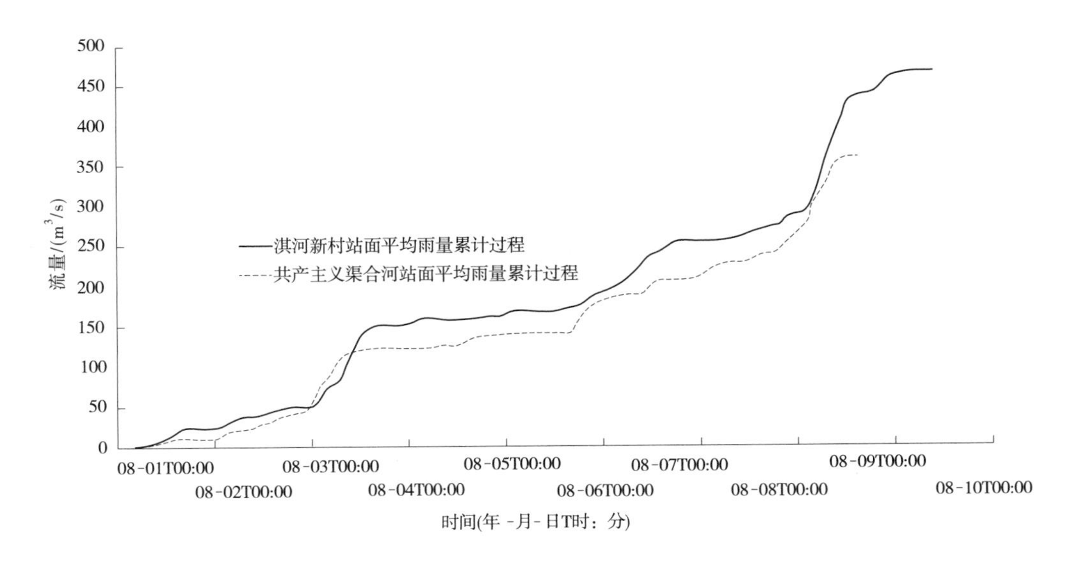

图 3-5　共产主义渠合河站、淇河新村站面平均雨量过程

明显的降雨时段，分别为 3 日 0–12 时、5 日 14 时至 6 日 16 时、7 日 20 时至 8 日 12 时，合河以上降雨略早于新村。最后一次降雨较前两次降雨无论是总量还是强度都要大，利于产生高峰值洪水。

（二）洪水

“63·8”暴雨使卫河出现了特大洪水，河道决口多，沿河各滞洪区相继进洪，农田变成一片汪洋，洪涝灾害极为严重。

共产主义渠合河站及卫河支流淇河新村站，洪峰流量分别达 1 350 m³/s、5 590 m³/s，均排实测系列之首位。8 月 4 日良相坡行洪；8 月 3 日共产主义渠向白寺坡扒口分洪，刘庄闸被冲毁；卫河淇门以上右堤扒口 4 处向柳卫坡、长虹渠分洪；8 月 7 日长虹渠又向白寺坡分洪；浚县以下卫河向小滩坡分洪；老观嘴以下卫河向任固坡分洪；8 月 11 日又于卫河右堤死河湾扒口向二道防线内分洪，并有一部分水量向东侵入马颊河。汤河下游、安阳河下游及漳卫河之间广大平原地区一片汪洋（见表 3-4、表 3-5）。

表 3-4　“63·8”洪水主要河道洪峰流量

河名	站名	时间		水位/m	流量/(m³/s)
		日	时:分		
卫河	淇门	6	11:00	66.90	824
	道口	6	14:00	63.01	398
	西元村	10	20:00	19.47	1 300
	楚旺	10	04:00	53.51	1 580

续表 3-4

河名	站名	时间		水位/m	流量/(m^3/s)
		日	时:分		
共产主义渠	合河	8	20:00	75.50	1 350
	黄土岗	9	14:00	71.29	1 290
	刘庄闸	8	19:15	65.38	605
淇河	土圈	8	09:30	15.30	2 610
	新村	8	13:00	105.81	5 590
浙河	弓上(坝下)	8	04:18	450.42	336
安阳河	横水	9	01:54	5.49	382
	安阳	8	16:00	75.18	1 190
汤河	水库坝下	8	24:00		185
永通河	伏道铁桥	9	12:00	8.51	233

表 3-5　“63 · 8”部分大中型水库运用

河名	水库	集水面积/km^2	总库容/亿 m^3	设计水位/m	最高水位/m	最大蓄量/亿 m^3	最大下泄流量/(m^3/s)
安阳河	南海	837	0.894	188.00	175.24	0.626	286
	彰武	977	0.644	137.60	126.97	0.240	490
粉红江	双泉	177	0.15	219.54	218.80	0.084	235
汤河	汤河	130	0.526	118.35	118.04	0.408	184
永通河	琵琶寺	29	0.075	123.26	119.62	0.078	124

1. 共产主义渠合河站

合河站为卫河(共渠)上游的控制站,流域内峪河以下至本控制断面左岸有众多支流汇入,为卫河(共渠)主要产流区之一。合河站以上流域面积 4 203 km^2,其中山区为 2 003 km^2,平原为 2 200 km^2。焦作市区到辉县百泉以上为太行山丘区,高程均在 200 m 以上,以南为冲积平原。洪水主要来自卫北山区,卫南平原对洪水形成的影响不大。测站基面采用冻结基面,减 0.701 m 为黄海基面。其河道为复式河槽,滩区宽度达 1 550 m。“96 · 8”洪水前,因主河道淤积严重,行洪滩区地形复杂,高秆作物密植,渠沟纵横交错,对行洪有较大影响。1996 年后共产主义渠得以治理,行洪能力有所提高。

对应于 3 个主要降雨时段,合河站出现 3 个连续洪峰,前两个洪峰较小,最后一个最大。合河洪水于 8 月 1 日 8 时起涨,起涨流量 30 m^3/s,水位 71.97 m;3 日 21 时出现第 1 个洪峰,流量 755 m^3/s,水位 74.72 m;5 日流量最小回落至 285 m^3/s 后再次上涨;于 6 日 14 时出现第 2 个洪峰,流量 690 m^3/s,水位 74.96 m;8 日 6 时流量最小,回落至 365 m^3/s 后再次快速上涨;于 8 日 20 时出现本次洪水的第 3 个也是最大的洪峰,流量 1 350 m^3/s,水位 75.5 m;至

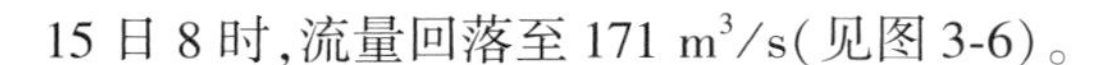

15 日 8 时，流量回落至 171 m^3/s(见图 3-6)。

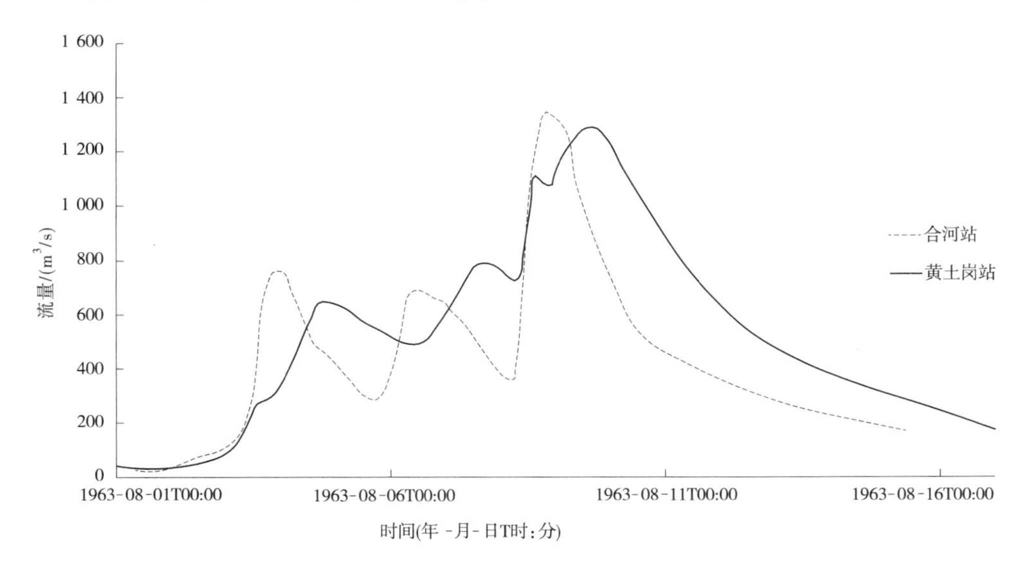

图 3-6　共产主义渠合河站、黄土岗站流量过程

合河站本次洪水历时长达 14 d，断面径流总量 5.48 亿 m^3。

2. 共产主义渠黄土岗站

黄土岗站为共产主义渠新乡市境内出口控制站，1989 年该站由原黄土岗村上迁 4.5 km 至卫辉市黑木桥。合河站到黄土岗站全长 35 km，其间无大的支流汇入。测站基面采用冻结基面，减 2.153 m 为黄海基面。复式河槽，滩区宽近 300 m。

黄土岗洪水主要来自合河，区间径流的汇入，一方面使得黄土岗断面径流量较合河为大，另一方面补偿了峰河洪水沿河道演进的衰减。对应于合河 3 峰，黄土岗也出现 3 个洪峰，其中第一峰和第三峰涨落明显，第二峰回落不大随即上涨。黄土岗洪水于 8 月 1 日 20 时起涨，起涨流量 307 m^3/s，水位 66.74 m；4 日 20 时出现第 1 个洪峰，流量 646 m^3/s，水位 70.31 m；6 日 12 时流量最小回落至 492 m^3/s 后再次上涨；于 7 日 16 时出现第 2 个洪峰，流量 794 m^3/s，水位 70.62 m；8 日 8 时流量稍回落至 734 m^3/s 后再次快速上涨；于 9 日 14 时出现本次洪水最大的洪峰，流量 1 290 m^3/s，水位 71.29 m；至 15 日 8 时，流量回落至 293 m^3/s(见图 3-6)。

黄土岗站本次洪水历时长达 14 d，断面径流总量 6.72 亿 m^3，比合河站多 1.24 亿 m^3。

3. 淇河土圈站、新村站

淇河新村站以上流域面积 2 118 km^2，土圈站在新村上游 32 km 处，控制流域面积 1 890 km^2，后来建成的盘石头水库在新村上游 18 km，控制流域面积 1 915 km^2，现状是土圈站所在地已在盘石头库区，该站于 2008 年撤销。土圈站控制流域面积略小于盘石头水库，在后面的水库调洪演算中，土圈流量过程近似作为盘石头入库流量过程。

对应于 3 个主要降雨时段，土圈站、新村站洪水先后出现 3 个洪峰，土圈洪峰流量分别为 680 m^3/s、779 m^3/s、2 610 m^3/s，出现时间分别为 3 日 16 时、6 日 14 时 30 分、8 日 9 时 30 分；新村洪峰流量分别为 790 m^3/s、970 m^3/s、5 590 m^3/s，出现时间分别为 3 日 20 时 30 分、6

日 17 时 42 分、8 日 13 时。主要洪水期间，土圈、新村产流量分别为 3.99 亿 m^3、5.25 亿 m^3（见图 3-7）。

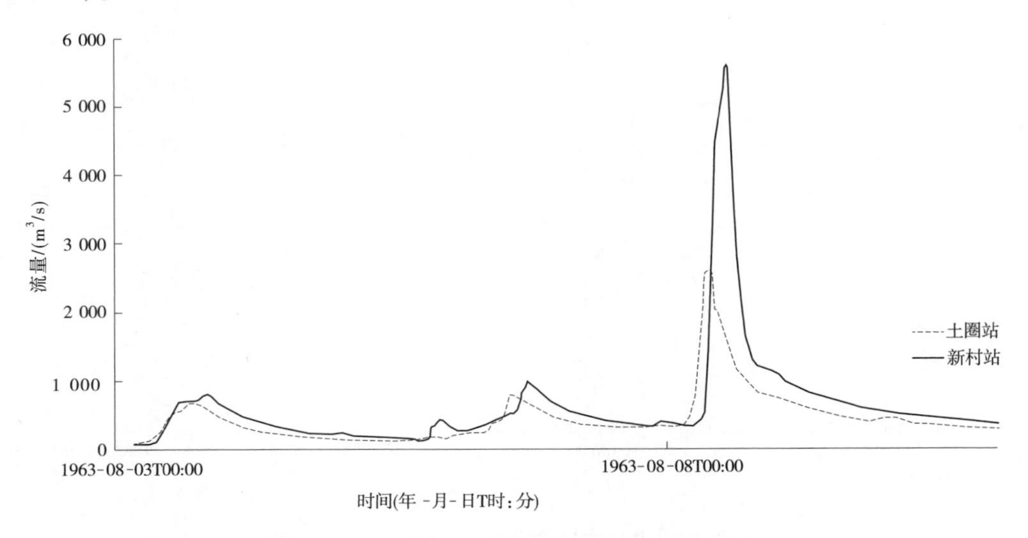

图 3-7　淇河土圈站、新村站流量过程

需要说明的是，土圈站、新村站最后一个洪峰，也是本次洪水最大洪峰，由于降雨偏下游（土圈以上平均降雨量 157 m，以下平均降雨量 278 m），致使洪峰流量新村远超土圈。

比较淇河新村站与共产主义渠合河站、黄土岗站洪峰出现时间，可以看出，新村站洪峰大致比黄土岗站洪峰提前 1 d 出现。

4. 共产主义渠刘庄站、卫河淇门站

刘庄站是卫河流域共产主义渠的主要控制站，设立于 1962 年 7 月。位于浚县新镇镇刘庄村，共产主义渠、淇河交汇口下游 500 m，刘庄节制闸下游 400 m。刘庄站上游 26 km 处有黄土岗引水渠，400 m 处有刘庄节制闸。本站采用冻结基面，加−0.641 m 为黄海基面。

淇门站是卫河流域主要控制站，设立于 1951 年 7 月，控制流域面积 8 427 km^2。位于浚县新镇镇小李庄村，上游右岸 1 km 处是长虹渠滞洪区淇门进洪口，上游 2 km 处为淇河和共产主义渠交汇口，下游约 22 km 处右岸有曹湾溢洪堰堵坝，左岸有白寺坡滞洪区王湾口门。下游 52 km 处左岸圈里有小滩坡滞洪区。本站至卫辉黄土岗区间的支流上有狮豹头、塔岗、正面、夺丰等中型水库。高程采用冻结基面，加−0.639 m 为黄海基面。

淇河、卫河汇合后，一部分洪水经共产主义渠刘庄闸下泄，另一部分经卫河下泄，其水文控制断面分别为刘庄、淇门站。对比新村、黄土岗、淇门刘庄总流量过程（见图 3-8、图 3-9）可以看出，受新村第一个小峰叠加卫河底水，使得淇河、卫河汇合处流量于 3 日 14 时开始陡涨，同日 20 时流量即达到 810 m^3/s，已超过淇门、刘庄保证流量，此后洪水持续大于保证流量，洪水沿卫河（共渠）河宣泄不及，多个滞洪区相继自然溢洪或扒口分洪，上游来水对淇门、刘庄河道流量影响钝化，对应于淇河新村第二峰、第三峰，淇门刘庄总流量在高水段出现 2 个小峰，洪峰流量分别为 1 388 m^3/s、1 391 m^3/s，出现时间分别为 6 日 20 时、8 日 18 时。

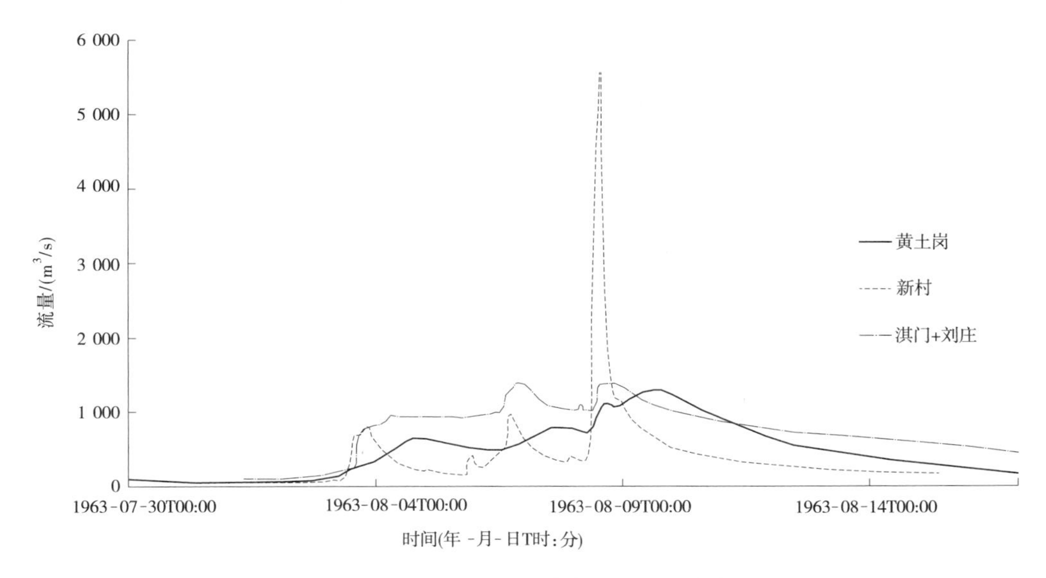

图 3-8　淇门以上主要河道控制断面流量过程

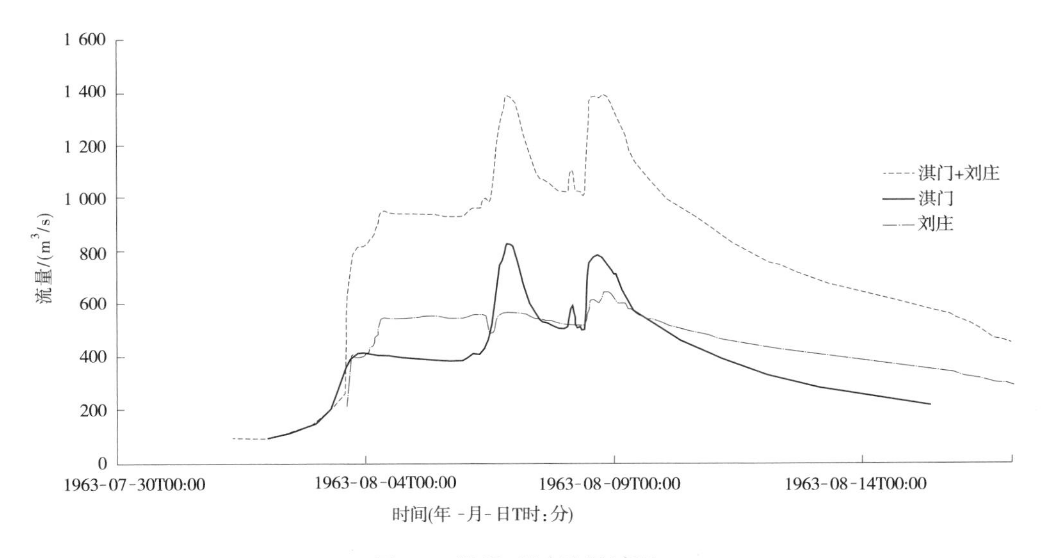

图 3-9　淇门、刘庄流量过程

5. 卫河老关嘴站

共产主义渠、卫河在老关嘴附近汇合，其控制站为老关嘴站，老关嘴站于 1983 年撤销，在其下游 2.5 km 处新建五陵站。“63·8”洪水期间，老关嘴站最高水位 53.09 m，推算洪峰流量约 1 500 m^3/s。

五陵站位于卫河中下游，距上游淇门站 76 km，流域面积 9 393 km^2。区间属平原区，植被一般。河床由黏质砂土组成。上游 4 km 处有共产主义渠汇入。下游 150 m 处有汤濮铁路桥，350 m 处左岸有老河道，18 km 处有汤河汇入。

6. 卫河北善村(元村集)站

北善村站已于1965年撤销,现在的元村集站在北善村站下游13 km处。北善村站10日4时洪峰流量1 580 m³/s(见图3-10)。

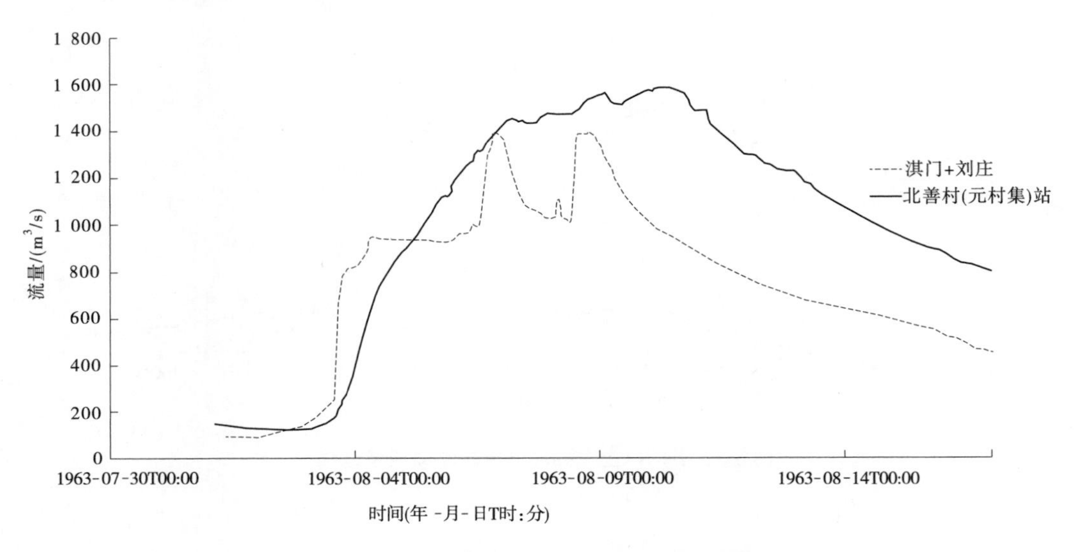

图3-10 北善村(元村集)站流量过程

元村集站位于卫河中下游,是卫河主要控制站,距上游五陵站约62 km,在下游约60 km处河北省馆陶县徐万仓入漳河。流域面积14 286 km²。基本水尺断面下游11 m处有卫河公路大桥,30 m处有一弯道。上游约20 km处有安阳河汇入。

(三)滞洪区运用

"63·8"特大洪水,新村、黄土岗以下超过河道泄流能力,不少堤段漫溢决口或被迫扒口分洪,卫河沿岸的各滞洪区都被运用(见表3-6、图3-11)。

表3-6 "63·8"主要滞洪区运用情况

名称	分洪时间(年-月-日T时:分)	分洪口门位置	最高滞洪水位/m	滞洪量/亿m³	设计滞洪水位/m
良相坡	1963-08-02	共产主义渠左堤、阎村	68.32	1.40	67.00
长虹渠	1963-08-06T11:00	小李庄、东高宋、郭渡	63.26	1.56	62.31
白寺坡	1963-08-03T14:00	白寺、马湖、邢固、曹湾、王湾、军庄	60.90	3.34	60.00
共产主义渠西			60.90	0.96	63.50
小滩坡	1963-08-08T14:00	新寨	58.25	1.80	57.30
任固坡	1963-08-09T00:00	北五陵	58.20	2.50	56.40
广润坡	1963-08-04	汤河多处溃口	58.60	1.55	57.00

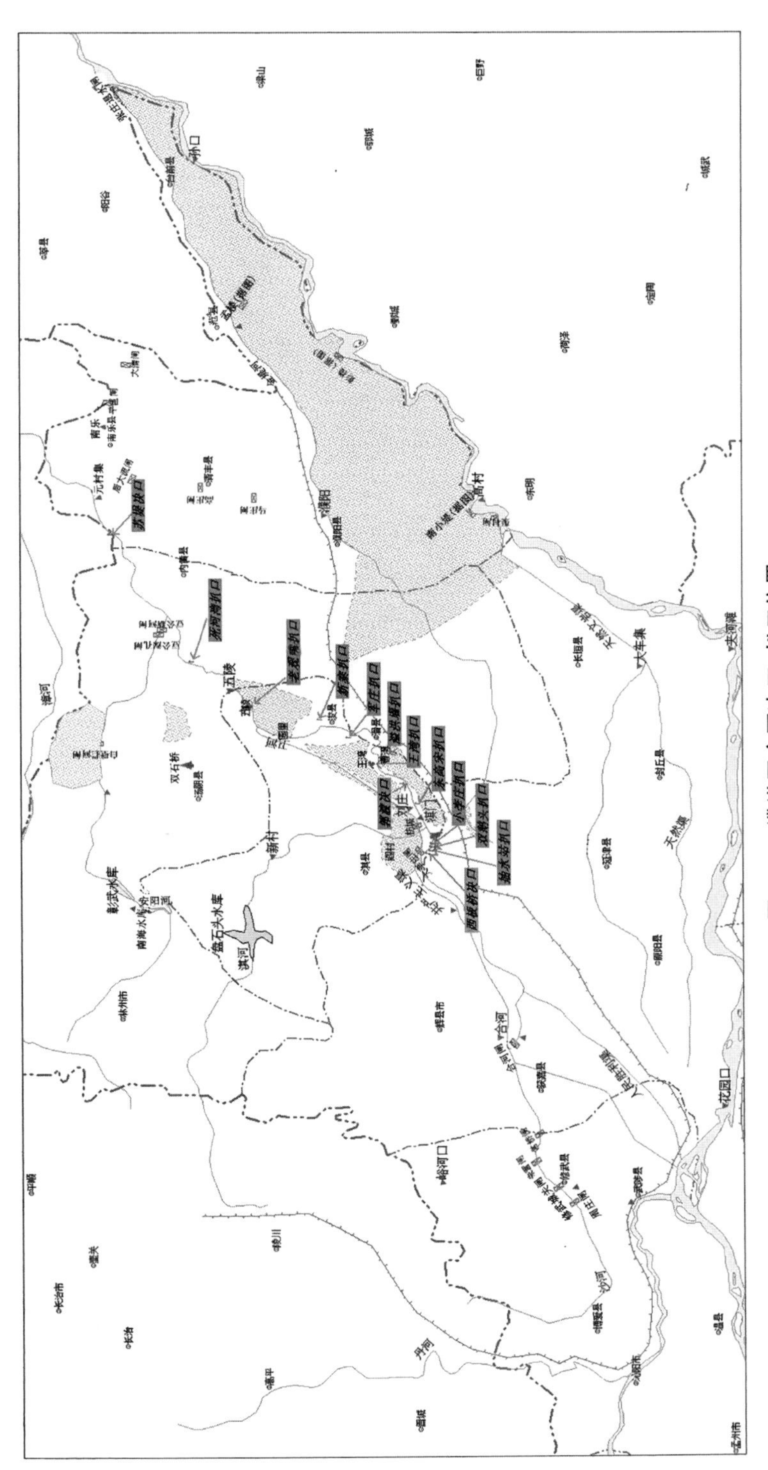

图 3-11　滞洪区主要决口、扒口位置

8月3日14时共产主义渠刘庄闸以下开始向白寺坡扒口分洪,4日又分别在邢固、马湖、白寺坡等处漫溢决口10多处,洪水进入白寺坡。8月6日11时,先后在淇门以下右岸东高宋、郭渡等处扒口分洪进入长虹渠滞洪区。当日22时,又于淇门扒口分洪入长虹渠滞洪区,长虹渠滞洪区因进水量过大容纳不下,于8月7日扒开曹湾溢洪堰及卫河左岸王湾、军庄等口门分洪入白寺坡,致使白寺坡内最高洪水超保证水位1.7 m,付庄堤漫溢。经白寺坡滞洪后卫河洪水仍未减弱,在左岸汤河、浚县交界处决口。于8日14时在浚县新寨扒开卫河右堤分洪进小滩坡,又于9日在北五陵破左堤分洪进入任固坡,堤外行洪,冲破安阳河、汤河堤防,卫河仍容纳不下,使下游左堤决口漫堤40余处。右堤内黄段仍然吃紧,只好于11日在死河湾扒开右堤分洪890 m^3/s进入二道防线滞洪,因二道防线堤防薄弱,多处决口,洪水进入内黄县城,至此,卫河两岸广大地区成为泽国。

汤河、永通河上游虽有汤河、琵琶寺水库调蓄,但下泄流量超过了河道行洪能力,3条河总共决口50余处,双石桥仍达分洪水位,只好破堤,于4日8时分洪进广润坡,水位达58.60 m,王贵庄溢洪堰溢流。分洪之前汤河已多处决口,洪水进入广润坡。

安阳河上游虽有彰武、南海、双泉3座水库调蓄,但水量仍较大,8日在西郊秋口村段左岸漫溢,顺枯河而下。市区段左岸全线漫溢,又加上河北省破开漳河右岸三宗庙、二分庄共4个口门分洪进漳安夹道,使漳水、洹水汇为一股顺势东流进入崔家桥滞洪区。安阳河市区以下左岸决口20余处,右岸决口50余处,市区段右岸未决口。

(四)洪涝灾害

"63·8"暴雨洪水,持续时间长,笼罩面积大,河道决口多,平原地区到处积水,豫北广大平原变成了白茫茫的一片水域,大水进村、进镇、进城,灾害极为严重。

河道决口、漫溢1 064处,安阳地区扒口104处,京广铁路两侧及铁路以东广大平原区一片汪洋。京广铁路被冲断,新乡卫河铁路桥停车2 d;新乡市、安阳市被淹,城内水深0.2~0.5 m,工厂被迫停工。汲县335个大队被困160多个,失去联络、情况不明的35个大队17 000余人;顿坊店公社25个大队,16个失去联系,这些大队只露出一些高房顶和树梢。这次特大洪灾致使安阳地区耕地受灾面积达67.5万 hm^2,占总耕地面积的79.3%,其中成灾面积60万 hm^2,占总耕地面积的70.5%;新乡地区耕地受灾面积32.4万 hm^2,占总耕地面积的55.5%,其中成灾面积28.9万 hm^2,占总耕地面积的49.4%;冲垮小型水库25座(含小型一类水库2座),其中安阳地区冲垮19座(含小型一类水库2座),新乡地区冲垮6座。

二、模拟移植

(一)水库、滞洪区调度方式

1. 南海水库

南海水库防洪标准为100年一遇设计、2 000年一遇校核。

1)汛限水位

7月1日至8月15日,水位160.00 m,库容0.17亿 m^3;8月16日至8月25日,水位

168.00 m,库容 0.34 亿 m^3;8 月 26 日至 9 月 15 日,水位 173.00 m,库容 0.48 亿 m^3。

2)主汛期泄流方式

当库水位为 160.00~168.00 m 时,输水洞闸门全开泄洪。当库水位为 168.00~177.00 m 时,输水洞闸门全开,溢洪道闸门开高 3.0 m 泄洪。当库水位为 177.00~187.00 m 时,输水洞闸门全开,溢洪道闸门开高 9.5 m 泄洪。当库水位超过 187.00 m 时,输水洞、溢洪道闸门全开泄洪。

防御超标准洪水措施:根据洪水预报,及时通知下游群众转移,全力抢护大坝。

2. 彰武水库

彰武水库防洪标准为 50 年一遇设计、1 000 年一遇校核。

1)汛限水位

7 月 1 日至 8 月 15 日,水位 127.00 m,库容 0.24 亿 m^3;8 月 16 日至 9 月 15 日,水位 128.70 m,库容 0.31 亿 m^3。

2)主汛期泄流方式

当库水位为 127.00~127.40 m 时,控泄 250 m^3/s;当库水位为 127.40~130.30 m 时,控泄 850 m^3/s;当库水位为 130.30~132.00 m 时,控泄 1250 m^3/s;当库水位超过 132.00 m 时,输水洞、溢洪道闸门全开泄洪。

防御超标准洪水措施:根据洪水预报,及时通知下游群众转移,全力抢护主坝。

3. 盘石头水库

盘石头水库位于淇河上游,控制上游淇河、淅河两大支流,流域面积 1 915 km^2,距下游新村站约 28 km,新村站以上流域面积 2 118 km^2。流域内多为山区,汇流时间短、速度快,洪水陡涨陡落。主要降雨结束至新村站出现洪峰 4~6 h,新村站洪峰传至淇门站约 5 h,淇河洪水洪峰高、来势猛,常为卫河流域的闯祸之水。

流域内有弓上、要街、陈家院、三交口中型水库。弓上水库 1960 年建成,控制流域面积 605 km^2;要街水库 1960 年建成,流域面积 426 km^2;陈家院水库 1969 年建成,控制流域面积 117 km^2;三交口水库 1960 年建成,控制流域面积 215 km^2。1984 年以后,要街水库淤平报废。

盘石头水库 2016—2017 年完成对鸡冠山渗漏处理和泄洪洞加固工程。工程达到 100 年一遇设计、2 000 年一遇校核标准。受库区林州市境内河头村剩余 700 余移民未搬迁影响,工程不能按照初步设计方案正常运行。盘石头水库设计正常汛限水位 248.00 m。

2018 年河南省水利厅批复盘石头水库汛限水位 237 m 高程,按照初步设计调度运行方式运行,即 5 年以下控泄 100 m^3/s,5~10 年一遇控泄 400 m^3/s,10~50 年一遇控泄 800 m^3/s,50 年以上水位敞泄。盘石头水库调洪演算成果见表 3-7。

表 3-7 盘石头水库调洪演算成果

汛限水位/m	重现期/a	入流流量/(m^3/s)	出流流量/(m^3/s)	水位/m	库容/万 m^3
237	5	875	100	243.97	20 779
	10	1 800	400	248.67	25 154
	20	3 010	800	253.97	30 468
	50	4 960	800	264.38	43 325
	100	6 650	3 658	265.12	44 426
	2 000	15 400	8 331	274.54	59 779

运行方式如下：

(1)汛限水位 237.0 m；

(2)237.0~244.0 m(5 年一遇),控泄 100 m^3/s；

(3)244.0~248.67 m(10 年一遇),控泄 400 m^3/s；

(4)248.67~264.38 m(50 年一遇),控泄 800 m^3/s；

(5)超过 264.38 m,所有泄水建筑物敞泄。

具体操作方式如下：

(1)264.38 m 以下用 1 号泄洪洞控泄,不大于 800 m^3/s；

(2)水位超过 264.38 m 全开两个泄洪洞并全开非常溢洪道闸门敞泄。

4. 良相坡滞洪区

共产主义渠卫辉黄土岗流量超过 300 m^3/s,水位达到 68.00 m,洪水自然漫入良相坡滞洪区。

当淇河来水量大,预报淇河新村流量超过 800 m^3/s、小于 2 000 m^3/s 时(淇河 10 年一遇洪峰流量为 2 120 m^3/s)；当阎村分洪口水位超过 67.75 m(黄海高程)时,利用良相坡阎村口门自然滞洪。

5. 共产主义渠西、长虹渠滞洪区

淇门以下卫河、共产主义渠总泄量达到 750~1 000 m^3/s,良相坡、共产主义渠西自然滞洪。

预报小李庄水位超过 66.10 m(大沽高程,黄海标高 65.4 m)、淇门以下卫河共产主义渠总泄量超过 1 000 m^3/s 时,视淇门洪水组合情况采取以下措施：若淇河(新村站)来水大,当淇河新村流量超过 2 000 m^3/s,达到 20 年一遇(流量 3 510 m^3/s)时,京广铁路桥以下河段将发生决口,此时在淇河左岸枋城破堤分洪入共产主义渠西滞洪区上片,利用共产主义渠主河槽及共产主义渠西滩地行洪。枋城分洪后,若淇门水位继续上涨,破邢固附近共产主义渠左右堤,使共产主义渠西洪水穿越共产主义渠进入白寺坡滞洪区。枋城及邢固附近破堤分洪需经省防指批准。

若共产主义渠来水大,或淇河枋城分洪后淇门水位继续上涨,在淇门破卫河右堤分洪入长虹渠滞洪区并倒灌柳围坡。

6. 白寺坡滞洪区

当长虹渠滞洪区牛寨水位超过 63.3 m(大沽高程)时,破卫河右岸曹湾溢洪堰堵坝和左岸王湾口门,使洪水穿越卫河进入白寺坡滞洪区。

7. 小滩坡滞洪区

在卫河充分下泄的情况下,当白寺坡农场水位超过 60.00 m(黄海高程)、五陵站流量超过 1 500 m^3/s 时,扒开卫河右岸圈里口门向小滩坡分洪。

8. 任固坡滞洪区

若浚内沟口以下卫河右岸出现严重险情、有决口危险时,则在北五陵以下破卫河左堤,使洪水入任固坡滞洪,沿北岸行洪。

9. 广润坡滞洪区

当汤河双石桥水位超过 63.00 m(大沽高程,相应黄海标高 61.84 m)时,上游来水量继续增大,破双石桥左堤,使洪水进入广润坡一级滞洪区;当汤河双石桥与洪河汪流屯、茶店河内黄至安阳快速通道桥 3 处河道来水量合计大于 300 m^3/s,且洪河汪流屯洪水位发生漫溢或茶店河内黄至安阳快速通道桥洪水位发生漫溢时,启用广润坡一级滞洪区。当广润坡一级滞洪区蓄水位达到 57.00 m(大沽高程)时,在王贵庄溢洪堰漫流入广润坡二级滞洪区,使洪水沿安阳河与汤河之间下泄,视卫河洪水情况,相机利用卫河田大晁闸排水入卫河,或用其他方式排泄(如抽排、破汤河左堤等)。

10. 崔家桥滞洪区

当安阳站洪峰超过 300 m^3/s 时,崔家桥滞洪区自然滞洪。

(二)预报模拟

1. 共产主义渠合河至淇门段

“63·8”暴雨从 8 月 1 日开始,经过连续多日暴雨,至 8 日出现特大暴雨。暴雨中心集中在卫河(共渠)河以北、以东地区。

合河以上河道 1963 年以来没有新增大型水利控制工程,河道水流情势变化不大,在“63·8”雨型条件下,合河断面将会产生与“63·8”洪水相当的过程,预计洪峰流量 1 300 m^3/s。

合河至黄土岗站,由于区间雨量大,合河洪水波基本无衰减传播至卫辉市黄土岗站,预计洪峰流量 1 250 m^3/s。

共产主义渠黄土岗至淇门段,共产主义渠无右堤,黄土岗站水位达到 68.00 m 时会自然漫溢入良相坡滞洪区。

2. 淇河段

淇河上新建盘石头大型水库,通过水库调节,水库下游淇河洪水情势发生较大变化。

“63·8”土圈站实测流量过程作为盘石头水库入库过程,入库水量 3.99 亿 m^3,洪峰流量 2 610 m^3/s,按照 2019 年水库调度运行计划要求进行调洪计算,水库自汛限水位 237 m 起调,最高水位 249.11 m(设计水位 270.7 m),最大泄量 800 m^3/s,削减洪峰 69%(见图 3-12、图 3-13)。

盘石头水库集水面积 1 915 km^2,下游新村站集水面积 2 118 km^2,区间面积 203 km^2。

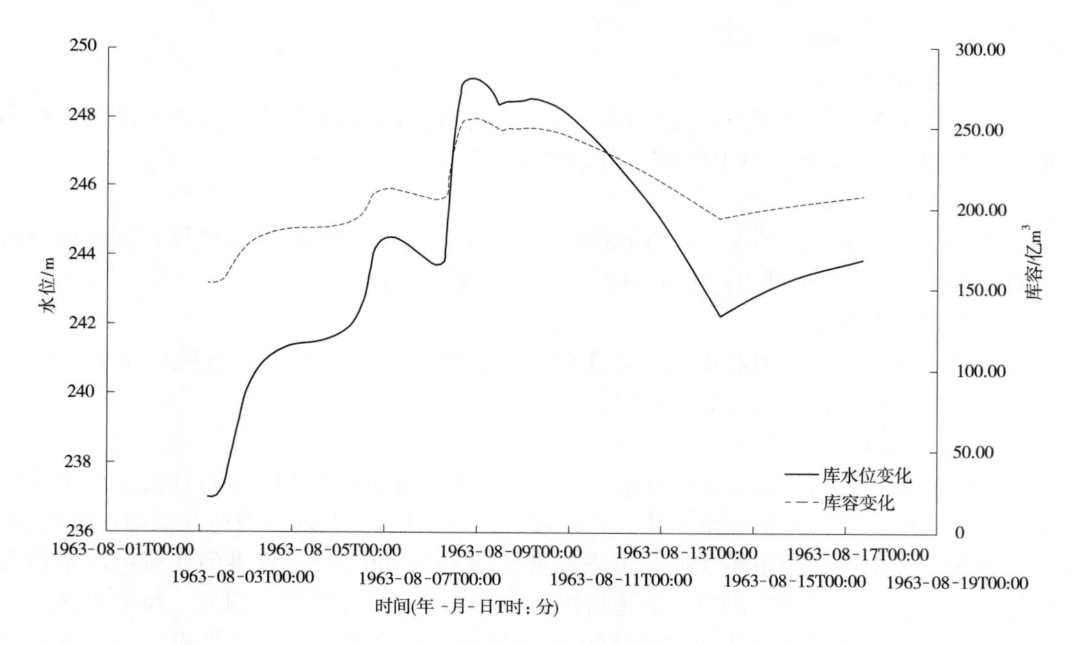

图 3-12　盘石头水库调洪过程

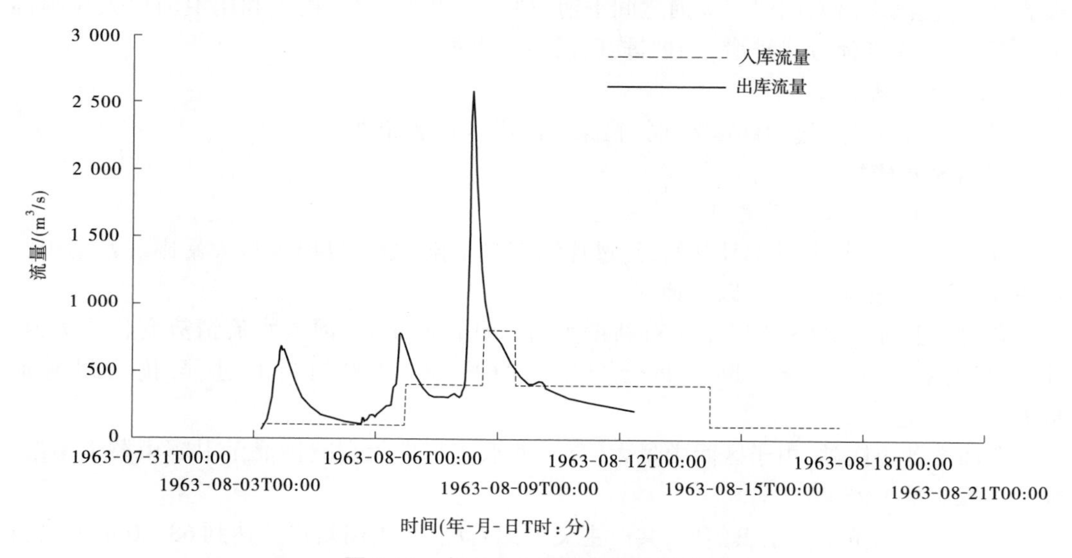

图 3-13　盘石头水库出入库流量过程

根据分析，盘石头至新村控制站区间尚有较大洪水产生，叠加水库泄流，新村洪峰流量 3 380 m^3/s。由于淇河、卫河汇合口处过流能力只有 800 m^3/s，从图 3-14 中可以看出，新村洪水超过淇河下游行洪能力的时段主要集中在 8 月 8 日 9 时至 9 日 21 时，其中 8 月 8 日 9 时至 15 时为主峰段，主要是区间来水。洪水在淇河右岸自良相坡滞洪区阎村口门自然溢洪(当阎村分洪口水位超过 67.75 m 时)，预计滞洪量 1.3 亿 m^3，最高滞洪水位 68.25 m。

盘石头水库调蓄对淇门流量的影响分析：利用马斯京根河道连续演算模型对淇河新

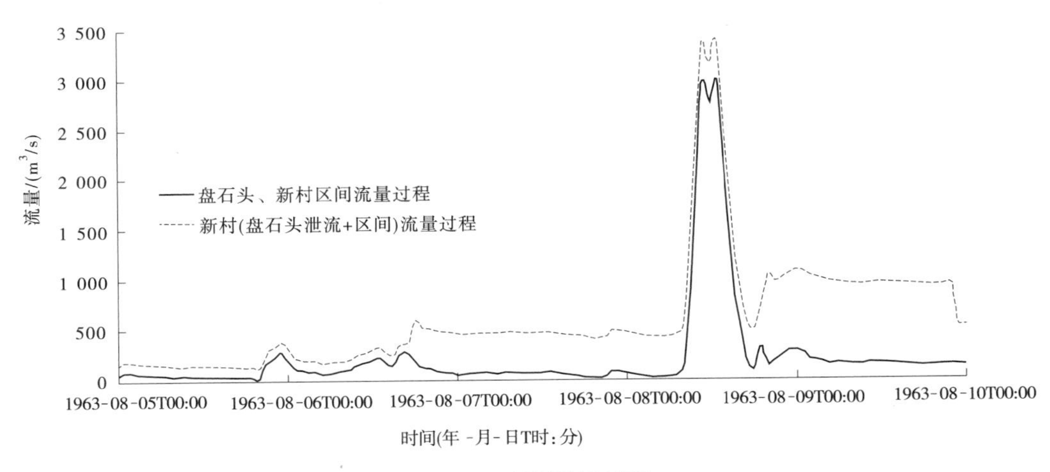

图 3-14　新村流量过程

村控制站来水进行流量演算,过程见图3-15。盘石头水库未经调蓄,演算至淇门洪峰流量为1 730 m^3/s,调蓄后为1 180 m^3/s,削减洪峰32%。虽然削峰效果显著,但由于盘石头水库至新村区间仍有较大区间来水,如果不对良相坡分洪,洪水传播至淇门仍可达到1 000 m^3/s 以上,因此在特大暴雨情况下,淇河来水仍可能对下游造成较大威胁。

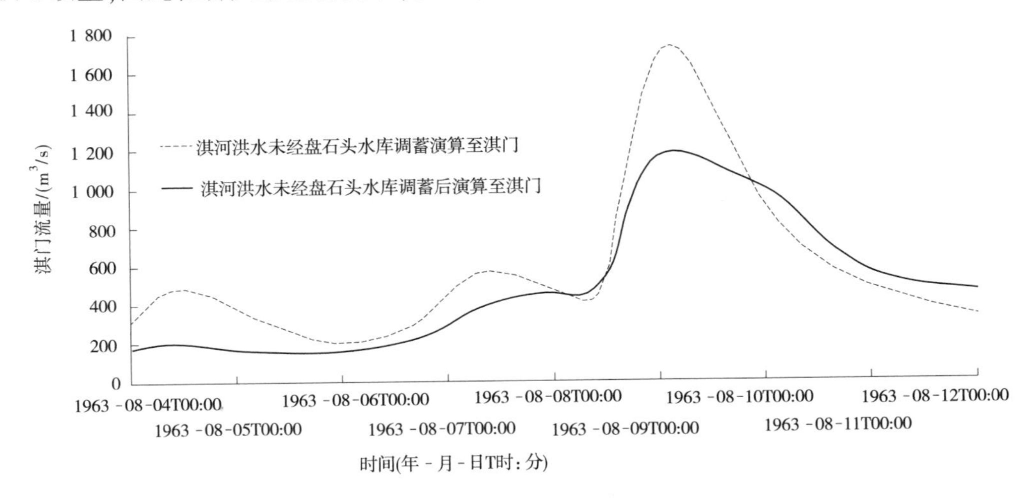

图 3-15　盘石头水库调蓄对淇门洪水影响分析

由于淇河、卫河汇合处预报流量超过1 000 m^3/s,而且经水库调节后,淇河新村流量仍达3 380 m^3/s,接近20年一遇(流量3 510 m^3/s),京广铁路桥以下河段将发生决口。根据防洪预案,须在淇河左岸枋城破堤分洪入共产主义渠西滞洪区上片,利用共产主义渠主河槽及共产主义渠西滩地行洪。通过模拟计算,预计共产主义渠西最高滞洪水位60.8 m,滞洪量0.89亿 m^3。枋城分洪后,淇门水位继续上涨,破邢固附近共产主义渠左右堤使共产主义渠西洪水穿越共产主义渠进入白寺坡滞洪区。

3. 淇河、卫河汇合处至五陵

对共产主义渠黄土岗站、淇河新村站流量河道演算至汇合口处，从图 3-16 可以看出，通过模拟计算，淇门、刘庄总流量与“63 · 8”实测洪水相比，洪峰出现时间大大滞后，这主要是由于盘石头水库入库流量的第一峰、第二峰基本被水库拦蓄，对下游影响很小，淇门、刘庄总流量的第一峰主要受新村第三个主峰影响，而第二峰则受黄土岗洪峰影响。

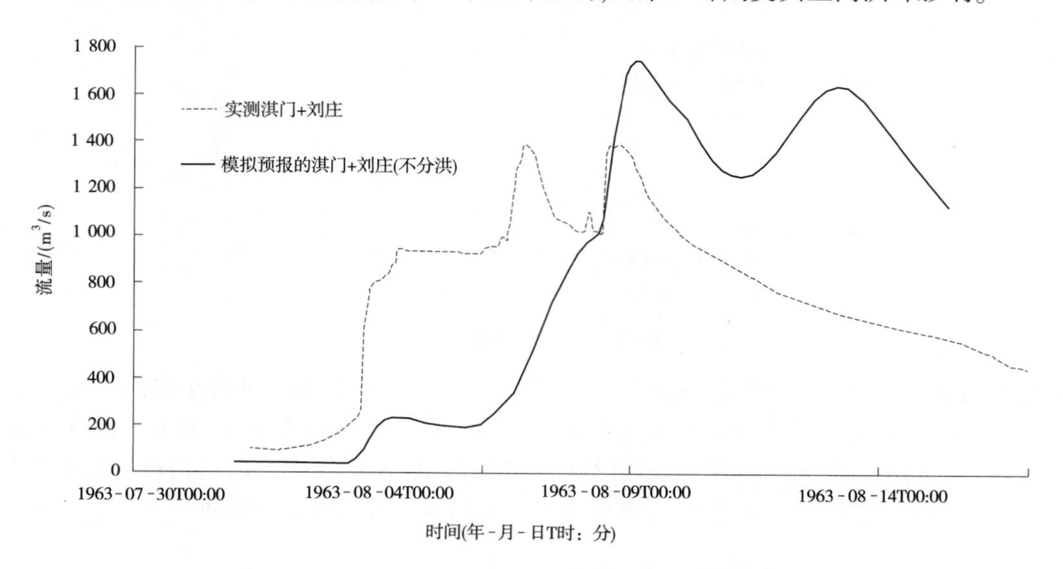

图 3-16　淇门、刘庄总流量实测与模拟预报流量过程

卫河淇门、共产主义渠刘庄保证流量均为 400 m³/s，淇河、共产主义渠来水在淇门汇合后，超过卫(共)河泄流能力，继良相坡、共产主义渠西分洪后，长虹渠必须相机分洪。

淇河洪水由北向南汇入共产主义渠后，一部分洪水经共产主义渠刘庄闸沿共产主义渠下泄，另一部分穿越共产主义渠入卫河，沿卫河下泄。

根据上游来水情况模拟预计长虹渠滞洪区牛寨水位将达到 63.40 m，须破卫河右岸曹湾溢洪堰堵坝和左岸王湾口门，使洪水穿越卫河进入白寺坡滞洪区。

卫河、共产主义渠在下游五陵站以上汇合后，模拟计算的五陵站流量过程如图 3-17 所示，五陵站洪峰流量 1 600 m³/s，略超保证流量 1 500 m³/s。在卫河充分下泄的情况下，依据五陵站流量情况，相机在圈里南破卫河右堤，泄洪入小滩坡。

4. 五陵至元村

卫河五陵至元村之间主要支流包括安阳河、汤河等。安阳河在安阳市以下经过崔家桥滞洪区自然分洪之后，入卫河流量不超过 300 m³/s。

由于安阳河的汇入，元村洪峰流量大于五陵，为 1 840 m³/s，小于元村保证流量 2 500 m³/s。

各主要河道控制站、大型水库、滞洪区模拟计算结果见表 3-8～表 3-10。

表 3-8 卫河流域主要河道控制站模拟结果

河流	控制站	洪峰流量/(m^3/s)	出现时间(年-月-日 T 时:分)	保证流量/(m^3/s)
共产主义渠	合河	1 300	1963-08-08T18:00	1 000
	黄土岗	1 250	1963-08-09T12:00	900
共产主义渠、卫河	刘庄+淇门	1 750	1963-08-09T04:00	800
卫河	五陵	1 600	1963-08-10T04:00	1 500
	元村集	1 840	1963-08-11T06:00	2 500
淇河	新村	3 380	1963-08-08T08:00	800
安阳河	安阳	1 100	1963-08-08T12:00	1 180

表 3-9 卫河流域大型水库调洪模拟结果

河流	水库	设计水位/m	全赔高程/m	最大入库流量/(m^3/s)	出现时间	最高水位/m	最大蓄水量/亿 m^3	出现时间	最大泄流流量/(m^3/s)	出现时间
淇河	盘石头	270.70	253.93	2 610	8 日 10 时	249.11	365	8 日 20 时	800	8 日 16 时
安阳河	小南海	179.88	174.00	3 180	8 日 12 时	173.85	51	9 日 16 时	1 180	8 日 16 时

表 3-10 "63·8"主要滞洪区模拟进洪情况

名称	最大进洪流量/(m^3/s)	最高滞洪水位/m	滞洪量/亿 m^3	设计滞洪水位/m
良相坡	1 100	68.25	1.30	67.00
长虹渠	2 360	63.69	1.93	62.31
白寺坡	2 290	60.55	3.11	60.00
共产主义渠西	320	60.80	0.89	63.50
小滩坡	380	58.02	1.35	57.30
广润坡	260	58.55	1.53	57.00

三、结论与建议

(一)结论

根据以上分析,在"63·8"暴雨条件下,卫河淇门至五陵段将全线超保证水位,五陵

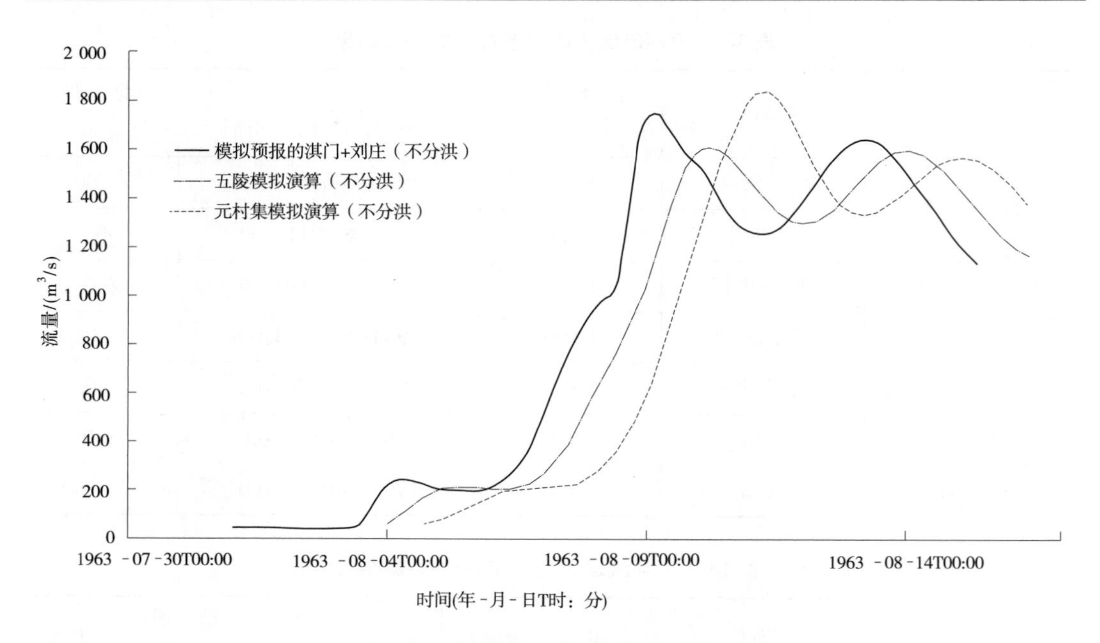

图 3-17　淇门至元村集模拟流量过程

至元村段全线超警,沿河部分滞洪区须启用。由于盘石头水库的调蓄作用,淇门、刘庄总流量达到峰值的时间将大幅延后,但盘石头水库至新村区间仍有较大来水,淇门、刘庄流量仍会超保证流量,良相坡、共产主义渠西、长虹渠、白寺坡、小滩坡、广润坡滞洪区分洪不可避免,在确保安全前提下,任固坡滞洪区可不启用。

共产主义渠新乡、卫辉段左岸低洼区将被淹没;卫辉城区附近共产主义渠洪水将会通过京广铁路桥涵越过铁路,淹没卫辉火车站附近区域;卫河道口附近村镇很有可能遭到洪水威胁;泛区道路、桥涵淹没不可避免,抢险队伍、车辆、设施、物料难以到达现场;公用通信中断,防汛信息不能上传下达的情况仍然不可避免,水文情报、预报、预警将经受重大考验。

1. 重点防洪河段

(1)共产主义渠合河至黄土岗段:基本可以保证洪水沿河槽下泄,但应加强共产主义渠右堤防守,保证新乡市、卫辉市及河道堤防安全。

(2)共产主义渠黄土岗至刘庄段:黄土岗流量超过 300 m^3/s,水位达到 68.00 m,洪水自然漫入良相坡滞洪区。

(3)淇河新村至淇门段:新村流量将达到 3 360 m^3/s,淇河下游阎村分洪口水位将超过 67.75 m(黄海高程),良相坡阎村口门将自然滞洪。同时,在淇河左岸枋城破堤分洪入共产主义渠西滞洪区。

(4)淇卫汇合口至老观嘴:淇河、卫河汇合后总流量将超过 1 000 m^3/s,超过河段保证流量(淇门、刘庄保证流量均为 400 m^3/s)。

(5)老关嘴至元村:五陵站模拟演算洪峰流量 1 590 m^3/s,稍超五陵站保证流量,应确保河道堤防安全,元村集站模拟流量 1 840 m^3/s,小于保证流量。

(6)安阳河安阳市区以下:安阳站模拟洪峰流量 1 100 m^3/s,防洪薄弱河段在安阳市区以下,洪水至崔家桥流量超过 300 m^3/s,自然溢洪入崔家桥滞洪区。

(7)汤河:汤河上游过流能力大,下游锐减。干流铁路桥以上平槽泄量可达 1 000 m^3/s,下游四伏厂平槽泄量仅 80 m^3/s 左右,最大安全泄量也只有 120~150 m^3/s,模拟洪水将大大超过河道安全泄流,广润坡滞洪区启用不可避免。

2. 水库

流域内的盘石头、小南海及现有中型水库能够抗御"63·8"暴雨洪水,水库自身安全能够保证,并能有效削减下游河道洪峰和洪量,发挥拦洪削峰的重要作用。

小型水库防御标准低,抗御洪水能力弱,在"63·8"暴雨洪水下,会遭到严重威胁,务必加强小型水库管理、监测、预警预报及人员撤离工作。

3. 滞洪区运用

由于淇卫河口以上来水大,超过淇门、刘庄过水能力,沿河多个滞洪区须启用。

(1)良相坡:共产主义渠黄土岗站水位将超过 68 m,共产主义渠洪水在左岸漫溢入良相坡。淇河阎村水位将超 67.90 m,淇河洪水将在阎村漫溢入良相坡。

(2)共产主义渠西:淇河来水大,新村洪峰流量 3 360 m^3/s,应在淇河左岸枋城破堤分洪入共渠西滞洪区上片。共产主义渠刘庄闸泄量超过 250 m^3/s,其下游共产主义渠左岸自然漫溢,洪水进入共产主义渠西下片。

(3)长虹渠:由于共产主义渠、淇河来水均大,运用良相坡、共产主义渠西分洪后,淇门水位继续上涨,须在淇门破卫河右堤分洪入长虹渠滞洪区。

(4)白寺坡:由于上游来水大,长虹渠滞洪区牛寨水位将超过 63.3 m(大沽高程),须破卫河右岸曹湾溢洪堰堵坝和左岸王湾口门,使洪水穿越卫河进入白寺坡滞洪区。

(5)小滩坡:白寺坡农场水位将超过 60.00 m(黄海高程),五陵水文站流量超过 1 500 m^3/s,须扒开卫河右岸圈里口门向小滩坡分洪。

(6)广润坡:汤河上游来水大,下游行洪能力严重不足,须启用广润坡滞洪区。

(7)崔家桥:安阳河市区以下崔家桥段洪水超过 300 m^3/s,崔家桥滞洪区自然滞洪。

(二)建议

(1)河道防洪标准低,上下标准不一致。卫河(共渠)河沿河各段行洪能力不一,呈现两头大、中间小的状况,上游来水宣泄不及,频繁启用滞洪区。应统筹规划上下游河道治理,力争做到流域一般性洪水沿河道行洪,少用或不用滞洪区,减少洪涝灾害,确保人民生命财产安全。

(2)滞洪区应尽快修建控制性工程。沿卫河的滞洪区除长虹渠滞洪区有一座退水闸外,其他所有滞洪区均无控制工程,依靠自然溢洪、扒口进洪、破堤退洪,不能有效控制洪水流向。

(3)主要河道水文站、大型水库水文站自动监测水位没有实现设施设备双配套,在极端暴雨洪水条件下没保证,需要尽快实现双配套。

(4)暴雨区绝大部分报汛站通信单一,在极端暴雨洪水条件下,急需进行北斗双信道建设。

(5)流域内有很多小型水库,很难经受住特大暴雨考验,一些小型水库垮坝失事不可避免,下游群众及时转移是防汛的关键,但是小型水库自动监测和预警系统基本是空白,是目前防汛的薄弱环节,需要尽快补短板、强支撑。

(6)卫河流域多年来已经没有大的全流域暴雨洪水,历史上可参考的大洪水场次也较少,加之众多滞洪区的分洪,水流情势比较复杂,洪水预报方案制作难度较大,精度不高。在实际作业预报中,应根据洪水情势变化,及时进行滚动预报,同时正在规划建设的“以测补报”水位站建设项目,为实时监测和校正洪水预报结果提供了新的手段。

第四章　黄河流域暴雨洪水模拟研究

第一节　黄河流域概况

一、自然地理

(一)地理位置

黄河发源于青海省曲麻莱县麻多乡郭洋村，青藏高原的巴颜喀拉山北麓海拔 4 500 m 的约古宗列盆地西南隅的玛曲曲果，东经 95°59′24″、北纬 35°01′18″，流域范围西起青藏高原，东濒渤海，北抵阴山，南达秦岭，横跨青藏高原、内蒙古高原、黄土高原、华北平原等地貌单元，东西长约 1 900 km，南北宽约 1 100 km，在东经 95°53′～119°05′、北纬 32°10′～41°50′，呈“几”字形，自西向东流经青海、四川、甘肃、宁夏、内蒙古、山西、陕西、河南、山东 9 个省(区)，由陕西省潼关县至三门峡市的灵宝市豫灵镇杨家村进入河南省境内，经三门峡、洛阳、济源、焦作、新乡、郑州、开封、濮阳 8 市 26 个县(市、区，灵宝市、三门峡市湖滨区、三门峡市陕州区、渑池县、新安县、孟津县、孟州市、济源市、洛阳市吉利区、巩义市、荥阳市、郑州市金水区、郑州市惠济区、开封市龙亭区、开封市金明区、开封县、兰考县、中牟县、温县、原阳县、长垣县、封丘县、范县、武陟县、濮阳县、台前县)，在濮阳市台前县张庄村(东经 115°50′23″，北纬 35°57′08. 79″)入山东省境内。河南省境内河道总长 711 km。

(二)地形、地貌

河南省境内黄河流域西高东低、东西高差大，以孟津为界，约 1/3 位于中国的第二级阶梯上，大部分位于第三级阶梯上，第二级阶梯段平均比降约 0. 1‰，第三级阶梯段平均比降约 0. 03‰。横向形态上，第二级阶梯段以典型的峡谷为主，仅山间盆地段多为自由河曲段。第三级阶梯段，黄河南岸邙山头(桃花峪附近、中下游分界部位)以上为不对称的宽谷，右岸为崤山余脉，左岸为黄沁冲积平原，邙山以下完全进入黄淮海平原，为地上河，其两岸地势均呈西北向东南缓倾斜。结合河南地势、范围及流域定义(指由分水线所包围的河流集水区)，黄河流域在河南呈一不规则的“亚葫”形，其“蜂腰”位于沁河入黄河(桃花峪)附近，且境内流域下游基本上均位于河道左岸。

根据河南省地势特征，地形类型主要为山地和平原。山地主要包括太行山山地中丹河及其以西部分，以及豫西秦岭北山地。山地又分中山、低山及丘陵，山间盆地串联于豫西秦岭北山地间；平原主要为黄淮海平原，以及山前坡洪积倾斜平原、黄河及其主支流冲积平原。境内黄河流域地貌发育特殊，中游地貌主要为黄土地貌发育，豫西秦岭北山地主脊海拔约 1 800 m 冰斗形态的冰川地貌较发育，低山寒武奥陶系灰岩的溶蚀低山、溶洞形态的溶蚀地貌；下游地貌以风沙地貌发育，其中，黄土地貌为黄土山地丘陵，包括黄土覆盖中山、黄土覆盖低山、黄土覆盖丘陵、黄土丘陵、黄土台塬、黄土平梁、黄土涧地、坡洪积倾斜平原、冲洪积倾斜平原各种类型。总而言之，境内黄河流域地貌形态复杂，成因多样，几乎包括了我国所有的陆地地貌。

（三）土壤、植被

黄河流域总土地面积0.793亿hm^2（含内流区），占全国国土面积的8.3%，其中大部分为山区和丘陵，分别占流域面积的40%和35%，平原区仅占17%。由于地貌、气候和土壤的差异，形成了复杂多样的土地利用类型，不同地区土地利用情况差异很大。流域内共有耕地1 620万hm^2，农村人均耕地0.23 hm^2，约为全国农村人均耕地的1.4倍。流域内有林地1 020万hm^2，牧草地2 800万hm^2，林地主要分布在中下游，牧草地主要分布在上中游。

（四）河流水系

黄河河道干流总长5 464 km（水利普查5 687 km），河道平均比降0.819 9‰，落差4 480 m，流域面积81.34万km^2（其中河南省境内3.63万km^2），黄河多年平均河川天然径流量580亿m^3，占全国的2%。黄河在河南省内50 km^2以上的支流共有212条，其中一级支流有34条，二级支流有100条，三级支流有63条，三级以下支流有15条，流域面积在500 km^2以上的一级支流主要有宏农涧河、青龙涧河、洛河、逢石河、蟒河、沁河、天然文岩渠、金堤河。

河南省境内的黄河水系错综复杂，主要支流有洛河、沁河等，除宏农涧河和洛河从右岸汇入黄河外，蟒河、沁河、天然文岩渠、金堤河等支流均在黄河左岸汇入干流。

1. 伊洛河

伊洛河是黄河三门峡以下最大的一级支流，主要由伊河、洛河两大河流水系构成，流经陕西、河南2省。伊河是洛河第一大支流，流域面积占1/3。习惯上常把伊河、洛河两条河流并称伊洛河。伊洛河也称洛河，古称雒（luò）水，常与黄河一起并称为“河洛”。

1）洛河

洛河干流在陕西省有2条，西干流发源于蓝田县灞源乡，北干流发源于洛南县洛源乡，汇合后流经陕西省的蓝田县、洛南县、华县、丹凤县4个县（市）和河南省的卢氏县、洛宁县、宜阳县、洛阳市、巩义市等17个县（市），在河南省巩义市神北村注入黄河，干流全长445 km，河南省境内河长335.5 km，流域面积15 813.6 km^2，平均比降1.79‰。洛河上游省界至长水镇河段分布有水生生物的产卵场和栖息地，以生态功能为主；长水镇河段以下经过洛宁县、宜阳县、洛阳市、偃师区及巩义市等城市建成区，河道以防洪、农业用水、景观娱乐等服务功能为主。

2）伊河

洛河第一支流伊河发源于河南省栾川县陶湾乡三合村的闷墩岭，流经嵩县、伊川县、洛阳市郊区和偃师区，干流全长267 km，河流平均比降2.39‰，流域面积5 974 km^2，在偃师区顾县镇杨村汇入洛河。伊河上游源头至栾川县段以水源涵养功能和河流廊道生态功能为重点，以生态功能为主；栾川县段至陆浑水库段需保护土著鱼类栖息地和产卵场，以自然功能为主；中下游河段以防洪、供水、景观、娱乐等服务功能为主。

3）涧河

涧河是洛河左岸支流，发源于河南省三门峡市陕州区观音堂乡的土崤山，流经渑池县、义马市、新安县、洛阳市区,在洛阳市区瞿家屯汇入洛河,全长 117 km,流域面积 1 345 km^2,多年平均年径流量 1.3 亿 m^3。

2. 宏农涧河

宏农涧河古名门水,发源于灵宝市朱阳镇芋园西峭山北麓,北流经朱阳镇、窄口水库、五亩乡、城关镇、函谷关镇,至大王镇老城村西北注入黄河,流域面积 2 087 km^2,干流长 101 km,干流比降 6.24‰,多年平均流量 4.3 m^3/s。宏农涧河上修建有大(二)型水库——窄口水库,位于灵宝市城南 23 km 处的长桥村,控制流域面积 903 km^2,年径流量 1.55 亿 m^3,设计灌溉面积 2.02 万 hm^2。总库容 1.85 亿 m^3。

3. 蟒河

蟒河是黄河左岸支流,发源于山西省阳城县花野岭,流经济源市、孟州市、沁阳市、温县、武陟县,于武陟县汇入黄河,全长 128 km,河流平均比降 2.19‰,流域面积 1 155 km^2。蟒河在河南省境内流域面积为 1 100 km^2,干流长 106.5 km。在济源市赵礼庄附近,蟒河上游河段分为南、北两支,分别称为南蟒河、北蟒河。河合村以上称北蟒河,河合村以下至孟州市洪道村南河段称南蟒河,洪道村以下至温县、孟州市交界处小营村称蟒改河,小营村以下至入黄河口称新蟒河。

4. 沁河

沁河是黄河三门峡至花园口区间 2 大支流之一,发源于山西省沁源县王陶乡土岭上河底村,由济源市辛庄镇火滩村进入河南省境,经沁阳市、博爱县、温县至武陟县方陵汇入黄河,全长 495 km,流域面积 13 069 km^2,呈南北向狭长形,约占黄河三花间流域面积 41 615 km^2 的 31.4%,占黄河流域总面积的 1.8%,河南省境内沁河干流长 135 km,流域面积 737.2 km^2。

沁河全线落差 1 048 m,平均比降 2.03‰。在五龙口以上,河谷深切 50~60 m,多急流瀑布,谷底砾石广布,仅局部地段坡度较缓;出五龙口后,进入平原,坡度骤降,接纳北来的丹河,落差 194 m,平均比降 1.55‰。与黄河干流下游河道相似,沁河下游也是“地上河”,历史上决口泛滥频繁,素有“小黄河”之称。沁河出山口五龙口修建有大(二)型水库——河口村水库。

5. 金堤河

金堤河是黄河左岸支流,是跨河南、山东 2 省的一条平原性河道。该流域南临黄河大堤和天然文岩渠,北界卫河、马颊河、徒骇河,西起人民胜利渠灌区的七里营以东,流域面积 5 171 km^2,涉及河南省的新乡县、新乡市红旗区、延津县、封丘县、卫辉市、浚县、长垣市、滑县、濮阳县、范县、台前县和山东省的莘县、阳谷县等县(市、区),流域呈狭长三角形,上宽下窄,东西长约 200 km,南北平均宽 25.5 km,最宽处近 60 km,属于黄河冲积平原。

金堤河发源于新乡县荆张村,自源头至延津县丰庄镇河道闸称大沙河,河道闸至滑县五爷庙段称柳青河,在五爷庙汇入金堤河干流。金堤河干流自滑县耿庄起,在台前县东北端北张庄汇入黄河。干流全长 211 km(黄委金堤河治理报告为 185 km),河床比降 0.1‰左右。

金堤河流域历史上是黄河决溢迁徙的地区。1855 年黄河在铜瓦厢决口改道北流,黄河河道两岸逐步修建堤防,太行堤、北临黄大堤与北金堤之间的水系几经演变,1951 年金堤河中下游划为防御黄河特大洪水的滞洪区。流域自然特点是上宽下窄,坡洼地多,宣泄支流多,主要支流有黄庄河(包括柳青河)、回木沟和孟楼河等。

6. 天然文岩渠

天然文岩渠属黄河左岸支流,位于河南黄河以北、太行堤以南,东西长约 146 km、南北平均宽约 20 km 的狭长地带。它发源于武陟县张菜园村,流经获嘉县、原阳县、延津县、封丘县、长垣市,至濮阳县三合村汇入黄河,河长 124 km,流域面积 2 514 km^2,长垣市大车集以上分天然渠和文岩渠两支,在大车集以下两渠汇合,称天然文岩渠。

天然文岩渠支流较多,大的支流有两条:一是天然渠,起自武陟县张菜园村,经原阳县娄新庄、奶奶庙、老河,封丘县黄庄、辛庄、三格堤,到长垣大车集与文岩渠交汇,全长 96 km,流域面积 739 km^2。二是文岩渠,起自武陟县张菜园村,经原阳县白庙、焦楼,延津县李大吴、西竹村,封丘县西守营、小庄、东柳元,长垣市孙东、朱庄、大车集村与天然渠交汇,全长 103 km,流域面积 1 548 km^2;大车集汇口以下的天然文岩渠有左寨 5 支排、大沙沟、林寨支排等多条小支沟。

二、社会经济

黄河从灵宝市进入河南省境内,流经三门峡、洛阳、郑州、焦作、新乡、开封、濮阳 7 个省辖市和济源示范区,省内干流河长 711 km,流域面积 3.6 万 km^2,占全省总面积的 21.6%(河南省总面积 16.7 万 km^2)。2019 年末沿黄 8 市总人口 3 971.8 万人,占全省总人口的 36.27%(2019 年河南省国民经济和社会发展统计公报中,2019 年末河南全省总人口 10 952 万人);耕地面积 234.60 万 hm^2,占全省耕地面积的 28.78%(河南省政府网站公布耕地面积为 12 229 万亩,折合 815.27 万 hm^2);粮食种植面积 296.19 万 hm^2,占全省总种植面积的 27.59%(2019 年河南省国民经济和社会发展统计公报中,全年全省粮食种植面积为 1 073.45 万 hm^2);粮食产量 1 762.576 万 t,占全省的 26.33%(2019 年河南省国民经济和社会发展统计公报中,全年粮食产量 6 695.36 万 t);经济生产总值 28 380.29 亿元,占全省经济总量的 52.31%(2019 年河南省国民经济和社会发展统计公报中,全年全省生产总值 54 259.20 亿元);公路客运量 36 246 万人次,公路货运量 9.30 亿 t,民航货物吞吐量 52.32 万 t,民航客运量 3 066.7 万人次,铁路客运量 9 686.96 万人次,铁路货运量 2 144.28 万 t。沿黄各市承东启西、通南达北,是各民族南来北往、西去东来的必经之地,是全国各族人民频繁活动和密切交往的场所。

河南黄河两岸平原广袤,地理气候条件适中,是全国小麦、玉米、棉花、油料、烟叶等农产品重要的生产基地和畜产品生产基地之一。原阳大米、开封西瓜、中牟西瓜、中牟大蒜、荥阳河阴石榴、荥阳柿子、巩义小相菊花、灵宝苹果,以及洛阳牡丹、焦作四大怀药等,都已成为国内知名品牌。培育了金象麦业(河南金象麦业集团的简称)、花花牛(河南花花牛乳业集团股份有限公司的简称)、思念食品(郑州思念食品有限公司的简称)、三全食品(三全食品股份有限公司的简称)、白象食品(白象食品股份有限公司的简称)等一批知名品牌。河南花花牛乳业集团股份有限公司日加工鲜奶能力达到 500 t 左右,跻身全国乳品加工企业 10 强。其中,郑州市境内国家级、省级农业龙头企业达 67 家,三全、思念、白象荣登“2019 中国品牌价值评价榜”。

河南沿黄两岸矿产资源丰富。境内有煤、石油、天然气三大能源矿产,钼、金、铝、银四大金属矿产,还有天然碱、耐火黏土、水泥灰岩、石英砂岩等非金属矿产。依托丰富的资源,发展起了以轻纺、食品、冶金、建材、机械、电子、石油、化工为主体,门类齐全,具有一定规模的工业体系。濮阳境内拥有丰富的石油和天然气资源,是全国重要的石油化工基地。洛阳中国一拖集团有限公司是中国最大的农机制造企业。郑州中国长城铝业有限公司是中国最大的氧化铝生产企业之一。郑州宇通客车股份有限公司是中国客车行业龙头企业。“安彩”玻壳、“新飞”冰箱、“金星”啤酒等相继被认定为中国名牌产品。河南省是华中电网重要的火电基地之一,发电装机总容量达2007万kW,居全国第六位。2019年,经济生产总值28 380.29亿元。

河南省境内黄河流域水力资源比较丰富,理论蕴藏量381.3万MW,可开发装机容量258.2万MW,已开发247.7万MW(含大水电),理论蕴藏量和技术可开发量分别占河南省的75.6%和91.2%。

三、水文气象

(一)气候概况

河南省境内黄河流域属暖温带大陆性季风气候,具有四季分明、雨热同期、复杂多样和气象灾害频繁的特点。冬季寒冷雨雪少,春季干旱风沙多,夏季炎热雨丰沛,秋季晴和日照长。降水集中,分布不均,年际变化大。年蒸发量达1 100 mm。年平均气温13~15 ℃,气温年较差、日较差较大,极端最低气温-21.7 ℃(1951年1月12日,安阳),极端最高气温达44.2 ℃(1966年6月20日,洛阳伊川站)。冷暖空气交替频繁,易造成旱、涝、干热风、大风、沙暴及冰雹等灾害天气。初霜日一般在10月上旬、中旬,终霜日较早,一般在3月下旬,全年无霜期在200~236 d,日照时数在2 000~2 600 h。

(二)降水、径流和水资源

黄河流域降水量总的趋势是由东南向西北递减,降水最多的是流域东南部湿润、半湿润地区,如秦岭、伏牛山及泰山一带,多年平均降水量达800~1 000 mm;降水量最少的是流域北部的干旱地区,如宁蒙河套平原,多年平均降水量200 mm左右,其沙丘区只有100 mm左右。流域冬春干旱,夏秋多雨,其中6—9月降水量占全年的70%左右;盛夏7—8月降水量可占全年降水总量的40%以上。流域降水量的年内分配极不均匀,连续最大4个月降水量占年降水量的68.3%。流域降水量年际变化悬殊,湿润区与半湿润区最大与最小年降水量的比值大都在3以上,干旱、半干旱区最大年与最小年降水量的比值一般为2.5~7.5。

黄河流域在河南省境内全省平均年降水量778 mm。在地区分布上,南部地区年平均降水量1 103 mm,由南向北递减,最少年平均仅567 mm,主要集中在7月、8月两个月。

黄河径流量和输沙量在年内的分配不均匀,主要集中在7—10月,4个月水量占全年水量的60%,沙量占全年总沙量的80%以上,夏秋汛期来水量可占全年的60%~70%,年际差别也较大,最大年径流量一般为最小年径流量的3~4倍。黄河径流量和输沙量均呈减小趋势,1956—2018年花园口站多年平均径流量455.53亿m^3,较1956—2000年平均径流量532.68亿m^3减少14.48%;1956—2018年花园口站天然河川多年平均径流量517.57亿m^3,较1956—2000年平均径流量532.48亿m^3减少2.8%;1956—2018年黄河流域年平均降水量409.98 mm,较1956—2000年平均降水量增加5.31%;1956—2018年黄河小浪底、伊洛河黑石关、沁河武陟三站合计实测输沙量 8.73 亿 t,较 1956—2000 年平均实测输沙量减少 24.52%。

(三)暴雨与洪水

黄河流域洪水按成因可分为暴雨洪水和冰凌洪水两种类型。暴雨洪水主要来自上游和中游,多发生在 6—10 月,上游的暴雨洪水主要来自兰州以上;中游的暴雨洪水来自河口镇至龙门区间(河龙间)、龙门至三门峡区间(龙三间)和三门峡至花园口区间(三花间)。冰凌洪水主要发生在宁蒙河段、黄河下游,时间分别在每年的 2 月、3 月。黄河流域洪水灾害主要是由河流决口、洪水泛滥造成的。历史上,河道在北至天津、南至江淮的广大区域内往复变迁,纵横 25 万 km^2,其灾害之深重、危害之巨大为世界江河所罕见。

黄河上游洪水灾害。历史上黄河上游的防洪问题也比较突出,兰州河段自明代至 1949 年间有记载的大洪灾有 21 次之多;宁夏河段自清代至 1949 年,有记载的大洪灾有 24 次,同期,内蒙古河段发生大洪灾 13 次。

黄河下游水患历来为世人所瞩目。4 000 多年前的帝尧时代,黄河下游就有“洪水泛滥于天下”之说。《尚书·尧典》中“汤汤洪水方割,荡荡怀山襄陵,浩浩滔天,下民其咨”的记述,反映了当时洪水横流遍地,老百姓被围困在丘陵高地之上,哀叹洪水灾情的情景。据史学界考证,商代曾因黄河下游洪水为患,多次迁都。从周定王五年(公元前 602 年)到 1938 年花园口扒口的 2 540 年中,有记载的决口泛滥年份有 543 年,决堤次数达 1 590 余次,形成改道的有 26 次,其中有 5 次经历了大改道和迁徙。在近代有实测洪水资料的 1919—1938 年的 20 年间,就有 14 年发生决口灾害,1933 年陕县(现为三门峡陕州区)站洪峰流量 22 000 m^3/s,下游两岸发生 50 多处决口,受灾地区有河南、山东、河北和江苏 4 省 30 个县,受灾面积 6 592 km^2,灾民 273 万人。1450—1949 年,河南省全省发生水灾和大水灾 46 次,特大水灾 5 次;1950—2015 年,全省累计受灾面积 6 470.9 万 hm^2,多年平均 98 万 hm^2,其中 1963 年全省受灾面积达 446.1 万 hm^2,占耕地面积的 58%。

主要支流洪水灾害。沁河下游历史上洪水灾害频繁,据历史记载,从三国时期的魏景初元年(公元 237 年)至民国三十六年(1947 年)的 1 711 年间,有 117 年发生洪水决溢,共决口 293 次,受灾范围北至卫河,南至黄河。1947 年 8 月 6 日,武陟沁河北堤大樊决口,洪水挟丹河夺卫河入运河,泛区面积达 400 余 km^2,淹及河南武陟、修武、获嘉、新乡、辉县 5 县的 120 多个村庄,灾民 20 余万人,给沿河人民带来了深重的灾难。

黄河洪水资料始于 1919 年,实测最大洪水发生在 1958 年。1958 年 7 月 14—18 日,黄河三门峡至花园口区间发生大洪水,花园口 7 月 17 日 24 时,出现自 1919 年实测以来最大洪峰,流量达 22 300 m^3/s,水位 94.92 m。根据历史文献查阅及反复考证,黄河最大洪水可能发生在 1843 年(清道光二十三年)8 月 9 日,河南陕县洪峰流量可达 36 000 m^3/s,最大 5 d 洪量 84 亿 m^3,相应花园口洪峰流量可达 30 800 m^3/s。

第二节　黄河流域工程现状

河南黄河段地理位置特殊,河道形态复杂,具有河道最宽、悬差最大、滩区面积最大、人口最多、历史灾害最重等不同于其他江河和黄河其他河段的突出特点。

人民治黄以来,在党和国家的高度重视下,河南黄河进行了大规模的建设,共建成小(二)型以上水库294座,总库容为211.78亿 m^3,其中大(一)型4座、大(二)型3座、中型20座、小(一)型128座、小(二)型139座。黄河流域河南省境内大型水库有三门峡水利枢纽、小浪底水利枢纽、故县水库(洛河)、陆浑水库(伊河)、西霞院反调节水库、窄口水库(宏农涧河)、河口村水库(沁河),设计总库容316亿 m^3,防洪总库容113.14亿 m^3。截至2019年,共建成两岸堤防工程915.876 km,其中临黄堤防556.609 km,沁河堤防164.095 km,其他堤防195.172 km(包括北金堤75.214 km、太行堤32.74 km、孟贯堤21.123 km、移民防护堤39.969 km、三义寨渠堤3.41 km、北围堤9.696 km、渠村闸控制堤1.75 km、防洪堤11.27 km);险工控导188处,坝、垛、护岸5 032道。河南省境内黄河流域共有蓄滞洪区5个,分别是北金堤滞洪区、大功分洪区、大沙河滞洪区、沁北滞洪区、沁南滞洪区,其中北金堤滞洪区涉及濮阳市、新乡市、安阳市,滞洪面积2 276 km^2,可分洪量20亿 m^3;黄河滩区涉及郑州、开封、洛阳、焦作、新乡、濮阳6个省辖市,可滞洪量20亿 m^3。现有引黄涵闸47座,其中黄河右岸引黄闸有11处,设计引水流量594 m^3/s;黄河左岸引黄闸有36处,设计引水流量1 067 m^3/s。根据1987年9月11日国务院办公厅转发的原国家计委和原水电部《关于黄河可供水量分配方案报告的通知》(简称"八七分水"方案),截至2019年底,河南省境内引黄(沁)取水口109处,年许可取水42.25亿 m^3,伊河、洛河取水19.7亿 m^3,共计取水55.4亿 m^3。这是中国首次由中央人民政府批准的黄河可供水量分配方案。

黄河流域河南省境内目前建成水电站182座,总装机0.027亿kW。其中,装机5万kW以上4座:小浪底水电站、三门峡水电站、西霞院水电站、故县水库电站,总装机245万kW;1万~5万kW 6座:西沟水电站、崛山水电站、禹门河水电站、崇阳水电站、引沁河口水电站、河口村水电站,总装机8.4万kW;0.1万~1万kW 57座,总装机14.068万kW;0.1万kW以下115座,总装机2.884万kW。

河南省境内黄河流域灌区,范围涉及三门峡、洛阳、郑州、济源、新乡、安阳、开封、濮阳、商丘9个省辖市,截至2019年,全省黄河流域共有大、中型灌区128个,总设计面积226.52万 hm^2,实灌面积103.72万 hm^2。其中,2万 hm^2 以上的大型灌区17个,主要有大功引黄灌区、渠村灌区、人民胜利渠灌区、南小堤灌区、韩董庄灌区、祥符朱灌区、武嘉灌区、石头庄灌区、彭楼灌区、赵口灌区、三义寨灌区、柳园口灌区、杨桥灌区、引沁灌区、广利灌区、窄口灌区、陆浑灌区,设计灌溉面积144.21万 hm^2,实灌面积73.18万 hm^2;667 hm^2 ~2万 hm^2 的中型灌区111个,设计灌溉面积82.31万 hm^2,实灌面积30.54万 hm^2。

河南省境内跨越黄(沁)河大桥、铁路、公路等40处;河南省境内穿越黄(沁)的南水北调工程隧道和供水、供电、供气管道等交叉工程26处。

一、上拦工程

(一)三门峡水库

三门峡水库的任务是防洪、防凌、灌溉、供水和发电,水库防洪运用水位 333.65 m(1985 国家高程基准),表 4-1、表 4-2 水位均为此标准,相应库容 58.61 亿 m^3(2020 年 10 月库容)。防洪运用水位相应泄流能力 14 420 m^3/s(不含机组),三门峡水库水位-库容-泄流量关系见表 4-1。

表 4-1 三门峡水库水位-库容-泄流量关系

水位/m		295	300	305	310	315	320	325	330	333.65
库容/亿 m^3		0	0.05	0.35	1.32	3.49	8.54	19.36	35.78	58.61
泄流量/(m^3/s)	机组(1#~5#单机)	208	212	206	199	198	173	153	142	142
	机组(6#、7#单机)	0	0	0	0	241	208	203	197	193
	合计(不含机组)	2 608	4 088	6 072	8 364	10 133	11 512	12 738	13 728	14 420

注:(1)库容为 2020 年 10 月实测值;

(2)泄流量依据 2005 年《黄河三门峡水利枢纽泄流工程二期改建设计工作报告》研究成果插值求得。

目前,水库防洪运用水位以下有 11.3 万居民,水库运用水位超过 316 m 将涉及人员紧急转移。三门峡水库防洪运用水位以下不同高程居民情况见表 4-2。

表 4-2 三门峡水库防洪运用水位以下不同高程居民情况

高程/m	人口/人			
	山西	河南	陕西	合计
316	0			0
317	4	0		4
318	94	16		110
319	263	47		310
320	284	68		352
321	290	173		463
322	295	318		613
323	302	448		750
324	318	861		1 179
325	345	1 343		1 688
326	1 035	1 731	0	2 766
327	2 343	2 197	42	4 582
328	2 637	2 467	176	5 280
329	3 370	2 912	1 376	7 658
330	4 620	3 497	5 492	13 609
331	6 476	3 951	14 566	24 993
332	8 737	4 456	33 093	46 286
333	10 323	4 962	65 696	80 981
333.65	12 110	5 115	95 704	112 929

注:人口为 2020 年 5 月统计数。

(二)小浪底水库

小浪底水库的开发任务是以防洪(防凌)、减淤为主,兼顾供水、灌溉、发电。水库可能最大洪水(同10 000年一遇)校核洪水位275 m(黄海高程),表4-3~表4-6水位均为此标准,1 000年一遇设计洪水位274 m,设计正常蓄水位275 m,设计汛限水位254 m,最高防洪运用水位275 m。

水库前汛期(7月1日至8月31日)汛限水位235 m,相应库容15.93亿 m^3。后汛期(9月1日至10月31日)汛限水位248 m,相应库容35.47亿 m^3。前汛期和后汛期270 m以下调洪库容分别为66.59亿 m^3 和47.05亿 m^3。校核洪水位相应泄流能力15 300 m^3/s。小浪底水库水位-库容-泄流量关系见表4-3。

表4-3 小浪底水库水位-库容-泄流量关系

水位/m	210	215	222	225	230	235	240	245
库容/亿 m^3	0.93	1.97	4.94	6.78	10.79	15.93	22.53	30.32
泄流量/(m^3/s)	5 698	6 390	7 302	7 653	8 298	8 994	9 693	10 295
水位/m	248	250	254	255	260	265	270	275
库容/亿 m^3	35.47	39.09	46.71	48.68	59.09	70.36	82.52	95.53
泄流量/(m^3/s)	10 614	10 826	9 627	9 717	10 297	11 572	13 311	15 307

注:(1)库容为2021年4月实测值;
(2)泄流量按设计值。

西霞院工程是小浪底水库的配套工程。其开发任务是以反调节为主的,结合发电,兼顾灌溉和供水综合利用。水库5 000年一遇校核洪水位134.75 m,100年一遇设计洪水位132.56 m,正常蓄水位134 m,设计总库容1.62亿 m^3。校核洪水位相应泄流能力14 300 m^3/s。西霞院水库水位-库容-泄流量关系见表4-4。

表4-4 西霞院水库水位-库容-泄流量关系

水位/m	125	128	130	131	132	133	134	135
库容/亿 m^3	0	0.05	0.15	0.25	0.43	0.63	0.85	1.09
泄流量/(m^3/s)	2 120	4 360	6 590	7 970	9 510	11 200	12 900	14 800

注:(1)库容为2021年4月实测值;
(2)泄流量按现状泄流能力。

(三)陆浑水库

陆浑水库的开发任务是以防洪为主的,兼顾灌溉、发电、供水等综合利用。10 000年一遇校核洪水位331.8 m(黄海高程,表4-5、表4-6水位高程以此为基准),相应库容12.45亿 m^3,水库1 000年一遇设计洪水位327.5 m,蓄洪限制水位323 m,相应库容8.14亿 m^3,正常蓄水位319.5 m,移民水位(100年一遇)325 m,征地水位319.5 m。前汛期(7月1日至8月31日)汛限水位317 m,相应库容为5.68亿 m^3;后汛期(9月1日至10月31日)汛限水位317.5 m,相应库容为5.87亿 m^3。校核洪水位相应泄流能力5 620 m^3/s。陆浑水库水位-库容-泄流量关系见表4-5。

表 4-5　陆浑水库水位-库容-泄流量关系

水位/m	300	305	310	314	317	317. 5	319. 5	321. 5	323	327. 5	331. 8	333
库容/亿 m^3	1. 34	2. 24	3. 38	4. 59	5. 68	5. 87	6. 63	7. 50	8. 14	10. 26	12. 45	13. 12
泄流量/(m^3/s)	594	903	1 129	1 338	1 776	1 870	2 299	2 789	3 239	4 698	5 622	5 820

注:库容为 1992 年实测值。

目前,水库设计洪水位以下居住有约 10. 2 万人,水库运用水位超过 319. 5 m 将涉及人员紧急转移。陆浑水库防洪运用水位以下不同高程居民情况见表 4-6。

表 4-6　陆浑水库防洪运用水位以下不同高程居民情况

高程/m	319. 5	320. 5	321. 5	322. 5	323. 5	324. 5	325. 5	326. 5	327. 5
人口/人	0	3 200	4 770	6 151	33 139	58 973	65 912	71 694	102 408

注:人口为 2018 年 6 月统计数。

(四)故县水库

故县水库的开发任务以防洪为主,兼顾灌溉、供水、发电等综合利用。10 000 年一遇校核洪水位 551. 02 m(大沽高程,表 4-7、表 4-8 均以此为基准),水库 1 000 年一遇设计洪水位 548. 55 m,蓄洪限制水位 548 m,相应库容 9. 84 亿 m^3,正常蓄水位 534. 8 m,移民水位 544. 2 m,征地水位 534. 8 m。前汛期(7 月 1 日至 8 月 31 日)汛限水位 527. 3 m,相应库容为 4. 90 亿 m^3;后汛期(9 月 1 日至 10 月 31 日)汛限水位 534. 3 m,相应库容为 6. 16 亿 m^3,校核洪水位相应泄流能力 12 400 m^3/s。故县水库水位-库容-泄流量关系见表 4-7。

表 4-7　故县水库水位-库容-泄流量关系

水位/m	515	527. 3	532	534. 3	534. 8	538	541. 2	543. 2	544. 2	548	548. 55	551
库容/亿 m^3	3. 33	4. 90	5. 70	6. 16	6. 26	6. 98	7. 78	8. 34	8. 63	9. 84	10. 03	10. 89
泄流量/(m^3/s)	706	811	848	1 394	1 513	2 748	4 537	5 936	6 634	9 662	10 149	12 418

注:(1)库容为 2015 年 5 月实测值;
(2)总泄量不包括 3 台机组及大坝中孔。

目前,水库设计洪水位以下居住有约 1. 57 万人,其中 534. 8~544. 2 m 无常住人口。水库运用水位超过 544. 2 m 将涉及人员紧急转移。故县水库防洪运用水位以下不同高程居民情况见表 4-8。

表 4-8　故县水库防洪运用水位以下不同高程居民情况

高程/m	541. 20	542. 20	543. 20	544. 20	545. 20	546. 20	547. 20	548. 00	548. 20	548. 55
人口/人	0	0	0	0	5 204	8 862	11 757	14 075	14 654	15 668

注:人口为 2019 年 5 月统计数。

(五)河口村水库

河口村水库的开发任务是以防洪、供水为主的,兼顾灌溉、发电、改善河道基流等综合利用。水库2 000年一遇校核洪水位、500年一遇设计洪水位和蓄洪限制水位均为285.43 m(黄海高程),相应库容3.17亿m^3,正常蓄水位275 m。前汛期(7月1日至8月31日)汛限水位238 m,相应库容为0.86亿m^3;后汛期(9月1日至10月31日)汛限水位275 m,相应库容为2.51亿m^3。校核洪水位相应泄流能力10 800 m^3/s,水库蓄水运用以来最高蓄水位262.65 m(2016年11月26日)。河口村水库水位-库容-泄流量关系见表4-9。

表4-9　河口村水库水位-库容-泄流量关系

水位/m	230	238	240	245	250	254.5	260	268	270	275	280	285.43
库容/亿m^3	0.63	0.86	0.92	1.09	1.28	1.46	1.71	2.10	2.21	2.51	2.80	3.17
泄流量/(m^3/s)	1 988	2 370	2 458	2 660	2 847	3 005	3 187	3 434	3 819	5 384	7 719	10 842

注:库容为原始库容。

二、下排工程

下排工程主要包括堤防、河道整治工程。花园口站、高村站、孙口站和艾山站的设防流量分别为22 000 m^3/s、20 000 m^3/s、17 500 m^3/s和11 000 m^3/s。

2021年汛前,下游各河段平滩流量分别为:花园口以上河段一般大于7 200 m^3/s;花园口—夹河滩为7 100~7 200 m^3/s;夹河滩—高村为6 500~7 100 m^3/s;高村—利津绝大部分河段在4 600 m^3/s以上。随着冲刷发展,卡口河段绝大多数断面的平滩流量均有不同程度的增大,最小平滩流量的位置在陈楼—北店子附近河段,平滩流量的最小断面为陈楼、梁集、路那里和王坡断面,平滩流量的最小值为4 600 m^3/s。

黄河下游滩区涉及河南、山东2省48个县(市、区),总面积3 154 km^2,耕地340万亩,人口183.85万人(河南省含外迁152.17万人;山东省滩区内60万人,外迁后剩余31.68万人)。滩区内修筑有村台、避水台、房台及撤退道路,用于就地避洪和人员撤离。

三、蓄滞洪工程

(一)东平湖分滞洪区

东平湖分滞洪区位于宽河道与窄河道相接处的右岸,承担分滞黄河洪水和调蓄大汶河洪水的双重任务。东平湖老湖区汛限水位7—8月为40.72 m(1985国家高程基准,表4-10水位以此为基准),9—10月为41.72 m,警戒水位为41.72 m。现状防洪运用水位为43.22 m,相应总库容为30.77亿m^3(老湖9.16亿m^3,新湖21.61亿m^3)。老湖区在特殊情况下可将蓄洪水位提高到44.72 m。东平湖滞洪区水位-库容关系见表4-10。

表 4-10　东平湖滞洪区水位-库容关系

水位/m		37.72	39.00	40.00	40.72	41.00	41.72	42.00	43.00	43.22	44.00	44.72
库容/亿 m^3	老湖	0.35	1.70	3.13	4.29	4.81	6.15	6.71	8.72	9.16	10.75	12.28
	新湖	0.83	4.39	8.15	11.12	12.30	15.32	16.50	20.70	21.61	24.84	27.85
	全湖	1.18	6.09	11.28	15.41	17.11	21.47	23.21	29.42	30.77	35.59	40.13

注:老湖库容为 2010 年实测值,新湖库容为 1965 年实测值。

滞洪区工程包括围坝、二级湖堤、分洪闸和退水闸等,其中围坝长 100.3 km,二级湖堤长 26.7 km。分洪闸有石洼、林辛和十里堡闸,设计总分洪能力 8 500 m^3/s(老湖区林辛闸 1 500 m^3/s,十里堡闸 2 000 m^3/s;新湖区石洼闸 5 000 m^3/s),分滞黄河洪量 17.5 亿 m^3。退水闸有陈山口、清河门、司垓闸,设计总泄水能力 3 500 m^3/s(老湖区 2 500 m^3/s,新湖区 1 000 m^3/s)。二级湖堤上建有八里湾泄洪闸,设计泄洪流量 450 m^3/s。北排入黄口修建有庞口闸,设计退水流量 900 m^3/s。

据 2021 年 5 月统计,湖区内 44.72 m 高程以下耕地 42.30 万亩(老湖区 8.33 万亩,新湖区 33.97 万亩);据 2021 年蓄滞洪区预案数据统计,湖区内 44.72 m 高程以下人口 28.55 万人(老湖区 7.05 万人,其中金山坝以西 41 km^2 内 4 万人;新湖区 21.5 万人)。

(二)北金堤滞洪区

北金堤滞洪区位于黄河下游高村至陶城铺宽河道转为窄河道过渡段的左岸,是防御黄河下游超标准洪水的重要工程设施之一。渠村分洪闸设计分洪能力 10 000 m^3/s,分滞黄河洪量 20 亿 m^3。张庄退水闸位于滞洪区下端,设计退水能力 1 000 m^3/s,并承担黄河向区内倒灌 1 000 m^3/s 流量的任务。

北金堤滞洪区涉及河南、山东 2 省 7 个县(市、区),面积 2 316 km^2,据 2021 年蓄滞洪区预案数据统计,人口 209.86 万人(河南省 208.30 万人,山东省 1.56 万人)。

四、主要支流工程

(一)伊洛河

目前,伊洛河已建堤防及护岸总长 389.3 km,险工 43 处,设计防洪标准为 20 年一遇,县城段的防洪标准为 50 年一遇,重点城市的城区河段设计防洪标准为 100 年一遇。伊洛河下游设计防洪流量分别为龙门镇站 5 500 m^3/s、白马寺站 4 600 m^3/s、黑石关站 7 000 m^3/s。

伊洛河夹滩自然滞洪区位于伊河下游、洛河下游交汇地带,东西长 19 km,南北宽约 4 km,范围为伊河龙门镇以下和洛河白马寺以下至黑石关河段,总面积 134 km^2,包括 10 个乡(镇)149 个行政村,总人口 29.6 万人,耕地面积 154.8 km^2,有陇海铁路桥等跨河桥梁 28 座,橡胶坝 10 座。

根据伊洛河夹滩地区的地形条件和堤防情况，可将该地区分为4个区：①伊河、洛河两河交汇处的夹滩自然滞洪区，为伊河左堤和洛河右堤所围区域，东西长19 km，南北宽约4 km，其面积约为70 km^2。当洛河右岸或伊河左岸的堤防决口，或伊河、洛河交汇处的东横堤决口，洪水即进入该自然滞洪区，待洪水水位降低后，蓄滞水量仍排入原河道。通过滞洪错峰对黑石关洪峰流量具有显著的削减作用。②东石坝自然滞洪区，指伊河右岸东石坝决口淹没区，面积约为20 km^2，库容0.53亿 m^3。由于该区内的地势较高，滞洪区容积不大，目前该区域已划为洛阳市伊滨新区，随着城市的建设，滞洪功能进一步减弱。③安滩（伊洛河右岸）自然滞洪区，指伊洛河右岸杨村决口淹没区，即西从安滩，东至巩义市回郭镇，东西长约12 km，南北宽约2 km，面积约24 km^2，库容2.94亿 m^3。该区地势低洼，决口分洪的蓄滞洪量有相当一部分存蓄于洼地中，在伊河、洛河水位降低后仍不能排入原河道。因此，该区对伊洛河洪水，不仅起到滞洪错峰作用，而且对洪水总量具有一定的削减作用。④偃师老城区（伊洛河左岸）自然滞洪区，指伊洛河左岸偃师决口淹没区，其面积约20 km^2，库容3.0亿 m^3，地形条件和滞洪作用与安滩自然滞洪区大致相同。伊洛河夹滩滞洪区库容曲线见表4-11，表中高程基准为1956年黄海高程系。

目前，伊洛河夹滩范围堤防已全部建成，防洪标准：偃师城市段50年一遇，洛阳境内河段100年一遇，其余河段20年一遇。

表4-11　伊洛河夹滩自然滞洪区面积库容　单位：亿 m^3

高程/m	总库容	夹滩自然滞洪区	东石坝自然滞洪区	安滩自然滞洪区	偃师老城区自然滞洪区
111	0.01	0	0	0	0.01
112	0.03	0	0	0	0.03
113	0.08	0	0	0.01	0.07
114	0.24	0.01	0	0.12	0.11
115	0.54	0.03	0	0.29	0.22
116	1.04	0.14	0	0.52	0.38
117	1.75	0.40	0	0.77	0.58
118	2.59	0.75	0	1.03	0.81
119	3.58	1.17	0	1.34	1.07
120	4.73	1.67	0.03	1.65	1.38
121	6.01	2.23	0.10	1.96	1.72
122	7.42	2.85	0.21	2.28	2.08
123	8.88	3.52	0.35	2.50	2.51
124	10.71	4.24	0.53	2.94	3.00

（二）沁河

沁河下游两岸已建堤防161.65 km，险工49处，设计防洪流量为武陟站4 000 m^3/s。

当五龙口站发生 2 500 m^3/s 及以上洪水时,沁北自然滞洪区将自然漫溢进水。河口村水库建成后,超过 100 年一遇洪水,沁南临时滞洪区将可能滞洪。

沁北自然溢洪区东西长约 20 km,南北宽 1.5~3.0 km,面积为 41.2 km^2,是安全河、逍遥石河入沁口处天然洼地,入沁口宽度分别为 5 010 m 及 1 891 m。当五龙口站发生 2 500 m^3/s 以上洪水时,通过 2 个缺口漫溢滞洪;当大河落水时,漫溢洪水一部分从漫溢口退入沁河,另一部分从滞洪区下端北金村泄入沁河。溢洪区涉及沁阳市西向、紫陵、太行、怀庆 4 个镇(街道)33 个自然村,居住人口 5.2 万人,耕地 4.09 万亩。沁北自然溢洪区未列入 2000 年 5 月国务院颁发的《国家滞洪区名录》,区内也未安排防洪避洪工程设施和洪水预警系统。沁北自然溢洪区不同水位下滞洪量见表 4-12。

表 4-12　沁北自然溢洪区不同水位下滞洪量

高程/m	120	121	122	123	124	125	126	127	128	129
滞洪量/亿 m^3	0.02	0.05	0.14	0.29	0.49	0.79	1.15	1.53	1.93	2.32

沁南临时滞洪区位于黄河北岸武陟县境,京广铁桥上游 14 km 处,系黄河、沁河堤防夹角地带,滞洪区面积约 222 km^2,区内涉及人口约 21.39 万人,含北郭、大虹桥、西陶、大封 4 乡(镇)。沁南临时滞洪区不同水位下滞洪量见表 4-13。

表 4-13　沁南临时滞洪区不同水位下滞洪量

高程/m	96	97	98	99	100	101	102	103	104
滞洪量/亿 m^3	0.01	0.16	0.61	1.38	2.35	3.48	4.76	6.26	8.02

五、防洪运用存在问题

(1)三门峡水库、陆浑水库、故县水库库区防洪水位以下有大量居民,特别是陆浑库区涉及嵩县县城大量居民,水库运用超过一定水位后涉及人员紧急转移。

(2)陆浑水库原为病险水库,虽然除险加固已于 2006 年 12 月通过竣工验收,但坝基渗漏问题没有完全解决,库水位 320.91 m 以上尚未经历大洪水蓄水检验。

(3)小浪底水库防洪运用过程中水位超过 254 m 将影响长期有效库容,在调度中应尽量避免。270 m 以上高水位运用,水库库周存在地质灾害等安全隐患。

(4)中游干支流水库至花园口区间有 1.8 万 km^2 无工程控制区,该区间紧邻黄河下游,洪水预见期短,预报难度大,发生洪水防汛形势异常严峻。

(5)伊洛河黑石关以下铁路桥处为卡口河段,过流能力不足,超过过流能力可能出现危急状态,夹滩地区如发生决口,涉及 12.5 万人紧急转移。

(6)沁河五龙口站发生 2 500 m^3/s 及以上洪水,沁北自然滞洪区进水,要提前做好约 5.2 万人的迁安救护工作。当武陟站发生 4 000 m^3/s 以上超标准洪水时,两岸堤防全线偎水 2~5 m,险工全部靠溜,堤身可能出现滑坡、坍塌、管涌、漏洞等重大险情,涵闸等穿堤建筑物可能出现漏水、蛰陷等重大险情。

(7)根据现状地形调查分析,当花园口站发生 8 000 m^3/s 洪水时,黄河下游绝大部分滩区将受淹。

(8)东平湖滞洪区退水问题突出。由于黄河河道淤积及倒灌影响,加上出湖闸上游流路多年淤积,东平湖北排退水不畅;司垓闸闸后流路尚未开通。

第三节　黄河流域"21 · 7"暴雨洪水模拟移植

一、黄河流域"21 · 7"暴雨洪水概述

具体内容见第二章第五节,此处不再赘述。

二、模拟移植

(一)暴雨移植方法

本次移植将暴雨中心移至三花区间不同的位置,对比分析可能形成的灾害及影响,进而选择最不利的位置作为洪水防御研究的重点,并提出应对措施。根据黄河三花区间可能最大暴雨估算成果,淮河"75 · 8"暴雨移植至三花区间的比例为 1:0.93,海河"63 · 8"暴雨移植的比例为 1:0.71。鉴于本次"21 · 7"暴雨距离三花区间更近,同时充分考虑可能降雨的情形,按照 1:1比例平移,移植后降雨量将接近黄河三花区间的可能最大降雨。

(二)暴雨移植方案

"21 · 7"暴雨有多个暴雨中心,7 月 19—20 日暴雨中心位于淮河流域郑州一带,7 月 21 日,暴雨中心移至海河流域新乡一带。本次选取暴雨中心郑州尖岗水库站作为基准点,将其分别移至洛河流域宜阳(韩城)、伊河流域伊川、三小区间垣曲(王茅)及洛河流域洛宁(长水)4 个位置(分别见表 4-14、图 4-1)。尖岗水库 7 月 18—22 日 5 d 累计雨量 950.8 mm,其中 7 月 20 日 15—16 时最大 1 h 雨量 147 mm。

表 4-14　暴雨中心移植位置

暴雨中心移植点	相对于郑州尖岗水库位置	
	方向	距离/km
洛河流域宜阳(方案一)	西偏南 9°	150
伊河流域伊川(方案二)	西偏南 16°	110
三小区间垣曲(方案三)	西偏北 19°	170
洛河流域洛宁(方案四)	西偏南 12°	200

将"21 · 7"暴雨实际雨量站位置分别按照 4 种方案平移,根据黄河三花区间洪水预报模型所需的 116 个雨量站点位置信息,逐站筛选距离最近的平移雨量站,并将其降雨量作为对应的移植目标站的降雨量。经处理后,三花区间移植降雨量分别见表 4-15 及图 4-2~图 4-5。

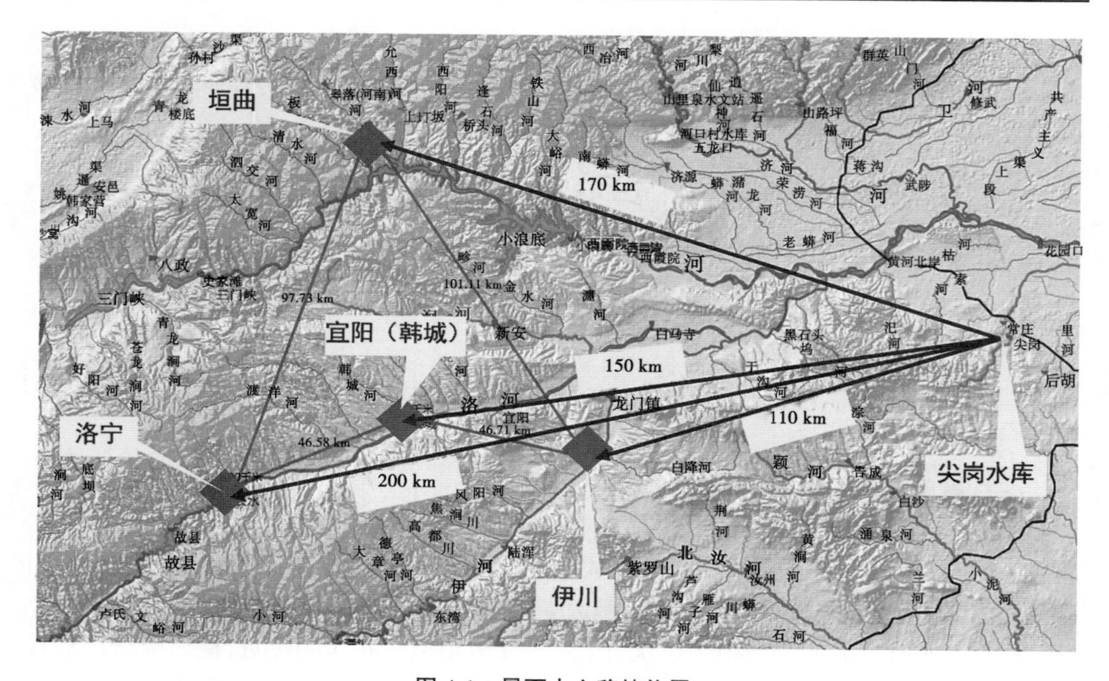

图 4-1　暴雨中心移植位置

表 4-15　暴雨中心不同移植位置下主要区间面雨量统计

河流	分区	区间面积/km²	面雨量/mm			
			方案一 宜阳位置	方案二 伊川位置	方案三 垣曲位置	方案四 洛宁位置
黄河	三小区间	5 800	551.8	377.9	584.8	529.0
沁河	武陟以上	12 880	407.5	323.2	418.4	198.0
洛河	白马寺以上	11 891	331.2	248.2	250.3	368.2
伊河	龙门镇以上	5 318	350.1	448.9	238.8	308.8
伊洛河	黑石关以上	18 563	332.9	320.0	250.5	337.0
黄河	小花干流	4 372	223.5	439.9	243.2	88.4
	小花区间	35 815	346.4	335.8	310.0	256.8
	三花区间	41 615	375.0	341.7	348.3	294.8

方案一宜阳位置，三花区间面雨量为 375.0 mm，暴雨中心位于三小区间和沁河五龙口以上；方案二伊川位置，三花区间面雨量为 341.7 mm，暴雨中心位于沁河润城至武陟区间和伊河陆浑至龙门镇区间；方案三垣曲位置，三花区间面雨量为 348.3 mm，暴雨中心位于三小区间和沁河飞岭至润城区间；方案四洛宁位置，三花区间面雨量为 294.8 mm，暴雨中心位于三小区间和洛河卢氏至长水区间。

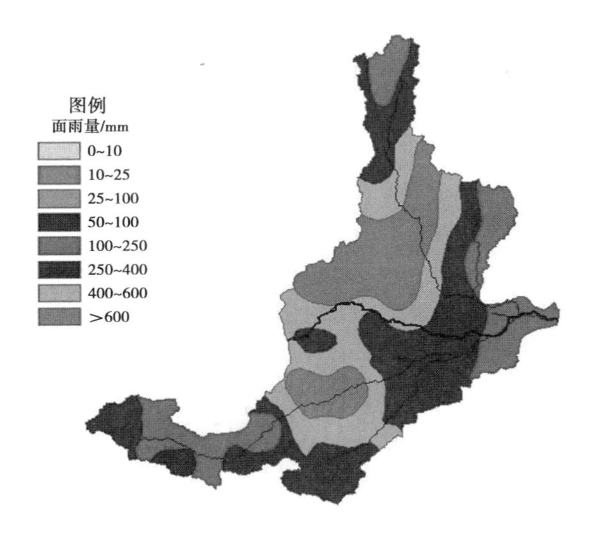

图 4-2　黄河三花区间 7 月 18—22 日移植降雨等值面(宜阳,方案一)

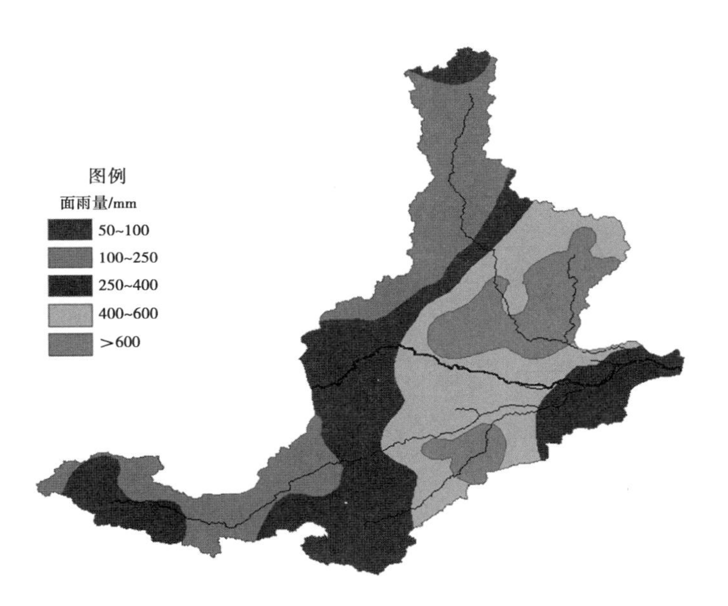

图 4-3　黄河三花区间 7 月 18—22 日移植降雨等值面(伊川,方案二)

(三)暴雨量级分析

1. 与历史降雨比较

1)1982 年暴雨

1982 年暴雨,最大暴雨中心在伊河中游石锅镇,最大 1 d、5 d 面雨量分别为 88 mm、268 mm,100 mm 以上笼罩面积 4. 05 万 km^2,250 mm 以上笼罩面积 2. 21 万 km^2。400 mm 以上笼罩面积 0. 23 万 km^2,占三花区间面积的 5%。

2)1958 年暴雨

1958 年暴雨,主雨区在三花干区间和伊洛河中下游,暴雨中心有三个:垣曲、瑞村和

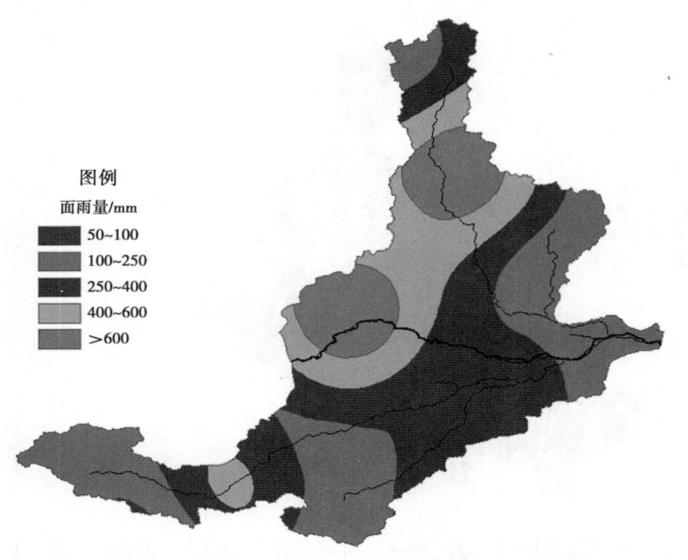

图 4-4　黄河三花区间 7 月 18—22 日移植降雨等值面(垣曲,方案三)

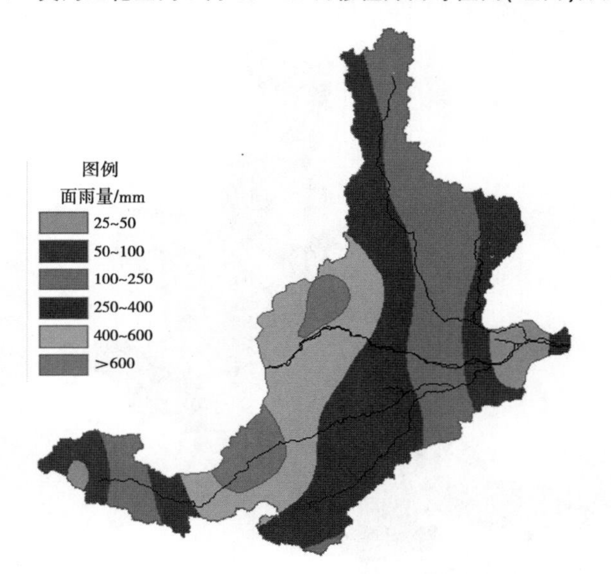

图 4-5　黄河三花区间 7 月 18—22 日移植降雨等值面(洛宁,方案四)

盐镇。最大 1 d、5 d 面雨量分别为 55. 4 mm、155 mm。100 mm 以上笼罩面积 2. 65 万 km^2,250 mm 以上笼罩面积 0. 38 万 km^2,400 mm 以上笼罩面积为 0。

3)1761 年暴雨

根据以往研究成果,1761 年暴雨最大 1 d、5 d 面雨量分别为 96 mm、306. 3 mm。

与 1761 年、1958 年、1982 年三花区间来水为主的历史大洪水比较,方案一、方案二、方案三移植暴雨最大 1 d、5 d 雨量均为最大值,5 d 400 mm 以上笼罩面积为实测最大年份 1982 年的 5. 6~8. 5 倍。方案四移植暴雨最大 1 d 雨量为最大值,5 d 雨量与 1761 年相当,400 mm 以上笼罩面积为实测最大年份 1982 年的 4. 9 倍。移植降雨与历史洪水相应降雨情况比较见表4-16。

表4-16　移植降雨与历史洪水相应降雨情况比较

项目	方案一（宜阳）	方案二（伊川）	方案三（垣曲）	方案四（洛宁）	1982年	1958年	1761年
最大1 d面平均雨量/mm	134.0	123.0	143.0	130.0	88.0	55.4	96.0
5 d面平均雨量/mm	375.0	342.0	348.0	294.8	268.0	155.0	306.3
>100 mm笼罩面积/万km^2	4.00	3.91	4.17	3.56	4.05	2.65	—
>250 mm笼罩面积/万km^2	3.21	2.88	2.80	2.41	2.21	0.38	—
>400 mm笼罩面积/万km^2	1.79	1.59	1.29	1.12	0.23	0	—

2.暴雨重现期分析

采用P-Ⅲ型曲线，对三花区间1954—2016年63年系列最大1 d、5 d面雨量进行频率分析，适线准则为离差平方和最小。三花区间面雨量的计算方法为算术平均法。三花区间最大1 d、5 d面雨量频率分析结果分别见表4-17、图4-6、图4-7。

表4-17　三花区间最大1 d、5 d面雨量频率分析结果

区域	项目	均值	C_v	C_s/C_v	P=1%	P=0.1%	P=0.01%
三花区间	最大1 d/mm	88.1	0.43	3.5	81.4	102	121
	最大5 d/mm	41.7	0.31	3.5	214.0	287	357

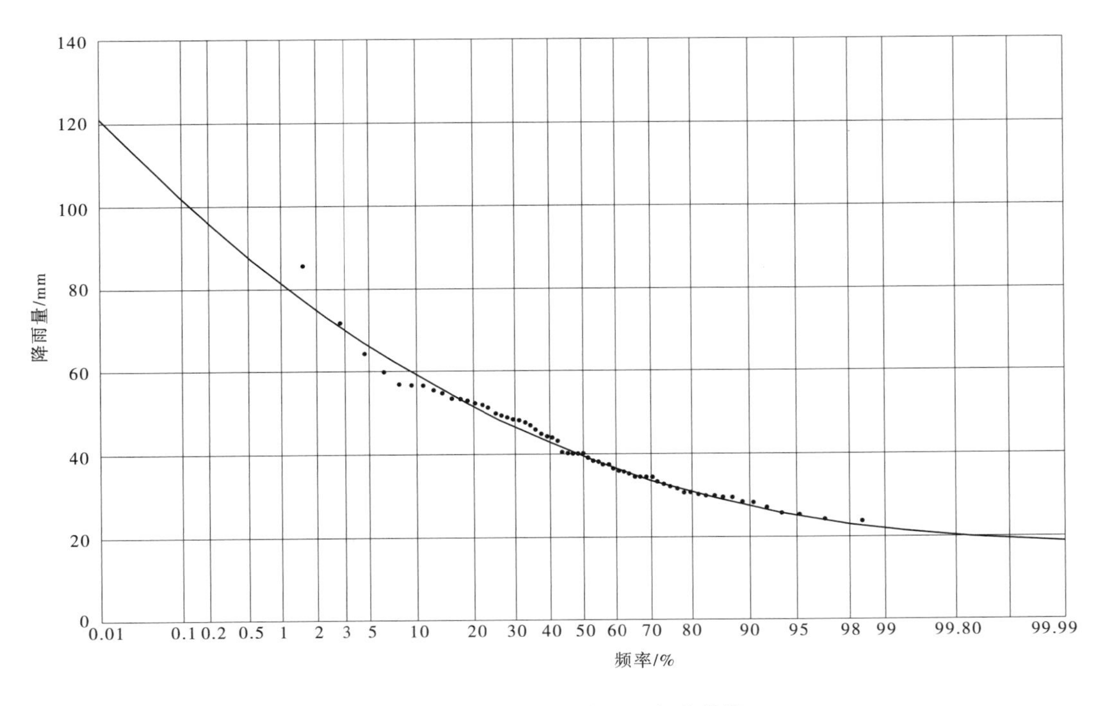

图4-6　三花区间最大1 d频率曲线

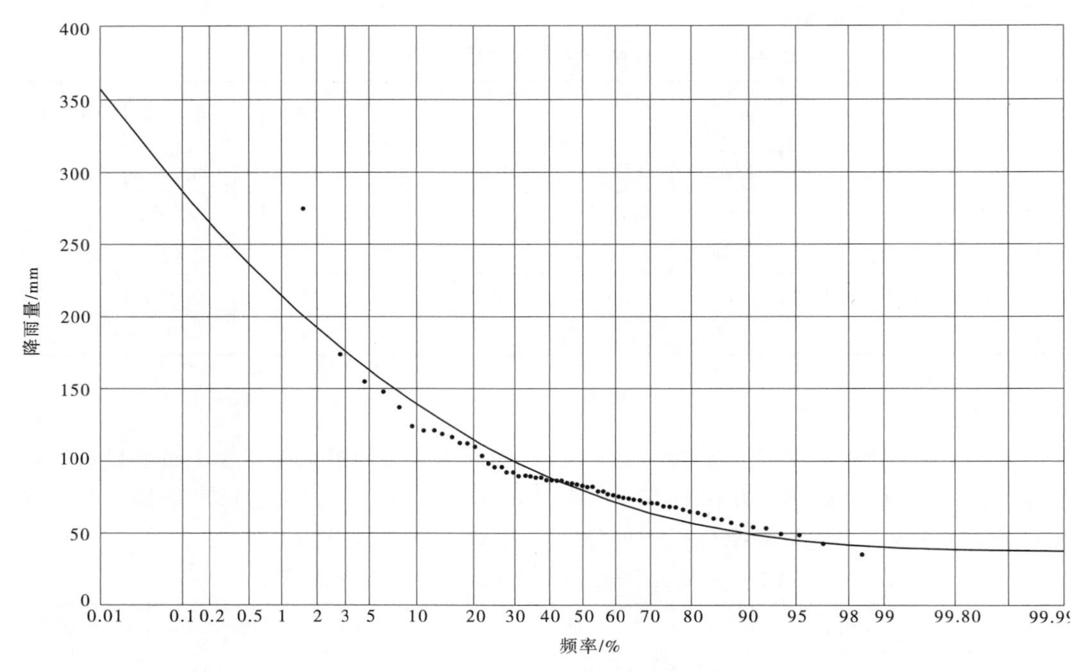

图 4-7　三花区间最大 5 d 频率曲线

《黄河小浪底水利枢纽设计报告(初步设计阶段)》分析了三花区间可能最大暴雨,按照当地“58 · 7”、当地组合(“54 · 8”+“58 · 7”)、移植海河“63 · 8”和移植淮河“75 · 8”四种模式,求得三花区间可能最大暴雨的面平均雨深,最大 1 d 为 130~150 mm,最大 5 d 为 350~400 mm。

对比本次暴雨频率分析成果和可能最大暴雨成果,方案一、方案二和方案三最大 1 d、5 d 面雨量在 123~143 mm、342~375 mm,接近或达到可能最大降雨量级,方案四最大 1 d 130 mm 达到可能最大降雨量级,最大 5 d 294. 8 mm 超过 1 000 年一遇(见表 4-18)。

表 4-18　三花区间移植暴雨量级分析

名称	项目	方案一(宜阳)	方案二(伊川)	方案三(垣曲)	方案四(洛宁)	1 000 年一遇	10 000 年一遇	最大降雨量级
三花区间	1 d 雨量/mm	134	123	143	130	102	121	130~150
	5 d 雨量/mm	375	342	348	294. 8	287	357	350~400

(四)洪水模拟计算

1. 计算条件与方法

1)三花区间前期影响雨量

2021 年 7 月 18 日,三花区间前期影响雨量为 20~60 mm,平均 42. 4 mm(见图 4-8),是“82 · 8”洪水前期的 2. 03 倍。与“82 · 8”洪水前期相比,除伊河东湾以上、洛河故县—长水稍偏小外,其他各分区均偏大,特别是沁河飞岭以下,“82 · 8”洪水前期影响雨量均在 10 mm 以下,而本次在 40 mm 左右(见表 4-19)。

图 4-8　2021 年 7 月 18 日黄河三花区间前期影响雨量分布　(单位:mm)

表 4-19　三花区间前期影响雨量　单位:mm

序号	河名	站名	1982-07-29	2021-07-18
1	洛河	卢氏	44. 3	54. 1
2	洛河	故县	43. 1	33. 3
3	洛河	长水	31. 9	34. 8
4	洛河	宜阳	24. 1	29. 9
5	洛河	白马寺	22. 0	46. 3
6	伊河	东湾	50. 2	25. 6
7	伊河	陆浑	15. 8	25. 4
8	伊河	龙门镇	17. 2	24. 4
9	伊洛河	黑石关	7. 1	53. 2
10	黄河	小浪底坝上	21. 1	58. 8
11	沁河	飞岭	33. 3	33. 5
12	沁河	润城	6. 0	38. 6
13	沁河	五龙口	8. 9	41. 7
14	丹河	青天河	2. 8	47. 9
15	丹河	山路坪	9. 9	42. 1
16	沁河	武陟	5. 4	39. 0
17	黄河	花园口	2. 5	43. 6

2) 上游来水

潼关站(三门峡入库)按 2021 年 7 月来水实况,洪水过程见图 4-9。

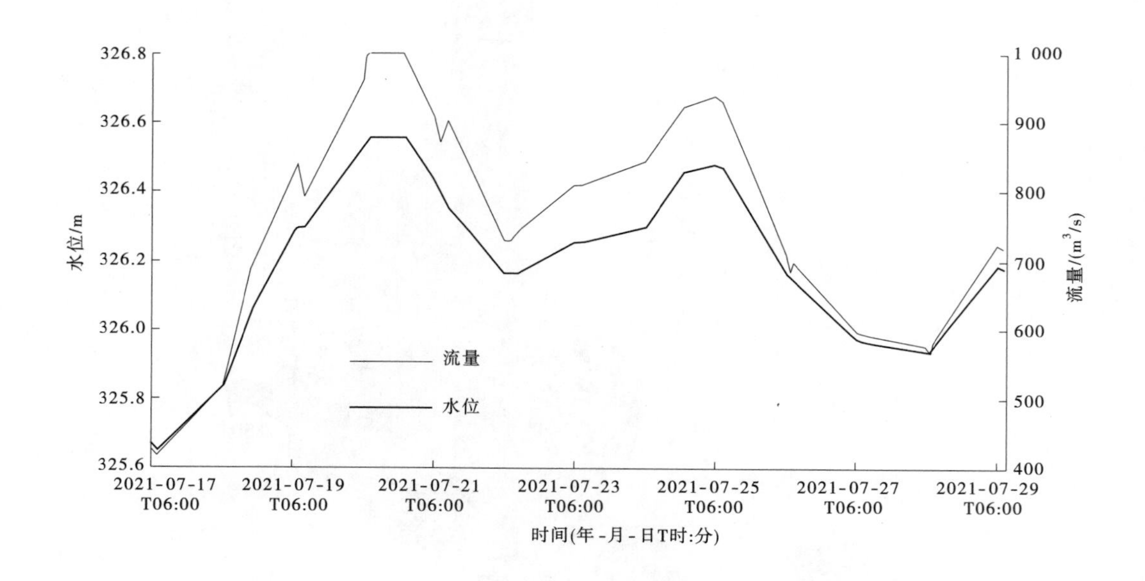

图 4-9 潼关站洪水水位-流量过程线

3) 计算方法

采用黄河水利委员会水文局研制的“黄河三花间降雨径流模型”,以现有主要水文站及水库为预报节点,不考虑堤防决口、漫堤、水库溃坝,假定河道有足够的过洪能力,进行洪水模拟计算。

2. 洪水模拟结果

假定水库不存在,四种方案各主要站洪水特征值见表 4-20,花园口站洪水组成见表 4-21。

方案一,黄河小浪底站洪峰流量 21 900 m^3/s,伊洛河黑石关站洪峰流量 13 400 m^3/s,沁河武陟站洪峰流量 10 300 m^3/s,花园口站洪峰流量 36 300 m^3/s,花园口站 7 d 洪量 86.23 亿 m^3,大于 10 000 m^3/s 以上流量持续 84 h,水量 45.3 亿 m^3。洪水主要来自三小区间、伊洛河、沁河,其中西霞院以上来水 28.2 亿 m^3,占 32.7%;伊洛河来水 35.3 亿 m^3,占 41.0%;沁河来水 20.7 亿 m^3,占 24.0%;小花干流来水较少,为 1.9 亿 m^3,仅占 2.2%。花园口站洪峰相应西霞院流量为 13 600 m^3/s,占 37.5%;黑石关站流量为 13 000 m^3/s,占 35.8%;武陟站流量为 9 100 m^3/s,占 25.1%;小花干流流量为 600 m^3/s,占 1.7%。花园口站洪峰流量组成见图 4-10。

表 4-20 无水库情形不同移植方案主要站洪水特征值统计

单位:流量,m^3/s;水量,亿 m^3

河名	站名	方案一:宜阳位置		方案二:伊川位置		方案三:垣曲位置		方案四:洛宁位置	
		洪峰流量	最大 7 d 水量	洪峰流量	最大 7 d 水量	洪峰流量	最大 7 d 水量	洪峰流量	最大 7 d 水量
黄河	小浪底入库	21 900	28.24	9 440	18.23	29 700	29.46	15 700	27.71
伊河	陆浑入库	5 930	7.46	10 100	8.70	2 990	3.78	5 830	6.55
	龙门镇	10 100	10.45	22 300	15.28	5 730	6.43	8 310	8.91
洛河	故县入库	4 200	4.56	4 280	3.47	5 840	7.57	8 800	9.19
	白马寺	26 400	22.36	18 200	16.21	8 340	15.63	30 100	25.93
伊洛河	黑石关	13 400	35.25	14 100	36.07	9 230	24.95	13 600	36.23
沁河	河口村入库	23 700	27.41	7 060	10.22	22 400	28.24	10 500	9.93
	武陟	10 300	20.73	10 900	16.96	9 500	22.71	7 610	10.41
黄河	小花干洪峰	1 630	2.01	4 260	6.93	1 610	2.38	142	0.07
	小花干	600		3 600		280		100	
	花园口	36 300	86.23	33 200	78.19	37 300	79.50	31 800	74.42

表 4-21 无水库情形不同移植方案花园口站洪水组成

单位:流量,m^3/s;水量,亿 m^3;占比,%

站名	方案一:宜阳位置				方案二:伊川位置				方案三:垣曲位置				方案四:洛宁位置			
	洪峰流量		次洪水量		洪峰流量		次洪水量		洪峰流量		次洪水量		洪峰流量		次洪水量	
	流量	占比	水量	占比	流量	占比	水量	占比	流量	占比	水量	占比	流量	占比	水量	占比
西霞院	13 600	37.5	28.2	32.7	6 800	20.5	18.23	23.3	24 500	65.7	29.46	37.1	14 000	44.0	27.71	37.2
黑石关	13 000	35.8	35.3	41.0	12 300	37.0	36.07	46.1	6 370	17.1	24.95	31.4	12 600	39.6	36.23	48.7
武陟	9 100	25.1	20.7	24.0	10 500	31.6	16.96	21.7	6 240	16.7	22.71	28.6	5 100	16.0	10.41	14.0
小花干	600	1.7	2.01	2.2	3 600	10.8	6.93	8.9	280	0.8	2.38	3.0	100	0.3	0.07	0.1
花园口	36 300	100	86.2	100	33 200	100	78.19	100	37 300	100	79.5	100	31 800	100.0	74.42	100.0

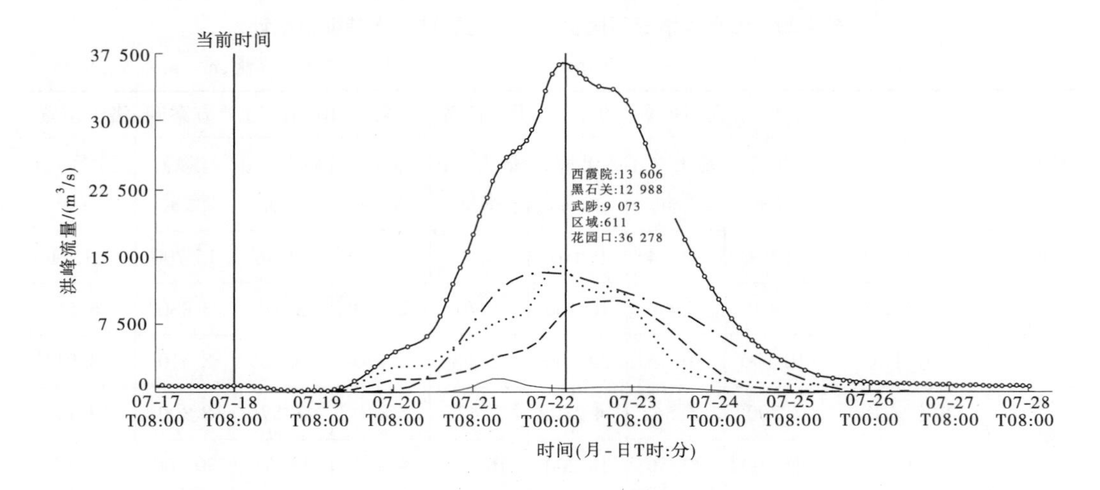

图 4-10　花园口站洪峰流量组成（方案一）

方案二，黄河小浪底站洪峰流量 9 440 m^3/s，伊洛河黑石关站洪峰流量 14 100 m^3/s，沁河武陟站洪峰流量 10 900 m^3/s，花园口站洪峰流量 33 200 m^3/s，花园口站 7 d 洪量 78.2 亿 m^3，大于 10 000 m^3/s 以上流量持续 80 h，水量 38.1 亿 m^3。洪水主要来自三小区间、伊洛河、沁河，其中西霞院以上来水 18.2 亿 m^3，占 23.3%；伊洛河来水 36.1 亿 m^3，占 46.1%；沁河来水 17.0 亿 m^3，占 21.7%；小花干流来水较少，为 6.9 亿 m^3，仅占 8.9%。花园口站洪峰相应西霞院流量为 6 800 m^3/s，占 20.5%；黑石关站流量为 12 300 m^3/s，占 37.0%；武陟站流量为 10 500 m^3/s，占 31.6%；小花干流量为 3 600 m^3/s，占 10.8%。花园口站洪峰流量组成见图 4-11。

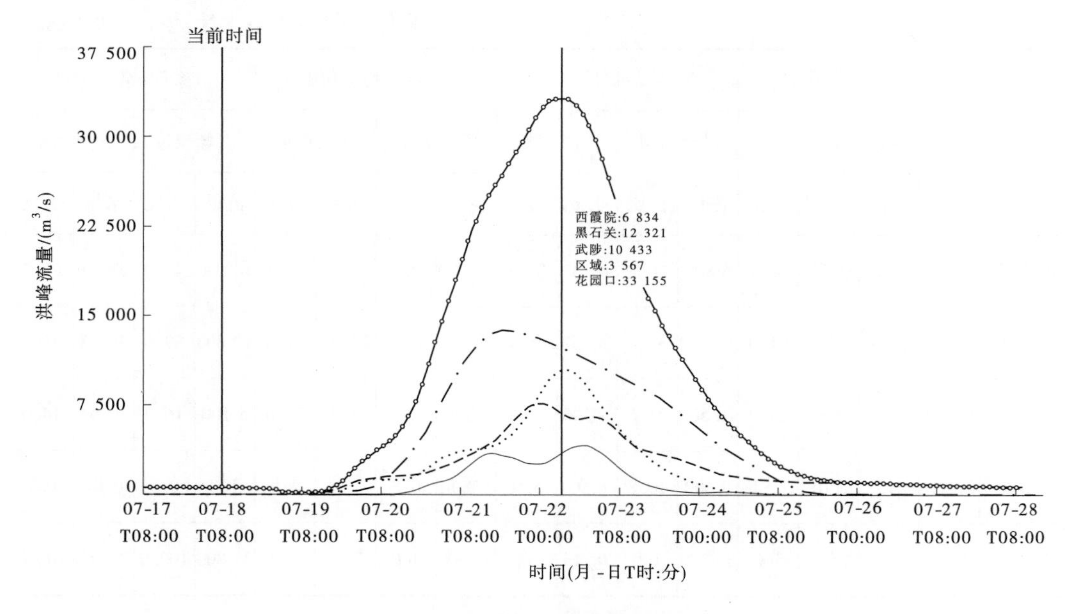

图 4-11　花园口站洪峰流量组成（方案二）

方案三,黄河小浪底站洪峰流量 29 700 m^3/s,伊洛河黑石关站洪峰流量 9 230 m^3/s,沁河武陟站洪峰流量 9 500 m^3/s,花园口站洪峰流量 37 300 m^3/s,花园口站 7 d 洪量 79.5 亿 m^3,大于 10 000 m^3/s 以上流量持续 82 h,水量 39.6 亿 m^3。洪水主要来自三小区间、伊洛河、沁河,其中西霞院以上来水 29.5 亿 m^3,占 37.1%;伊洛河来水 25.0 亿 m^3,占 31.4%;沁河来水 22.7 亿 m^3,占 28.6%;小花干流来水较少,为 2.4 亿 m^3,仅占 3.0%。花园口站洪峰相应西霞院流量为 24 500 m^3/s,占 65.7%;黑石关站流量为 6 370 m^3/s,占 17.1%;武陟站流量为 6 240 m^3/s,占 16.7%;小花干流流量为 280 m^3/s,占 0.8%。花园口站洪峰流量组成见图 4-12。

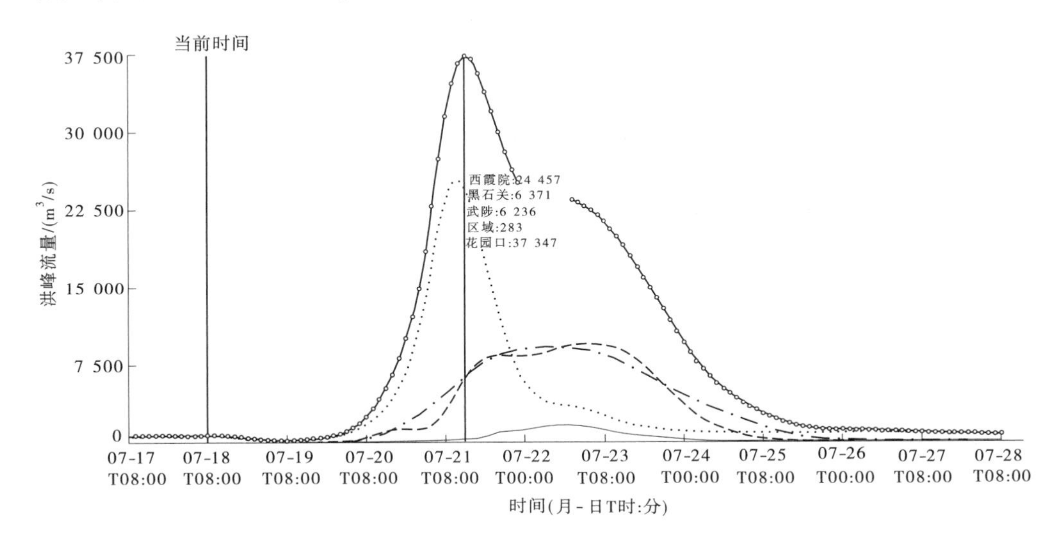

图 4-12　花园口站洪峰流量组成(方案三)

方案四,黄河小浪底站洪峰流量 15 700 m^3/s,伊洛河黑石关站洪峰流量 13 600 m^3/s,沁河武陟站洪峰流量 7 610 m^3/s,花园口站洪峰流量 31 800 m^3/s,花园口站 7 d 洪量 74.42 亿 m^3,大于 10 000 m^3/s 以上流量持续 78 h,超万洪量 35.17 亿 m^3。洪水主要来自三小区间、伊洛河、沁河,其中西霞院以上来水 27.71 亿 m^3,占 37.2%;伊洛河来水 36.23 亿 m^3,占 48.7%;沁河来水 10.41 亿 m^3,占 14.0%;小花干流来水较少,为 0.07 亿 m^3,仅占 0.1%。花园口站洪峰相应西霞院流量为 14 000 m^3/s,占 44%;黑石关站流量为 12 600 m^3/s,占 39.6%;武陟站流量为 5 100 m^3/s,占 16.0%;小花干流流量为 100 m^3/s,占 0.3%。花园口站洪峰流量组成见图 4-13。

3. 洪水量级分析

1) 与历史洪水比较

本次移植暴雨三花间相应洪水的洪峰流量、次洪水量均远大于 1982 年、1958 年实测洪水,也大于 1761 年洪峰,移植暴雨三花间相应洪水的径流系数为 0.55~0.61,1982 年、1958 年实测洪水径流系数分别为 0.33、0.42,1761 年历史洪水径流系数为 0.46,移植暴雨三花区间相应洪水的径流系数显著偏大,见表 4-22。

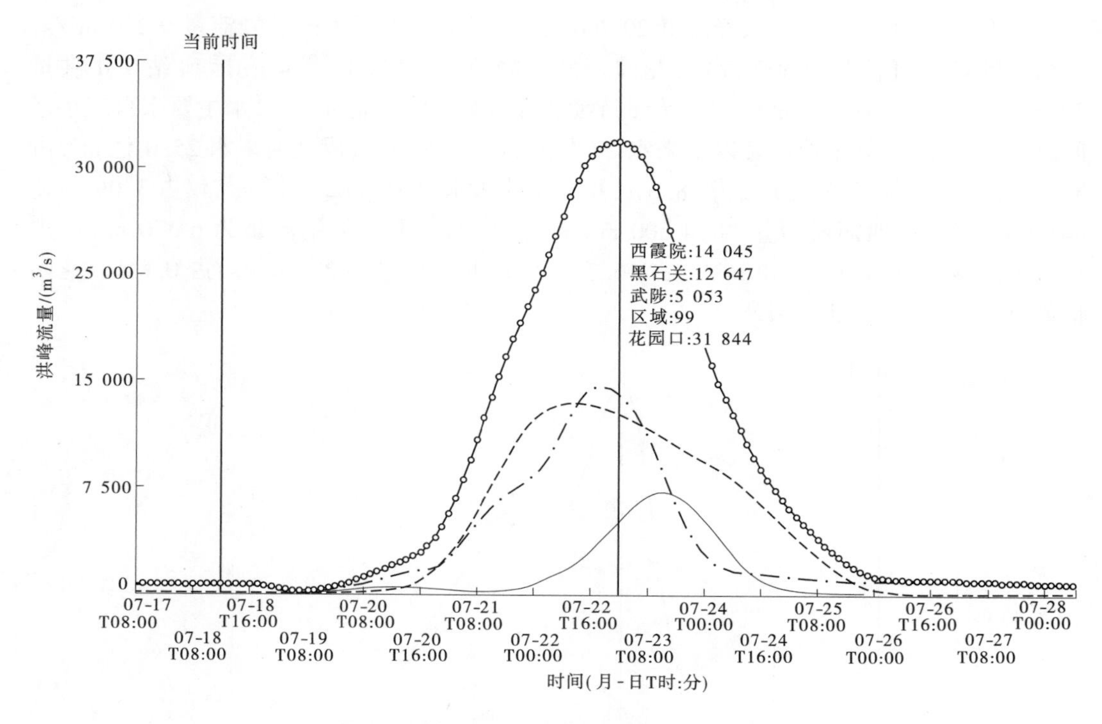

图 4-13 花园口站洪峰流量组成(方案四)

表 4-22 移植降雨相应洪水与历史洪水比较

项目			方案一(宜阳)	方案二(伊川)	方案三(垣曲)	方案四(洛宁)	1982 年	1958 年	1761 年
洪水	三花间	洪峰流量/(m^3/s)	35 400	32 200	36 400	31 000	10 800	15 800	22 600
		次洪水量/亿 m^3	81.6	73.6	74.6	69.7	36.3	26.8	—
	花园口洪峰流量/(m^3/s)		36 300	33 200	37 300	31 800	15 300	22 300	32 000
径流系数			0.55	0.55	0.55	0.61	0.33	0.42	0.46

2)洪水重现期分析

根据 1976 审定设计洪水成果,三花区间 1 000 年一遇、10 000 年一遇设计洪峰流量分别为 34 600 m^3/s、46 700 m^3/s,5 d 洪量分别为 64.7 亿 m^3、87.0 亿 m^3。根据《黄河小浪底水利枢纽设计报告(初步设计阶段)》中三花区间可能最大洪水成果,三花区间可能最大洪峰为 45 000 m^3/s,5 d 洪量为 95.0 亿 m^3。

本次移植,无水库情形下三花区间洪峰流量和最大 5 d 洪量分别为 31 000~36 400 m^3/s 和 68.2 亿~79.5 亿 m^3,除方案二、方案四洪峰流量为 500~1 000 年一遇外,其余指标量级均超过 1 000 年一遇(见表 4-23)。

表 4-23　三花区间移植暴雨相应洪水量级分析

名称	项目	方案一(宜阳)	方案二(伊川)	方案三(垣曲)	方案四(洛宁)	1 000 年一遇	10 000 年一遇	最大降雨量级
三花区间	洪峰/(m^3/s)	35 400	32 200	36 400	31 000	34 600	46 700	45 000
	5 d 洪量/亿 m^3	79.5	71.8	73.3	68.2	64.7	87.0	95.0

无水库情形下,方案一(宜阳)小浪底水库、陆浑水库、故县水库的最大入库流量为20~50 年一遇;河口村水库最大入库流量 23 700 m^3/s,相当于 10 000 年一遇设计值的 1.62 倍、2 000 年一遇校核洪水流量(11 500 m^3/s)的 2.06 倍;黑石关站洪峰流量为 50~100 年一遇,武陟站洪峰流量为近 500 年一遇,花园口站洪峰流量为 300~500 年一遇(见表 4-24)。

表 4-24　方案一(宜阳)三花间移植暴雨相应水库入库洪水量级分析　单位:m^3/s

名称	项目	数值	重现期/a
三门峡水库	最大入库流量	997	<5
小浪底水库	最大入库流量	21 800	约 30
陆浑水库	最大入库流量	5 930	30~50
故县水库	最大入库流量	4 200	约 20
河口村水库	最大入库流量	23 700	相当于 10 000 年一遇设计值的 1.62 倍
黑石关站	洪峰流量	13 400	50~100
武陟站	洪峰流量	10 300	近 500
花园口站	洪峰流量	36 300	300~500

注:河口村水库校核洪水位最大泄流能力 10 800 m^3/s。

无水库情形下,方案二(伊川)小浪底水库最大入库流量不足 5 年一遇,故县水库的最大入库流量为 5~20 年一遇,陆浑水库、河口村水库最大入库流量分别为 100~1 000 年一遇、100~500 年一遇,均未达到水库设计洪水标准;黑石关站洪峰流量为 50~100 年一遇,武陟站洪峰流量为近 500 年一遇,花园口站洪峰流量约为 200 年一遇(见表 4-25)。

表 4-25　方案二(伊川)三花区间移植暴雨相应水库入库洪水量级分析　单位:m^3/s

名称	项目	数值	重现期/a
三门峡水库	最大入库流量	997	<5
小浪底水库	最大入库流量	9 440	<5
陆浑水库	最大入库流量	10 100	100~1 000
故县水库	最大入库流量	4 280	5~20
河口村水库	最大入库流量	7 060	100~500
黑石关站	洪峰流量	14 100	50~100
武陟站	洪峰流量	10 900	约 500
花园口站	洪峰流量	33 200	约 200

无水库情形下,方案三(垣曲)小浪底水库最大入库流量为100~200年一遇,陆浑水库、故县水库的最大入库流量为5~100年一遇;河口村水库最大入库流量为22 400 m^3/s,相当于10 000年一遇设计值的1.53倍、2 000年一遇校核洪水流量(11 500 m^3/s)的1.95倍;黑石关站洪峰流量为20~50年一遇,武陟站洪峰流量为近500年一遇,花园口站洪峰流量为300~500年一遇(见表4-26)。

表4-26 方案三(垣曲)三花间移植暴雨相应水库入库洪水量级分析 单位:m^3/s

名称	项目	数值	重现期/a
三门峡水库	最大入库流量	997	<5
小浪底水库	最大入库流量	29 700	100~200
陆浑水库	最大入库流量	2 990	5~20
故县水库	最大入库流量	5 840	20~100
河口村水库	最大入库流量	22 400	相当于10 000年一遇设计值的1.53倍
黑石关站	洪峰流量	9 230	20~50
武陟站	洪峰流量	9 500	100~500
花园口站	洪峰流量	37 300	300~500

无水库情形下,方案四(洛宁)小浪底水库最大入库流量为10~20年一遇,陆浑水库、故县水库的最大入库流量为20~500年一遇,河口村水库最大入库流量为500~2 000年一遇;黑石关站洪峰流量相当于50~100年一遇,武陟站洪峰流量为100~500年一遇,花园口站洪峰流量相当于100~200年一遇(见表4-27)。

表4-27 方案四(洛宁)三花间移植暴雨相应水库入库洪水量级分析 单位:m^3/s

名称	项目	数值	重现期/a
三门峡水库	最大入库流量	997	<5
小浪底水库	最大入库流量	15 700	10~20
陆浑水库	最大入库流量	5 830	20~100
故县水库	最大入库流量	8 800	100~500
河口村水库	最大入库流量	10 500	500~2 000
黑石关站	洪峰流量	13 600	50~100
武陟站	洪峰流量	7 610	100~500
花园口站	洪峰流量	31 800	100~200

4. 洪水调算结果

本次共设置了2种洪水调度方案。

(1)常规调度方案:水库按常规方式调度,同时启用伊洛河夹滩、沁北、沁南滞洪区。

(2)应急调度方案:水库按应急方式调度,同时启用伊洛河夹滩、沁北、沁南滞洪区。

考虑沁南滞洪区分洪运用的不确定性,同时按照沁河入黄最大流量6 000 m^3/s、4 000 m^3/s进行了洪水调算,由于上述2种方案在水库的表现上相似,主要的差别在黄河下游河道及沁南滞洪区分洪量上，只列出沁河入黄最大流量 6 000 m^3/s 的结果。

下游最不利方案(方案二，伊川位置)沁河入黄最大流量分别按 4 000 m^3/s、6 000 m^3/s 两种情况计算的下游洪水结果。下游最不利方案(方案二，伊川位置)沁河入黄最大流量分别按 4 000 m^3/s、6 000 m^3/s 两种情况计算，沁南滞洪区最大分洪量分别为 5.84 亿 m^3、3.32 亿 m^3。

1)暴雨移植方案一(宜阳位置)

对于“21·7”暴雨移植后的中游洪水过程，按照上述调度原则及方式进行调洪计算，“21·7”暴雨移植洪水水库及滞洪区调洪结果见表 4-28。

表 4-28　“21·7”暴雨移植洪水水库及滞洪区调洪结果

名称	项目	常规方案	应急方案
三门峡水库	最大入库流量/(m^3/s)	997	997
	最大出库流量/(m^3/s)	997	997
	滞蓄洪量/亿 m^3	0	0
	最高水位/m	305.00	305.00
小浪底水库	最大入库流量/(m^3/s)	21 900	21 900
	最大出库流量/(m^3/s)	8 500	3 280
	滞蓄洪量/亿 m^3	20.30	22.79
	最高水位/m	248.53	249.91
陆浑水库	最大入库流量/(m^3/s)	5 930	5 930
	最大出库流量/(m^3/s)	3 540	3 540
	滞蓄洪量/亿 m^3	2.90	2.90
	最高水位/m	323.94	323.94
故县水库	最大入库流量/(m^3/s)	4 200	4 200
	最大出库流量/(m^3/s)	1 000	450
	滞蓄洪量/亿 m^3	3.17	3.70
	最高水位/m	542.24	544.10
河口村水库	最大入库流量/(m^3/s)	23 700	23 700
	最大出库流量/(m^3/s)	23 700	23 700
	滞蓄洪量/亿 m^3	2.64	2.64
	最高水位/m	288.50	288.50
黑石关站	洪峰流量/(m^3/s)	11 800	11 700
山路坪站	洪峰流量/(m^3/s)	807	807
武陟站	洪峰流量/(m^3/s)	6 000	6 000
花园口站	洪峰流量/(m^3/s)	18 300	17 500
	超万洪量/亿 m^3	16.68	13.55
	>4 500 m^3/s 历时/d	7.6	4.3

按照常规方案计算，小浪底水库最高水位 248.53 m，滞蓄洪量 20.30 亿 m^3，陆浑水库、故县水库最高水位分别为 323.94 m、542.24 m，滞蓄洪量分别为 2.90 亿 m^3、3.17 亿 m^3，河口村水库达到坝顶高程 288.50 m；伊洛河夹滩和沁河沁南滞洪区滞洪后，黑石关站、武陟站洪峰流量分别为 11 800 m^3/s、6 000 m^3/s，花园口站流量为 18 300 m^3/s，超过 4 500 m^3/s 历时 7.6 d。

按照应急方案计算，小浪底水库最高水位 249.91 m，滞蓄洪量 22.79 亿 m^3，陆浑水库、故县水库最高水位分别为 323.94 m、544.10 m，滞蓄洪量分别为 2.90 亿 m^3、3.70 亿 m^3，河口村水库达到坝顶高程 288.50 m；伊洛河夹滩和沁河沁南滞洪区滞洪后，黑石关站、武陟站洪峰流量分别为 11 700 m^3/s、6 000 m^3/s，花园口站流量为 17 500 m^3/s，超过 4 500 m^3/s 历时 4.3 d。

应急调度方案与常规方案相比，小浪底水库最高水位增加 1.38 m，滞蓄洪量增加 2.49 亿 m^3，故县水库最高水位增加 1.86 m，滞蓄洪量增加 0.53 亿 m^3；黑石关站洪峰流量减少 100 m^3/s，花园口站水洪峰流量减少 800 m^3/s，花园口站超过 4 500 m^3/s 历时减少 3.3 d。

2）暴雨移植方案二（伊川位置）

对于“21 · 7”暴雨移植后的中游洪水过程，按照上述调度原则及方式进行调洪计算，“21 · 7”暴雨移置洪水水库及滞洪区调洪结果见表 4-29。

表 4-29　“21 · 7”暴雨移植洪水水库及滞洪区调洪结果

名称	项目	常规方案	应急调度方案
三门峡水库	最大入库流量/(m^3/s)	997	997
	最大出库流量/(m^3/s)	997	997
	滞蓄洪量/亿 m^3	0	0
	最高水位/m	305.00	305.00
小浪底水库	最大入库流量/(m^3/s)	9 780	9 780
	最大出库流量/(m^3/s)	7 830	3 090
	滞蓄洪量/亿 m^3	11.22	14.10
	最高水位/m	243.18	244.96
陆浑水库	最大入库流量/(m^3/s)	10 100	10 100
	最大出库流量/(m^3/s)	4 360	4 360
	滞蓄洪量/亿 m^3	4.06	4.06
	最高水位/m	326.42	326.42
故县水库	最大入库流量/(m^3/s)	4 280	4 280
	最大出库流量/(m^3/s)	1 000	108
	滞蓄洪量/亿 m^3	2.47	3.27
	最高水位/m	539.58	542.60

续表 4-29

名称	项目	常规方案	应急调度方案
河口村水库	最大入库流量/(m^3/s)	7 060	7 060
	最大出库流量/(m^3/s)	6 220	6 220
	滞蓄洪量/亿 m^3	2. 32	2. 33
	最高水位/m	285. 43	285. 43
黑石关	洪峰流量/(m^3/s)	12 300	12 100
山路坪	洪峰流量/(m^3/s)	5 270	5 270
武陟	洪峰流量/(m^3/s)	6 000	6 000
花园口	洪峰流量/(m^3/s)	21 900	21 000
	超万洪量/亿 m^3	20. 97	18. 66
	>4 500 m^3/s 历时/d	6. 7	4. 3

按照常规方案计算，小浪底水库最高水位 243. 18 m，滞蓄洪量 11. 22 亿 m^3，陆浑水库、故县水库最高水位分别为 326. 42 m、539. 58 m，滞蓄洪量 4. 06 亿 m^3、2. 47 亿 m^3，河口村水库达到蓄洪限制水位 285. 43m；伊洛河夹滩和沁河沁南滞洪区滞洪后，黑石关站、武陟站洪峰流量分别为 12 300 m^3/s、6 000 m^3/s，花园口站流量为 21 900 m^3/s，超过 4 500 m^3/s 历时 6. 7 d。

按照应急方案计算，小浪底水库最高水位 244. 96 m，滞蓄洪量 14. 10 亿 m^3，陆浑水库、故县水库最高水位分别为 326. 42 m、542. 60 m，滞蓄洪量 4. 06 亿 m^3、3. 27 亿 m^3，河口村水库达到蓄洪限制水位 285. 43 m；伊洛河夹滩和沁河沁南滞洪区滞洪后，黑石关站、武陟站洪峰流量分别为 12 100 m^3/s、6 000 m^3/s，花园口站流量为 21 000 m^3/s，超过 4 500 m^3/s 历时 4. 3 d。

应急方案与常规方案相比，小浪底水库最高水位增加 1. 78 m，滞蓄洪量增加 2. 88 亿 m^3，故县水库最高水位增加 3. 02 m，滞蓄洪量增加 0. 80 亿 m^3；黑石关站洪峰流量减少 200 m^3/s，花园口站洪峰流量减少 900 m^3/s，花园口站超过 4 500 m^3/s 历时减少 2. 4 d。

3）暴雨移植方案三（垣曲位置）

对于“21 · 7”暴雨移植后的中游洪水过程，按照上述调度原则及方式进行调洪计算，“21 · 7”暴雨移植洪水水库及滞洪区调洪结果见表 4-30。

按照常规方案计算，小浪底水库最高水位 249. 58 m，滞蓄洪量 22. 20 亿 m^3，陆浑水库、故县水库最高水位分别为 322. 45 m、548. 00 m，滞蓄洪量 2. 23 亿 m^3、4. 94 亿 m^3，河口村水库达到坝顶高程 288. 50 m；伊洛河夹滩和沁河沁南滞洪区滞洪后，黑石关站、武陟站洪峰流量分别为 7 890 m^3/s、6 000 m^3/s，花园口站流量 16 200 m^3/s，超万洪量 9. 55 亿 m^3，超过 4 500 m^3/s 历时 7. 4 d。

按照应急调度方案计算，小浪底水库最高水位 250. 67 m，滞蓄洪量 24. 20 亿 m^3，陆浑水库、故县水库最高水位分别为 322. 50 m、548. 00 m，滞蓄洪量 2. 26 亿 m^3、4. 94 亿 m^3，河口村水库达到坝顶高程 288. 50 m;伊洛河夹滩和沁河沁南滞洪区滞洪后,黑石关站、武陟站洪峰流量分别为 7 890 m^3/s、6 000 m^3/s,花园口站流量 15 500 m^3/s,超万洪量 6. 86 亿 m^3,超过 4 500 m^3/s 历时 3. 8 d。

表 4-30 "21 · 7"暴雨移植洪水水库及滞洪区调洪结果

名称	项目	常规方案	应急方案
三门峡水库	最大入库流量/(m^3/s)	997	997
	最大出库流量/(m^3/s)	997	997
	滞蓄洪量/亿 m^3	0	0
	最高水位/m	305. 00	305. 00
小浪底水库	最大入库流量/(m^3/s)	29 700	29 700
	最大出库流量/(m^3/s)	8 490	3 280
	滞蓄洪量/亿 m^3	22. 20	24. 20
	最高水位/m	249. 58	250. 67
陆浑水库	最大入库流量/(m^3/s)	2 990	2 990
	最大出库流量/(m^3/s)	1 000	1 000
	滞蓄洪量/亿 m^3	2. 23	2. 26
	最高水位/m	322. 45	322. 50
故县水库	最大入库流量/(m^3/s)	5 840	5 840
	最大出库流量/(m^3/s)	1 360	1 360
	滞蓄洪量/亿 m^3	4. 94	4. 94
	最高水位/m	548. 00	548. 00
河口村水库	最大入库流量/(m^3/s)	22 400	22 400
	最大出库流量/(m^3/s)	22 400	22 400
	滞蓄洪量/亿 m^3	2. 64	2. 64
	最高水位/m	288. 50	288. 50
黑石关	洪峰流量/(m^3/s)	7 890	7 890
山路坪	洪峰流量/(m^3/s)	9	9
武陟	洪峰流量/(m^3/s)	6 000	6 000
花园口	洪峰流量/(m^3/s)	16 200	15 500
	超万洪量/亿 m^3	9. 55	6. 86
	74 500 m^3/s 历时/d	7. 4	3. 8

应急方案与常规方案相比,小浪底水库最高水位增加 1. 09 m,滞蓄洪量增加 2. 00 亿 m^3,花园口站洪峰流量、超万洪量分别减少 700 m^3/s、2. 69 亿 m^3。

4)暴雨移植方案四(洛宁位置)

对于“21·7”暴雨移植后的中游洪水过程,按照上述调度原则及方式进行调洪计算,“21·7”暴雨移植洪水水库及滞洪区调洪结果见表4-31。

表4-31 “21·7”暴雨移植洪水水库及滞洪区调洪结果

名称	项目	常规方案	应急方案
三门峡水库	最大入库流量/(m^3/s)	997	997
	最大出库流量/(m^3/s)	997	997
	滞蓄洪量/亿 m^3	0	0
	最高水位/m	305.00	305.00
小浪底水库	最大入库流量/(m^3/s)	15 600	15 600
	最大出库流量/(m^3/s)	8 500	3 000
	滞蓄洪量/亿 m^3	20.66	23.02
	最高水位/m	248.75	250.05
陆浑水库	最大入库流量/(m^3/s)	5 830	5 830
	最大出库流量/(m^3/s)	3 470	3 470
	滞蓄洪量/亿 m^3	2.80	2.80
	最高水位/m	323.70	323.70
故县水库	最大入库流量/(m^3/s)	8 800	8 800
	最大出库流量/(m^3/s)	5 610	5 610
	滞蓄洪量/亿 m^3	4.94	4.94
	最高水位/m	548.00	548.00
河口村水库	最大入库流量/(m^3/s)	10 500	10 500
	最大出库流量/(m^3/s)	10 500	10 500
	滞蓄洪量/亿 m^3	2.36	2.31
	最高水位/m	285.43	285.43
黑石关	洪峰流量/(m^3/s)	11 100	11 100
山路坪	洪峰流量/(m^3/s)	131	131
武陟	洪峰流量/(m^3/s)	6 000	6 000
花园口	洪峰流量/(m^3/s)	16 000	15 300
	超万洪量/亿 m^3	9.91	6.71
	74 500 m^3/s 历时/d	7.1	3.9

按照常规方案计算,小浪底水库最高水位248.75 m,滞蓄洪量20.66亿 m^3,陆浑水库、故县水库最高水位分别为323.70 m、548.01 m,滞蓄洪量2.80亿 m^3、4.94亿 m^3,河口

村水库达到蓄洪限制水位 285. 43 m；伊洛河夹滩和沁河沁南滞洪区滞洪后，黑石关站、武陟站洪峰流量分别为 11 100 m^3/s、6 000 m^3/s，花园口站流量 16 000 m^3/s，超万洪量 9. 91 亿 m^3，超过 4 500 m^3/s 历时 7. 1 d。

按照应急调度方案计算，小浪底水库最高水位 250. 05 m，滞蓄洪量 23. 02 亿 m^3，陆浑水库、故县水库最高水位分别为 323. 70 m、548. 01 m，滞蓄洪量 2. 80 亿 m^3、4. 94 亿 m^3，河口村水库达到蓄洪限制水位 285. 43 m；伊洛河夹滩和沁河沁南滞洪区滞洪后，黑石关站、武陟站洪峰流量分别为 11 100 m^3/s、6 000 m^3/s，花园口站流量 15 300 m^3/s，超万洪量 6. 71 亿 m^3，超过 4 500 m^3/s 历时 3. 9 d。

应急方案与常规方案相比，小浪底水库最高水位增加 1. 30 m，滞蓄洪量增加 2. 36 亿 m^3，花园口站洪峰流量、超万洪量分别减少 700 m^3/s、3. 20 亿 m^3。

5）各方案结果汇总

按照水库应急调度方案计算结果（见表 4-32）：4 个暴雨移植方案中，方案三小浪底水库水位最高，达到 250. 67 m 但不超过 254 m；方案一、方案三河口村水库水位达到坝顶高程 288. 50 m，存在溃坝风险，方案二、方案四河口村水库最高水位达到蓄洪限制水位 285. 43 m。4 个暴雨移植方案陆浑水库均涉及人员紧急转移，方案三、方案四故县水库也涉及人员紧急转移。方案一、方案二、方案三、方案四花园口站的洪峰流量分别为 17 500 m^3/s、21 000 m^3/s、15 500 m^3/s、15 300 m^3/s，超万洪量分别为 13. 55 亿 m^3、18. 66 亿 m^3、6. 86 亿 m^3、6. 71 亿 m^3。方案二花园口洪峰流量、超万洪量最大，对下游最不利。。

表 4-32　“21 · 7”暴雨移置洪水水库及滞洪区调洪结果比较（应急方案）

名称	项目	方案一（宜阳位置）	方案二（伊川位置）	方案三（垣曲位置）	方案四（洛宁位置）
小浪底水库	最大入库流量/（m^3/s）	21 900	9 780	29 700	15 600
	最高水位/m	249. 91	244. 96	250. 67	250. 05
陆浑水库	最大入库流量/（m^3/s）	5 930	10 100	2 990	5 830
	最高水位/m	323. 94	326. 42	322. 50	323. 70
故县水库	最大入库流量/（m^3/s）	4 200	4 280	5 840	8 800
	最高水位/m	544. 10	542. 60	548. 00	548. 00
河口村水库	最大入库流量/（m^3/s）	23 700	7 060	22 400	10 500
	最高水位/m	288. 50	285. 43	288. 50	285. 43
花园口站	洪峰流量/（m^3/s）	17 500	21 000	15 500	15 300
	超万洪量/亿 m^3	13. 55	18. 66	6. 86	6. 71

6）下游河道洪水演进及滞洪区运用情况

黄河下游洪水演进采用以往规划设计中采用的马斯京根法，其参数系根据 1958 年、

1982 年等历史大洪水率定而来,参数取值偏于安全,已广泛应用于历次黄河流域规划设计中。选择对下游最不利暴雨移植方案二,考虑沁南滞洪区分洪运用的不确定性,分别按照沁河入黄最大流量 6 000 m^3/s、4 000 m^3/s 对下游河道洪水演进及滞洪区运用情况进行分析。

按照沁河入黄最大流量 6 000 m^3/s 考虑,常规方案需要北金堤、东平湖滞洪区分洪运用,其中北金堤滞洪区最大分洪流量 3 460 m^3/s,分洪量 2.14 亿 m^3,东平湖滞洪区最大分洪流量 7 500 m^3/s,分洪量 16.45 亿 m^3;应急方案需要东平湖滞洪区分洪运用,最大分洪流量 7 500 m^3/s,分洪量 14.27 亿 m^3,孙口洪峰流量 18 300 m^3/s 较设防流量 17 500 m^3/s 多 800 m^3/s,可以通过河道强迫排洪,避免使用北金堤滞洪区分洪。

按照沁河入黄最大流量 4 000 m^3/s 考虑,常规方案、应急方案需要东平湖滞洪区分洪运用,最大分洪流量 7 000~7 500 m^3/s,分洪量 11.48 亿~15.52 亿 m^3,常规方案孙口洪峰流量 17 900 m^3/s 较设防流量 17 500 m^3/s 多 400 m^3/s,可以通过河道强迫排洪,避免使用北金堤滞洪区分洪。

从计算结果比较上来看,按照沁河入黄最大流量 4 000 m^3/s,可减轻黄河下游防洪压力,减少北金堤的使用概率。下游河道洪水演进结果见表 4-33。

表 4-33　下游河道洪水演进结果

沁河入黄最大流量/(m^3/s)	方案	花园口洪峰流量/(m^3/s)	夹河滩洪峰流量/(m^3/s)	高村洪峰流量/(m^3/s)	孙口洪峰流量/(m^3/s)	北金堤分洪最大流量/(m^3/s)	北金堤分洪量/亿 m^3	东平湖最大分洪流量/(m^3/s)	东平湖分洪量/亿 m^3
6 000	常规	21 900	21 400	20 000 (20 700)	17 500 (19 200)	3 460	2.14	7 500	16.45
	应急	21 000	20 500	19 700	18 300	—	—	7 500	14.27
4 000	常规	20 000	19 600	19 300	17 900	—	—	7 500	15.52
	应急	19 100	18 600	18 300	17 000	—	—	7 000	11.48

注:括号内数字为北金堤分洪前洪峰流量。

5. 洪水影响分析

综合 4 种暴雨移植方案水库调洪结果,以方案二(伊川位置)最为不利,以下针对该方案,分析移植暴雨洪水对水库库区、河道堤防、下游滩区、伊洛河夹滩及沁南、沁北自然滞洪区等的影响。

1) 水库运用影响

(1)陆浑水库最高水位 326.42 m,超过水库蓄洪限制水位 323 m,涉及 7.1 万人紧急转移。根据陆浑水库防洪运用水位以下不同高程居民情况,水库运用水位超过 319.5 m 就涉及人员紧急转移,水库水位超过 319.5 m 历时为 7.8 d,需紧急转移洛阳市嵩县约 7.1 万人。

(2)河口村水库最高水位 285.43 m,达到蓄洪限制水位。2018 年投入正常防洪运用以来,最高蓄水位 262.65 m,水库未经大洪水检验和高水位运用。

2) 沁北、沁南自然滞洪区淹没影响

沁河流域为本次移植暴雨中心之一,河口村水库调度后,五龙口站洪峰流量为 6 220

m^3/s,2 500 m^3/s 以上洪水历时 24 h,洪量 1.85 亿 m^3,山路坪洪峰流量 5 270 m^3/s;武陟站流量达到 6 000 m^3/s 以上洪水历时 28 h,洪量 3.32 亿 m^3。本次洪水沁北、沁南滞洪区全部进水。沁北自然滞洪区滞洪水位约 127.75 m,淹没涉及沁阳市西向、紫陵、太行、怀庆 4 个镇(街道)33 个自然村,居住人口 5.2 万人,耕地 4.09 万亩。沁南临时滞洪区滞洪量约 3.32 亿 m^3,滞洪水位 100.86 m,将淹没武陟县北郭、大虹桥、西陶、大封 4 乡(镇),涉及人口约 21.39 万人。

3)伊洛河夹滩地区淹没影响

(1)模型构建。采用一维、二维耦合数学模型进行模拟计算。黄河河道断面采用 2020 年汛前实测大断面资料,伊洛河河道建模范围为伊河龙门镇以下、洛河白马寺以下至伊洛河入黄口河段,采用 2020 年 4 月实测的河道大断面数据,实测断面 114 个,平均间距 900 m 左右。夹滩地区(河道外)二维模型范围为伊河龙门镇以下和洛河白马寺以下至入黄口河段,包括两河之间的地区及该河段伊河与右岸高崖、洛河与左岸高崖之间所围的区域(不包括河道)。计算范围面积 367.01 km^2,地形采用伊洛河流域 2012 年 7 月实测 1∶10 000 地形数据及 2020 年 4 月实测的地形数据,采用不规则三角形网格对模拟区域进行剖分。

(2)口门设置。夹滩地区有 4 个自然滞洪区,分别为伊河、洛河两河交汇处的夹滩自然滞洪区、东石坝自然滞洪区、安滩(伊洛河右岸)自然滞洪区和偃师老城区(伊洛河左岸)自然滞洪区。滞洪区人为破堤的位置,根据河势、地形、居民地分布、地质状况、工程状况、历史出险等情况,结合《伊洛河洪水风险图编制项目成果报告》(江河水利水电咨询中心,2016 年 12 月编制)、偃师区、巩义市超标洪水防御预案及相关地市水利局调研情况等,本次共设置口门 6 个。各溃口形状等效为矩形,溃口底高程均为堤后地面高程,溃口溃决方式均为瞬时全溃。

(3)夹滩地区洪水风险。针对方案二(伊川位置),白马寺、龙门镇洪峰流量均超过 100 年一遇,洛河和伊河洛河干流两岸基本全部被淹,伊河洛龙区段基本未发生漫溢和溃堤,伊河下游东石坝滞洪区和偃师段两岸基本全部被淹。洪水影响范围较大,夹滩地区淹没面积为 180.48 km^2,平均水深 3.95 m,共计影响洛阳市 2 个区 9 个镇(街道)97 个行政村和郑州市巩义市 7 个镇(街道)39 个行政村,包括洛河左岸洛阳市洛龙区白马寺镇 5 个行政村、偃师区首阳山街道 14 个行政村、商城街道 3 个行政村、槐新街道 5 个行政村、伊洛街道 10 个行政村,洛河右岸伊河左岸洛阳市洛龙区佃庄镇 17 个行政村、偃师区翟镇镇 19 个行政村、岳滩镇 18 个行政村,伊河右岸巩义市顾县镇 10 个行政村,伊洛河左岸洛阳市偃师区山化镇 6 个行政村、巩义市康店镇 2 个行政村、河洛镇 3 个行政村,伊洛河右岸巩义市回郭镇 19 个行政村、芝田镇 1 个行政村、孝义街道 1 个行政村、站街镇 3 个行政村,影响人口 27.47 万人。

4)黄河下游及东平湖滞洪区淹没影响

参考黄河下游风险图等研究成果,按照黄河下游主要控制站的洪峰流量、东平湖的分洪量,对方案二黄河下游及东平湖滞洪区淹没影响进行估算分析,对黄河下游堤防偎水情况进行估算分析。

(1)黄河下游。黄河下游淹没影响见表 4-34,从表中可以看出,沁河入黄最大流量

6 000 m^3/s 情景，应急方案黄河下游淹没面积 4 342 km^2，淹没耕地 25.50 万 hm^2，受淹人口 164.93 万人，淹没损失 319.53 亿元，其中河南省淹没面积 2 569 km^2，淹没耕地 14.18 万 hm^2，受淹人口 111.87 万人，淹没损失 191.81 亿元，山东省淹没面积为 1 773 km^2，淹没耕地 11.33 万 hm^2，受淹人口 53.06 万人，淹没损失 127.71 亿元。

表 4-34　黄河下游淹没、灾情损失统计

沁河入黄最大流量/(m^3/s)	方案	花园口洪峰流量/(m^3/s)	省	淹没面积/km^2	淹没耕地面积/万 hm^2	受淹人口/万人	淹没损失/亿元
6 000	常规	21 900	河南	2 732	14.77	119.58	197.75
			山东	1 791	11.80	53.60	135.09
			合计	4523	26.57	173.17	332.84
	应急	21 000	河南	2 569	14.18	111.87	191.81
			山东	1 773	11.33	53.06	127.71
			合计	4 342	25.50	164.93	319.53
4 000	常规	20 000	河南	2 500	13.75	109.10	186.06
			山东	1 755	11.24	52.53	127.08
			合计	4 255	24.99	161.63	313.13
	应急	19 100	河南	2 469	13.20	97.59	178.62
			山东	1 738	11.71	52.00	111.66
			合计	4 206	24.91	149.59	290.28

黄河下游堤防偎水情况分别见表 4-35，从表中可以看出，沁河入黄最大流量 6 000 m^3/s 情景，应急方案黄河下游堤防偎水长度合计 1 241 km，偎水历时 34~50 h，平均偎水水深 1.9~6.3 m，洪水位距离堤顶 3~5 m。

表 4-35　黄河下游堤防偎水长度统计

项目			花园口以上	花园口—夹滩	夹滩—高滩	高滩—孙口	孙口—泺口	泺口以下
常规方案沁河入黄最大流量 6 000 m^3/s	偎水长度/km	左堤防	24	56	80	109	164	217
		右堤防	16	85	85	116	63	226
优化方案沁河入黄最大流量 6 000 m^3/s	偎水长度/km	左堤防	22	56	80	109	164	217
		右堤防	16	84	85	116	63	226
常规方案沁河入黄最大流量 4 000 m^3/s	偎水长度/km	左堤防	21	56	80	109	164	217
		右堤防	16	81	85	116	63	226
优化方案沁河入黄最大流量 4 000 m^3/s	偎水长度/km	左堤防	19	55	80	109	164	217
		右堤防	16	78	85	116	63	226

(2)东平湖。东平湖淹没、灾情损失统计见表4-36,从表中可以看出,沁河入黄最大流量6 000 m^3/s情景,应急方案东平湖合计淹没面积为426 km^2,淹没耕地3.37万hm^2,淹没影响人口24.62万人,淹没损失46.50亿元。

表4-36 东平湖淹没、灾情损失统计

沁河入黄最大流量/(m^3/s)	方案	湖区	淹没面积/km^2	淹没耕地面积/万hm^2	受淹人口/万人	淹没损失/亿元
6 000	常规	老湖	52	0.33	2.42	10.29
		新湖	406	3.25	25.30	47.29
		小计	458	3.58	27.72	57.58
	应急	老湖	52	0.32	2.40	10.13
		新湖	374	3.05	22.21	36.37
		小计	426	3.37	24.62	46.50
4 000	常规	老湖	52	0.32	2.41	10.22
		新湖	393	3.17	23.99	42.63
		小计	445	3.49	26.40	52.85
	应急	老湖	52	0.32	2.38	9.93
		新湖	333	2.79	18.26	22.39
		小计	385	3.11	20.64	32.32

(五)防御措施

1.水库调蓄

各水库原则上按照《黄河洪水调度方案》(国汛〔2015〕19号)中的方式进行运用,充分发挥拦洪、削峰、错峰、水沙调节功能,当危及水库安全时,加大泄量泄洪。由前述洪水调算结果可知,各方案干支流水库中,三门峡水库水位305 m,小浪底水库最高水位不超过251 m;支流水库中沁河河口村水库达到蓄洪限制水位,水库未经大洪水检验和高水位运用,需予以关注;陆浑水库最高水位达到326.42 m,将涉及库区人员转移,故县水库最高水位为548.00 m。

各水库的具体防御措施为:

(1)加强雨水情信息收集和预报,准确掌握工情和水情,做好汛情传递和洪水预报;限于工作周期,本次移植未对"21·7"特大暴雨天气环流形势和地形对暴雨移植的影响、三花区间降雨强度对降雨径流关系的影响等方面做出深入研究,对伊洛河、沁河最大入黄流量等关键指标分析欠缺。

(2)预报陆浑水库水位将超过319.5 m,由洛阳市防指、嵩县防指组织库区内人口紧急转移。

(3)预报故县水库水位将超过 544.2 m,由洛阳市防指、洛宁县防指组织库区内人口紧急转移。

(4)在高水位、大泄量等特殊情况下时,要加强对坝体、泄水建筑物及启闭设施、库区边坡等重要部位巡查,增加监测频次,发现险情及时上报。

(5)当河口村水库水位超过设计水位或校核水位,可能威胁大坝安全时,开启所有泄流设施,全力泄洪。水库管理单位根据险情及时发布警报,组织工程管理区域人员转移;河南省济源市、焦作市、新乡市防指及时向下游可能影响区域发出预警,当地人民政府组织相关人员转移。

2. 河道泄洪

1)干流堤防

根据洪水调节计算结果,花园口站洪峰流量 21 000 m^3/s,接近下游堤防设防流量,应做好利用堤防超高或进一步加修子堰输送洪水准备,强迫河道行洪,同时做好东平湖及北金堤滞洪区分洪准备,采取一切必要措施,全力固守下游左岸沁河口至封丘、右岸高村以上、济南河段黄河大堤及沁河丹河口以下左岸堤防。

发生该量级洪水,下游堤防工程将全部偎水,滩区全部上水。洪水水位高、流速大、持续时间长,各类防洪工程均受到严重威胁,控导工程如发生严重的揭顶后溃险情,河势将发生重大变化。大洪水期间加强堤防险点、险段、穿堤建筑物等部位的防守,发现险情,立即组织抢护。河南段堤防险点险段主要包括武陟县沁河右岸东小虹堤段、北阳堤段,长垣县(现为长垣市)黄河左岸大堤桩号 0+000~42+764 处,濮阳县黄河左岸大堤桩号 42+764~47+000 处,台前县黄河左岸大堤桩号 145+486~165+000 处,郑州市惠济区黄河右岸大堤桩号 0-789~0-764 处,兰考县黄河右岸大堤桩号 135+635~135+685 处,焦作市武陟县黄河左岸大堤桩号 45+250~46+176 处;穿堤建筑物险点包括郑州市惠济区黄河右岸大堤桩号 13+250 处,为郑州中法原水有限公司供水站穿堤管道。山东省重点防洪河段包括东明河段、东平湖、济南窄河段和河口地区等。孙口洪峰流量 18 300 m^3/s 较设防流量 17 500 m^3/s 多 800 m^3/s,需要通过河道强迫排洪,避免使用北金堤滞洪区分洪。

下游滩区人员转移及堤防巡查防守由河南省、山东省防指负责组织实施。

2)支流堤防

(1)伊洛河。根据《2021 年河南省伊洛河流域超标洪水防御预案》,当龙门站流量达到或超过 4 600 m^3/s,相应水位 153.50 m 时;当白马寺站流量达到或超过 4 600 m^3/s,相应水位 123.50 m 时;当黑石关站流量达到 2 050m^3/s,相应水位 113.50 m 时,伊洛河偃师段、巩义段洪水可能漫堤或溃堤,威胁偃师城区、伊洛河夹滩、大唐首阳山电厂、陇海铁路等安全。

洛阳市、偃师区、巩义市防指组织受威胁区域人员紧急转移。

若预报洪水继续上涨,黄河水位高,顶托伊洛河洪水下泄,危及洛河右堤及伊洛河夹河滩区和巩义市段沿河村镇安全时,报请上级批准后,有计划扒开伊河右堤故县段,在故县镇东部、伊河以南滞洪、削峰,减轻洪水对伊河右堤的压力。一旦洛河左堤许庄段出现危急或夹河滩堤段全线危急,应速报请上级批准,从洛河右堤原310国道洛河桥下游东横堤上扒口分洪,使用伊洛河夹河滩区滞洪,保证偃师城区、大唐首阳山电厂和陇海铁路的安全,并防止夹河滩堤段出现大范围堤防溃决。

(2)沁河。根据《沁河超标洪水防御预案》,武陟站发生500~1 000年一遇洪水(流量5 820~8 500 m^3/s),沁北自然溢洪区最大滞洪量1.38亿 m^3,可削峰850 m^3/s,为保证入黄洪水不超过4 000 m^3/s,沁南临时滞洪区弃守,利用沁南分洪,将五车口以下堤防拆除2 m高,拆除长度1 200 m,右岸路村险工—五车口堤段抢修子堤,丹河口以下左岸抢修子堤,加高0.8~1.5 m,其他堤防段落可利用堤防设防水位以上超高强迫行洪,不作处理。沁南临时滞洪区需分洪1.08亿 m^3,将最大洪峰流量削减至4 000 m^3/s。济源市、焦作市防指组织受威胁区域人员紧急转移。

3.滞洪区分滞

经过水库调控,各方案中孙口洪峰流量均超过10 000 m^3/s,最大洪峰流量18 300 m^3/s,需要采用东平湖分洪,降低黄河下游溃堤风险。

1)东平湖分洪方式

(1)当孙口站出现10 000 m^3/s以上洪水时,由黄河防总(简称黄河防汛抗旱总指挥部)商山东省人民政府决定,相机运用东平湖分洪。

(2)当预报最大分洪流量小于3 500 m^3/s时,原则上只运用老湖分洪。

(3)当预报最大分洪流量大于3 500小于5 000 m^3/s时,原则上只运用新湖分洪。

(4)当预报最大分洪流量大于5 000 m^3/s时,原则上新、老湖并用分洪。

若遇大汶河来水较大,老湖同时滞蓄黄河、大汶河洪水,水位可能超过46.0 m时,报黄河防总批准,老湖滞蓄大汶河来水,新湖分滞黄河洪水,根据需要,开启八里湾闸,或爆破二级湖堤,新、老湖联合运用。

2)灾情预估

当预报黄河孙口站洪水将达到或超过10 000 m^3/s,需相机启用东平湖分滞黄河洪水。当单独启用老湖区分滞洪水时,老湖区8个乡(镇)60个行政村的8.89万亩耕地将被淹没,区内6.72万人(含金山坝西4.41万人)需转移安置人口2.77万人(就近安置1.44万人,区外安置1.33万人),其中含金山坝西2.62万人;当单独启用新湖区分滞洪水时,新湖区15个乡(镇)212个行政村的38.01万亩耕地将被淹没,区内21.19万人需转移安置人口21.03万人(就近安置1.89万人,区外安置19.14万人);全湖运用时,19个乡(镇)272个行政村的46.90万亩耕地将被淹没,区内人口27.91万人,需要转移安置人口23.80万人(就近安置3.33万人,区外安置20.47万人)。

3)转移措施

黄河防办(黄河流域防汛抗旱办公室的简称)发布水情通报后,按照山东省防指要求,东平湖防指向相关市政府发布预警信息,由相关市、县政府组织做好动员湖区群众迁移的准备工作。省防指下达东平湖湖区群众撤迁命令后,相关市、县政府组织群众在48 h内完成湖区群众的撤迁任务。

三、结论与建议

(一)结论

(1)移植后三花区间暴雨接近或达到可能最大降雨量级。按照产流最多、汇流最快、洪水风险最大的原则,以尖岗水库站为基准,将暴雨中心移植到三花区间方案一(宜阳位置)、方案二(伊川位置)、方案三(垣曲位置)、方案四(洛宁位置),降雨量移植采用1:1平移。移植后4个方案三花区间最大1 d、5 d面雨量分别为123~143 mm、295~375 mm,均显著大于1761年、1958年、1982年暴雨,接近或达到可能最大降雨量级。

(2)移植暴雨形成的三花区间洪水最大5 d洪量超过1 000年一遇。采用三花区间降雨径流模型,不考虑水库及堤防决口影响,4个方案中三花区间天然洪峰流量为31 000~36 400 m^3/s、最大5 d洪量为68.2亿~79.5亿 m^3,花园口站洪峰流量为31 800~37 300 m^3/s。不同暴雨移植方案,小浪底水库入库洪水最大约200年一遇;伊洛河陆浑水库、故县入库洪水最大约1 000年一遇、500年一遇,黑石关站洪峰流量最大约100年一遇;沁河河口村水库入库洪水方案一、方案三洪峰流量分别为23 700 m^3/s、22 400 m^3/s,约为水库校核洪水设计值(2 000年一遇,11 500 m^3/s)的2倍,武陟站洪峰流量最大约500年一遇。

(3)水库作用后(不考虑水库溃坝),暴雨移植方案二(伊川位置)是对黄河下游防洪最不利的方案。

根据沁河超标洪水预案、武陟站水位流量关系分析等,沁河入黄流量考虑6 000 m^3/s、4 000 m^3/s两种情况。

在沁河入黄流量6 000 m^3/s情况下,按照国家防总批复的《黄河洪水调度方案》(国汛〔2015〕19号),经黄河中下游水库调度(常规调度)后,小浪底水库、陆浑水库、故县水库、河口村水库最高水位分别为243.18 m、326.42 m、539.58 m、285.43 m;武陟站、黑石关站洪峰流量分别为6 000 m^3/s、12 300 m^3/s;黄河下游花园口站洪峰流量为21 900 m^3/s、超万洪量为20.97亿 m^3,超4 500 m^3/s历时为6.7 d;北金堤滞洪区最大分洪流量3 460 m^3/s,分洪量2.14亿 m^3;北金堤分洪后,高村站、孙口站洪峰流量分别为20 000 m^3/s、17 500 m^3/s;东平湖滞洪区最大分洪流量7 500 m^3/s,分洪量16.45亿 m^3。若考虑应急调度,压减小浪底水库最小出库流量至300 m^3/s、退水段按4 500 m^3/s控泄,经黄河中下游水库调度后,小浪底水库、陆浑水库、故县水库、河口村水库最高水位分别为244.96 m、326.42 m、542.60 m、285.43 m;武陟站、黑石关站洪峰流量分别为6 000 m^3/s、12 100 m^3/s;黄河下游花园口站洪峰流量为21 000 m^3/s、超万洪量为18.66亿 m^3,超4 500 m^3/s历时为4.3 d;高村站、孙口站洪峰流量分别为19 700 m^3/s、18 300 m^3/s,通过河道强排可以不使用北金堤滞洪区,需要启用东平湖分洪,东平湖滞洪区最大分洪流量7 500 m^3/s,分洪量14.27亿 m^3。

在沁河入黄流量4 000 m^3/s情况下,常规调度,花园口站洪峰流量20 000 m^3/s、超万洪量17.98亿 m^3,东平湖滞洪区最大分洪流量7 500 m^3/s,分洪量15.52亿 m^3;应急调度,花园口站洪峰流量19 100 m^3/s、超万洪量15.78亿 m^3,东平湖滞洪区最大分洪流量

7 000 m^3/s,分洪量 11.48 亿 m^3;两种调度方式均不需要使用北金堤。

(4)考虑沁河入黄流量 6 000 m^3/s,按照应急调度,暴雨移植方案二黄河中下游总计受淹人口 250.71 万人,涉及河南、山东 2 省 51 个县(市、区)。陆浑水库最高水位 326.42 m,需紧急转移洛阳市嵩县约 7.1 万人。沁河沁北、沁南自然滞洪区全部进水,沁北自然滞洪区淹没涉及沁阳市 4 个镇 5.2 万人,沁南自然滞洪区淹没武陟县 3 个乡(镇)21.39 万人。伊洛河夹滩地区淹没影响洛阳市 9 个镇、巩义市 7 个镇,淹没面积 180.48 km^2,平均水深 3.95 m,影响 27.47 万人。黄河下游及东平湖合计淹没面积 4 768 km^2,淹没耕地 28.87 万 hm^2,淹没影响人口 189.55 万人。黄河下游堤防偎水长度 1 241 km,偎水历时 34~50 h,平均偎水水深 1.9~6.3 m,洪水位距离堤顶 3~5 m。

(5)暴雨移植方案一、方案三河口村水库入库洪水超过校核标准,水库溃坝风险高。河口村水库为面板堆石坝,一旦溃坝,即使按大坝半溃估算,坝址处洪峰流量可达到 243 000 m^3/s,武陟洪峰流量可达到 12 500 m^3/s,叠加黄河干流和伊洛河相应来水后,方案一、方案三花园口站可能形成 20 700 m^3/s、18 900 m^3/s 的洪峰(水库调度后)。河口村水库溃坝,沁河下游大堤可能失守,左岸堤防决口后洪水影响河南省济源市、焦作市、新乡市等地区,涉及人口 199.83 万人;右岸堤防决口后洪水影响河南省济源市、焦作市,涉及人口 126.43 万人。

(6)下游河道洪水漫滩后可能发生"横河""斜河""滚河",危及堤防安全。即使采用应急方案,方案二花园口站洪峰流量 21 000 m^3/s,洪水大面积漫滩,下游滩区洪水淹没时间超过 4 d,下游堤防偎水总长度为 1 241 km,东平湖滞洪区分洪运用。虽然目前黄河下游标准化堤防已经建成,但"二级悬河"形势严峻,高村以上河段主流游荡变化,洪水大漫滩后可能发生"横河""斜河""滚河",危及堤防安全。整个黄河下游防洪工程体系面临巨大的风险和考验,郑州、济南、开封等城市面临巨大的洪水威胁。

(二)建议

(1)进一步完善"上拦下排,两岸分滞"的黄河下游防洪工程体系。黄河中下游大洪水要充分利用河道排泄,必要时利用堤防超高强迫排洪,但下游滩区涉及 183.85 万人,"二级悬河"形势严峻,高村以上河段主流游荡变化,洪水漫滩后易形成"横河""斜河""滚河",危及大堤安全。建议加快实施滩区居民迁建,开展"二级悬河"治理,以高村以上 299 km 游荡性河段为重点,继续修建控导工程,完善工程布局,进一步规顺河势。

东平湖分滞洪区新老湖区人口多,分洪淹没损失大。分滞洪区内防洪工程、南水北调东线工程多,运用复杂。伊洛河夹滩地区和沁北、沁南自然滞洪区人口密度大,经济发达,滞洪影响大,运用难度大。建议开展东平湖滞洪区,伊洛河夹滩、沁北、沁南自然滞洪区的分洪退水等运用研究。伊洛河、沁河下游最大入黄流量直接影响下游河道防洪形势,目前根据经验开展了初步分析,建议进一步开展深入研究工作。

黄河小浪底水库、陆浑水库、故县水库、河口村水库坝址至花园口区间 1.8 万 km^2 的无工程控制区紧邻黄河下游,洪水预见期短,预报难度大,一旦发生暴雨,洪水来势猛、速度快,对下游滩区和堤防威胁最直接。建议开展桃花峪水利枢纽前期论证,以解决小浪底至花园口区间 1.8 万 km^2 无工程控制区洪水问题。

河口村水库为面板堆石坝，校核洪水标准为 2 000 年一遇，发生超过校核标准洪水时，水库溃坝风险高。河口村水库校核标准低于小浪底水库、陆浑水库、故县水库（这 3 座水库均为 10 000 年一遇），当三花区间发生 2 000～10 000 年一遇洪水时，若河口村水库溃坝，不仅影响沁河和黄河下游防洪安全，而且影响小浪底等其他水库的调度运用，可能带来系统性风险。建议开展河口村水库可能最大洪水研究、河口村水库设置非常溢洪道可行性研究等工作，确保发生三花区间 10 000 年一遇洪水时河口村水库不溃坝。

（2）限于工作周期，本次移植未对"21·7"暴雨天气环流形势及地形对暴雨移植的影响、三花区间降雨强度对降雨径流关系的影响等方面做深入研究，对伊洛河、沁河最大入黄流量等关键指标分析欠缺，对黄河下游洪水演进规律、风险分析也不深入，建议后期专门立项深入开展相关研究工作，提升流域暴雨洪水综合应对能力。